变电一次设备
典型缺陷及故障分析与处理

国网福建省电力有限公司超高压分公司　组编

中国电力出版社
CHINA ELECTRIC POWER PRESS

内 容 提 要

为帮助电网运检人员快速、准确地消除设备运行时出现的缺陷与故障，提高运检人员在实际现场工作中的技能水平，国网福建省电力有限公司超高压分公司特组织编写了《变电一次设备典型缺陷及故障分析与处理》。

本书按照变电一次设备类别设章，分别为变压器、组合电器、断路器、隔离开关及其他变电设备共五章。本书详细介绍了这五类变电设备常见缺陷、故障诊断方法、原因分析及处理方法。同时书内精选的典型案例内容详尽、可操作性强，对生产一线技术人员和技能人员消除设备缺陷、故障具有指导作用。

本书可供从事变电一次设备运维、检修及管理等工作的一线技术人员和技能人员参考学习，也可供相关专业院校师生参考。

图书在版编目（CIP）数据

变电一次设备典型缺陷及故障分析与处理 / 国网福建省电力有限公司超高压分公司组编 . —北京：中国电力出版社，2024.7（2025.5 重印）
ISBN 978-7-5198-8742-1

Ⅰ.①变…　Ⅱ.①国…　Ⅲ.①变电所——次设备—故障诊断②变电所——次设备—故障修复　Ⅳ.①TM63

中国国家版本馆 CIP 数据核字（2024）第 062496 号

出版发行：中国电力出版社
地　　址：北京市东城区北京站西街 19 号（邮政编码 100005）
网　　址：http://www.cepp.sgcc.com.cn
责任编辑：翟巧珍（806636769@qq.com）
责任校对：黄　蓓　常燕昆　于　维
装帧设计：赵丽媛
责任印制：石　雷

印　　刷：固安县铭成印刷有限公司
版　　次：2024 年 7 月第一版
印　　次：2025 年 5 月北京第二次印刷
开　　本：889 毫米 ×1194 毫米　16 开本
印　　张：23.75
字　　数：641 千字
定　　价：120.00 元

编委会

前　言

　　变电站是电力系统中变换电压、接收和分配电能、控制电力的流向和调整电压的电力设施，它通过变压器、气体绝缘开关设备、断路器、隔离开关以及电压互感器、电流互感器等四小器设备，将各级电压的电网联系起来。变电站内设备的健康状态直接影响电网的安全、稳定运行。为帮助设备运检人员快速、准确地消除设备运行时出现的缺陷与故障，提高运检人员在实际现场工作中的技能水平，特编写本书。

　　本书内容主要包括变压器、组合电器、断路器、隔离开关、其他变电设备的典型案例分析，涵盖这些设备的常见缺陷、故障诊断方法、原因分析及处理方法，案例详尽，具有实用性和实践性强的特点，对一线技术人员和技能人员消除设备缺陷、故障有指导作用，可供设备运检人员及技术管理人员等参考学习。

　　本书是由国网福建省电力有限公司超高压分公司组织编写的，范桂有担任主编。在本书的编写过程中，变电中心的各位同事提供了较多丰富的案例素材，特别感谢孙亚辉、刘涛、许火炬、李榜、石轶哲、傅一凡、郭东炜、罗世霖为此书的编写而做出的贡献，并对本书提供帮助的各位同仁表示深切的谢意。

　　限于新技术、新设备的不断发展及编者水平，书中难免存有不妥之处，恳请各位专家和读者提出宝贵意见，并由衷地希望此书对您的工作有所帮助。

编　者

2023 年 11 月

目　录

第四章　隔离开关 ……………………………………………………………………………… 250

第一章
变压器

　　变压器是发电厂和变电站的主要设备之一，由铁芯、绕组、油箱、储油柜、冷却器、分接开关等部件构成，具有升压与降压的功能。由于变压器油具有绝缘性能良好、传热性能良好、综合经济成本低等特点，因此除一些特殊用途的中小容量变压器和气体变压器外，绝大多数大中型变压器仍使用变压器油作为冷却介质和绝缘介质。

　　本章归纳总结各电压等级油浸式变压器的缺陷处理经验，包括变压器内部故障处理、含气量超标处理、冷却器故障处理、非电量保护元器件故障处理、主变压器消防系统故障处理等案例，各个案例从缺陷概述、诊断及处理过程、总结分析三方面展开了详细地介绍。

案例 1-1

1000kV 并联电抗器含气量超标缺陷分析及处理

一、缺陷概述

2015 年 12 月，某变电站 1000kV 并联电抗器 C 相在运行中发现绝缘油含气量达到 6.21%，超过规定值 5%，立即停电检查并进行脱气处理。

设备信息：该并联电抗器型号为 BKD-160000/1100，生产日期为 2014 年 6 月，投运日期为 2014 年 12 月，储油柜密封方式为胶囊式，绝缘油为新疆克拉玛依 25 号变压器油。

二、诊断及处理过程

并联电抗器油色谱在线监测装置、管道及本体未发现绝缘油渗漏，油色谱分析结果正常而含气量检测超标。因设备投运时间短、交接试验数据正常，初步分析含气量超标是由于并联电抗器本体密封问题所致，且进气点位于器身上端的储油柜或套管处。

打开并联电抗器集气盒，将气体继电器内部气体排净，关闭气体继电器两侧蝶阀，拆除呼吸器，使储油柜与本体彻底隔离，开始检漏。

（一）储油柜部分

确认储油柜上端旁通阀已关紧，拆除储油柜呼吸器，从呼吸器法兰对胶囊充入 0.03MPa 氮气，用肥皂水对储油柜表面焊缝、侧面法兰焊缝等部位进行检漏，未发现明显漏点。

保压 0.5h 后，储油柜压力值从 0.030MPa 降至 0.028MPa，打开储油柜顶部两个排气口排气，发现有较多气体，怀疑储油柜旁通阀渗漏。拆下旁通阀对其充气检漏，充气压力到 0.01MPa 时发现漏气，如图 1-1-1 所示。

图 1-1-1　旁通阀渗漏

正常运行时，旁通阀关闭，本体与胶囊内气体隔离，胶囊则通过呼吸器与外界相联系进行呼吸作用，旁通阀渗漏导致本体与外界气体直接接触，这是含气量超标的一个重要原因。

更换旁通阀，再对胶囊充压至 0.03MPa，排气、静置。静置后压力表不再降低，但再次打开顶部排气口仍有较多气体。反复静置、排气后气体始终无法排净。检查胶囊顶部与储油柜连接部位的法兰面，发现垫圈无跑位，密封情况良好，初步判断胶囊可能有破损，导致胶囊内气体进入储油柜内，使气体无法排净。将胶囊拆除，充气后进行检漏、密封性试验，试验结果合格，并无漏点。但发现胶囊的尺寸明显大于储油柜，更换新的配套小尺寸胶囊后，排气、静置后再无气体排出。胶囊尺寸大于储油柜，胶囊在储油柜内部处于褶皱状态而无法撑开，导致在安装过程中带入的气体无法彻底排出，才会出现压力值不变，而气体始终无法彻底排净的现象。

（二）套管部分

检查套管顶部接线头，接头为软连接结构，套管顶部不存在肉眼可分辨的由于应力作用而导致的开裂缺陷。检修人员采用正压检漏法与负压检漏法对套管进行检漏。

（1）正压检漏法：打开储油柜到本体油管道阀门，压力释放阀安装防误动固定条，从储油柜呼吸口对胶囊充气实现并联电抗器的整体加压，压力值为 0.03MPa，用肥皂水对套管顶部检漏，未发现缺陷。

（2）负压检漏法：对储油柜胶囊抽真空，在套管顶部用与套管同类型合格绝缘油进行负压检漏，如图 1-1-2 所示，未发现异常。检漏完毕对并联电抗器整体进行脱气处理后，设备含气量降低，试验合格。

图 1-1-2　用绝缘油对套管顶部进行负压检漏

三、总结分析

（一）含气量增大原因

含气量产生主要有以下两个途径：

（1）新装投运的或检修后的并联电抗器脱气和排气不彻底，会造成含气量增高；干燥不彻底，在投运后从器身固体绝缘材料中逐渐释放气体。

（2）运行中并联电抗器或并联电抗器内部存在负压区，外界大气通过密封不严部位进入并联电抗器内，气体在油流的冲击下形成气泡进入并联电抗器本体。这种进气还可分为以下几种情况：

1）上层油面存在一定的波动现象（如主变压器采用强油导向冷却，则波动现象更严重）。并联电抗器顶盖上密封结合面、焊接部位如果存在密封不良，油层向上波动时会把并联电抗器油挤出导致渗油；当油层向下波动时在器身顶盖和油层表面形成一定的真空，产生负压区，导致外界大气进入并联电抗器本体内部。

2）强迫油循环冷却造成进气，可分为：

a. 流速过高造成进气。采用高速油泵，如果管路密封不严，外界大气会进入并联电抗器油中，流速越大，这种可能性越大。

b. 管径截面积突然变化造成进气。由于主油流流动突然受到阻力而发生方向及流速变化，这时将在主油流的外侧形成涡流区，在涡流区边缘，如果存在密封不良或焊接不严的部位，大气就有可能进入并联电抗器油流中。

c. 90°弯管造成进气。当油流进入 90°弯管后流线发生弯曲，因油流受到向心力的作用，在弯管处易形成油流盲区，在盲区中的油流也是涡流，该部位密封不严也可能进气。

d. 闸阀造成的进气。在并联电抗器强迫油循环冷却方式中，很多部位采用闸阀。当油流绕过闸板时，物体表面的油流将会发生脱离现象，在闸板前后形成涡流区，也易导致进气。

e. 潜油泵造成的进气。需要冷却的油进入潜油泵，在叶轮的作用下油被送入冷却器中并建立油压。油流在高速转动的叶轮下做旋转运动，而旋转油流的中心压力又低于边缘压力，因此叶轮中心对外侧有抽吸能力。而且在泵壳中，油流有相当一部分做不规则运动，在泵壳内壁不很光滑的情况下，形成局部负压区的可能性就很大。在泵壳拐脖处由于油流方向及流速突然变化，也可能形成负压区。油泵进油口也可能有这种现象。

f. 冷却器本体造成的进气。通过潜油泵产生的油流，若流速过高，油流进入冷却器本体后在管路和冷却器交界面处会产生涡流区，产生负压，如果管路连接法兰密封不良，能将外界大气吸入冷却器。

（二）含气量超标排查方法

充油设备含气量超标，可按以下方法进行排查。

（1）充油设备整体密封检查。

1）目测检查充油设备各部位是否存在渗漏点，如发现局部有油迹，应擦净油迹，并对油迹处进行标识，在密封试验时重点检查渗漏部位。因套管受引线拉力作用，密封面容易渗漏，所以特别应检查并联电抗器套管顶部渗漏情况。

2）检查充油设备油色谱在线监测装置及管道，查看是否有渗油；查看载气消耗是否异常，确认是否因在线油色谱监测装置漏油进入空气或载气进入充油设备造成含气量超标。

3）检查储油柜上部旁通阀是否有效关闭。

（2）储油柜系统密封检查。

1）储油柜整体检查。

a. 关闭气体继电器两侧蝶阀，拆除呼吸器。

b. 从呼吸器法兰对胶囊充入 0.02 ～ 0.03MPa 的干燥空气或氮气，保压 0.5h，对储油柜的所有焊缝、阀门法兰、放气塞等用肥皂水进行试漏检查。

c. 打开储油柜上部放气塞。若没有或仅有极少量的气体排出后，就有并联电抗器油溢出，说明并联电抗器储油柜没有假油位，胶囊及旁通阀密封性能良好。

d. 若放气塞有大量的气体排出后才有绝缘油溢出，说明储油柜部分不正常，可能是注油或补油不符合工艺要求，排气不彻底。充油设备存在假油位、旁通阀密封不严存在泄漏或储油柜胶囊破损。需进一步检查旁通阀和胶囊是否异常。

2）旁通阀检查。

a. 拆除储油柜旁通阀。

b. 对旁通阀进行密封试验。关闭旁通阀，从旁通阀一端施加 0.01MPa 气压，将阀门另一端浸于绝缘油中，检查阀门是否有气泡冒出，如有气泡冒出则说明阀门关闭不严。

c. 确认旁通阀异常后更换合格的旁通阀。

3）胶囊检查。

a. 不拆除胶囊检查。打开储油柜胶囊呼吸器连管的安装法兰，用棍子包裹白布，从法兰口探查胶囊内部是否有绝缘油。有油说明胶囊已经破裂。

b. 用"U 形连通管"原理测量储油柜实际油位。与油位表指示的油位对比，确认油位是否一致。如不一致则说明胶囊可能存在渗漏。

c.拆除胶囊检查。将储油柜排油后，拆下胶囊（也可不拆下胶囊），对胶囊充入0.01MPa的干燥空气或氮气，保压1h，查看压力有没有明显减低。如没有明显减低则说明并联电抗器储油柜胶囊密封性能良好，否则说明胶囊存在渗漏。

d.确认胶囊异常后更换合格的储油柜胶囊（新胶囊安装前应按要求进行密封检验）。

e.对储油柜注油，按注油工艺要求进行排气，调整油位到正确位置。

（3）注意事项。

1）胶囊充干燥空气或氮气且必须用专用工装，压力表计必须采用细分量程、可以明确看出压力指示的表计，防止过充。

2）充气时，应缓慢开启气瓶阀门，严密观察表计压力指示，防止压力过大。

3）关闭和开启气体继电器两侧蝶阀时，应拍照留底。工作结束，应由专人再次核实气体继电器两侧蝶阀确已有效开启、储油柜旁通阀确已有效关闭。

4）充油设备含气量检查工作，应提前准备试漏工装、密封垫等备品备件。

5）含气量超标如需对绝缘油进行热油循环脱气处理时，热油循环脱气工艺标准参照制造厂的有关工艺标准和有关技术规程规定。

6）新设备投产应按照《国家电网公司变电验收通用管理规定》[国网（运检/3）827—2017]中关于隐蔽性工程验收要求对充油设备密封性试验、静置排气等隐蔽项目进行严格验收。

案例 1-2

500kV 变压器误报风机全停信号缺陷分析及处理

一、缺陷概述

2020年6月6日，某500kV变电站监控后台报"1号主变压器B相冷却器控制柜风机全停报警信号"，检查发现现场油温还未达到启动冷却器的温度。结合历史缺陷、现场端子排、热偶继电器、风机的故障情况综合判断故障原因为特殊条件下PLC控制系统的误报行为，现场更换故障的热偶继电器、烧伤的端子排及接线，成功消除了该缺陷。

设备信息：1号主变压器生产型号为ODFS-334000/500，生产日期为2018年1月1日，投运日期为2019年5月23日，其冷却装置控制系统采用PLC控制。

二、诊断及处理过程

（一）缺陷检查

2020年6月5日8时25分，某500kV变电站1号主变压器B相报"工作组/辅助组冷却器故障"，现场检查发现 1 号主变压器 B 相冷却器控制柜 2 号风机空气断路器跳开，2 号风机接触器 KM2 励磁，试合 2 号风机空气断路器越级跳闸；5 号风机热偶继电器动作，复归热偶继电器后 5 号风机仍无法运行。由于 2 号风机和 5 号风机无法运行，运行人员断开了 2 号风机、5 号风机空气断路器。

2020 年 6 月 6 日 4 时 29 分，监控后台报"1 号主变压器 B 相冷却器控制柜风机全停报警信号""1 号主变压器 B 相冷却器控制柜风机全停延时跳闸信号"，检查发现现场油温还未达到启动冷却器的温度，B 相冷却器风机都不运行。

检修人员在 1 号主变压器 B 相冷却器控制柜发现 X1 端子排 20~23 接线端子、接线存在烧伤痕迹，2 号风机热偶继电器动作按钮脱扣指示器丢失，如图 1-2-1 和图 1-2-2 所示。

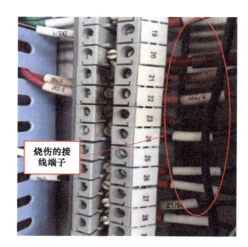 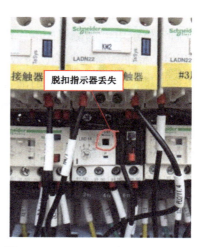

图 1-2-1　X1 端子排存在烧伤痕迹　　　图 1-2-2　2 号风机热偶继电器故障

对风机二次接线开盖检查，发现 2 号 -2 风机绕组直阻异常为 32.94kΩ（正常为 18Ω），判断为绕组断线。5 号风机接线绝缘层存在破损，如图 1-2-3 和图 1-2-4 所示。

图 1-2-3　风机绕组直阻异常　　　图 1-2-4　风机接线绝缘层存在破损

检修人员更换故障的热偶继电器、烧伤的端子排及接线，绝缘包扎 5 号风机破损的外绝缘，更换故障的 2 号 -2 风机，消缺消除。

（二）缺陷分析

2020 年 6 月 5 日，工作组 / 辅助组冷却器故障是由于 2 号 -2 风机绕组故障，2 号风机热偶继电器承受短路电流导致内部损坏故障，X1 端子排承受短路电流导致过热烧伤。5 号风机属于备用风机，平时不投入运行，当 2 号 -2 风机故障导致 2 号风机空气断路器跳开时，PLC 控制系统将 5 号风机投入运行，而 5 号风机接线外绝缘存在破损导致短路，继而 5 号风机热偶继电器动作。

由于 2 号风机和 5 号风机无法运行，运行人员断开 2 号风机、5 号风机空气断路器以隔离故障风机。

2020 年 6 月 6 日，由于凌晨温度变冷、负荷下降，变压器本体的油温也逐渐下降。当油温低于停止温度时，风机停止运行。此时，2 号风机、5 号风机空气断路器以处于断开状态。PLC 控制系统内部存在如下逻辑：当工作组风机任一空气断路器断开时，就会投入备用组 5 号风机，而此时 5 号风机的空气断路器也是断开的且风机都不在运行中，PLC 控制系统将这种状态认定为冷却器系统全停，继而报 "1 号主变压器 B 相冷却器控制柜风机全停报警信号""1 号主变压器 B 相冷却器控制柜风机全停延时跳闸信号"。该逻辑在 1 号主变压器的其他相冷却器系统同样得到证实。因而，可以得出 2020 年 6 月 6 日报 "1 号主变压器 B 相冷却器控制柜风机全停报警信号" 是在特殊条件下 PLC 控制系统的误报行为。

三、总结分析

（1）冷却器系统采用 PLC 控制，其结构较为简单，但同时存在 PLC 控制系统逻辑不可见，厂家说明书只给出重要的逻辑而忽略不常见逻辑的情况。因而应要求厂家提供完整的控制逻辑。对于本次报风机全停的特殊情况，厂家应修正 PLC 程序，使报风机全停的逻辑更为全面，并包括温度启动逻辑在内。

（2）加强冷却器系统备品的购买，保证冷却器系统缺陷的及时消缺。

案例 1-3

500kV 变压器冷却器信号异常分析及处理

一、缺陷概述

500kV 某变电站在进行 1 号站用变压器备自投试验过程中，监控后台报出 "4 号主变压器 A 相交流电源故障""4 号主变压器 A 相风机全停信号"，D5000 系统报 "4 号主变压器 A 相交流电源故障"。测量 4 号主变压器 A 相冷却器总电源空气断路器下级与各风机上级进线处电压正常。将 4 号主变压器 A 相冷却器 "风机手动 / 自动控制把手" 切至 "手动" 位置后，4 号主变压器 A 相冷却器风机全投且运行正常。

隔天 D5000 系统报"4 号主变压器 B 相交流电源故障",监控后台报"4 号主变压器 B 相交流电源故障""4 号主变压器 B 相风机全停"。现场检查发现 4 号主变压器 B 相风机全停,冷却器控制箱内风机全停、继电器 KA5 点亮,检查 4 号主变压器 B 相交流进线有电且电压正常。通过来回切换 4 号主变压器端子箱工作电源切换开关的方式进行处理后,异常信号复归。

设备信息:变压器型号为 ODFS–334000/500,出厂日期为 2014 年 5 月 6 日,投运日期为 2014 年 8 月 23 日。

二、诊断及处理过程

检修人员发现现场继电器与后台信号均正常,未出现缺陷描述情况。工作人员为模拟缺陷情况,手动切换风机电源,切换数次后缺陷描述情况出现:此时监控后台报出"4 号主变压器 A 相交流电源故障""4 号主变压器 A 相风机全停信号",D5000 系统报"4 号主变压器 A 相交流电源故障"。

检修人员测量交流电源空气断路器上端电源正常。

此时 PLC 状态,I0 的 0/2/6 灯亮,Q1 的 2 灯亮。根据 PLC 二次图,可以发现此时 PLC 输入信号为"风机自投""油面 1 低温输入""自动控制",输出"风机全停信号"。对比正常相的 PLC 状态,PLC 正常运行应当为 I0 的 0/2/6/7 灯亮,输入信号为"风机自投""油面 1 低温输入""自动控制""交流电源正常",无输出信号。

根据图 1–3–1 可以看到,"交流电源故障"与"风机全停信号"继电器为 KV 继电器(三相相序继电器)与 KA5 继电器。

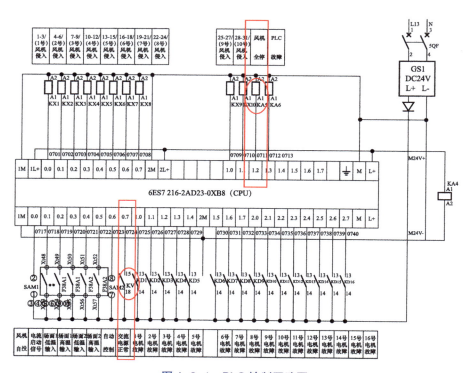

图 1–3–1 　PLC 控制回路图

检查 KA5 继电器此时故障灯亮,如图 1–3–2 所示,13–14 动合触点状态为常闭;检查 KV 继电器(三相相序继电器),如图 1–3–3 所示,15–18 动断触点状态为常闭,25–26 动合触点为常开。根据该情况，检修人员分析，应当是 PLC 交流电源输入出现异常，导致该情况发生。

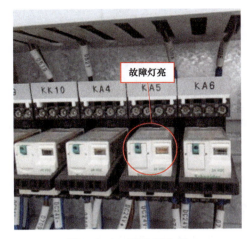

图 1-3-2　KA5 继电器　　　　　图 1-3-3　故障 KV 继电器

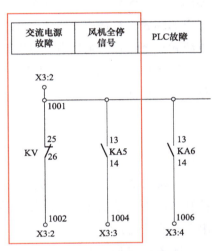

图 1-3-4　信号回路图

　　检修人员将 KV 继电器（三相相序继电器）接线拆除，单独对 15-18 触点、25-26 触点检查，发现动合触点在继电器得电的情况下不会改变状态。由于状态不会改变，导致 KV 继电器（三相相序继电器）虽然得电，但是 1001/1002 会经过 KV 继电器（三相相序继电器）的 25-26 触点向后台发送交流电源故障的信号，同时无法向 PLC 正常传输"交流电源正常"信号，信号回路图如图 1-3-4 所示。PLC 无"交流电源正常"的输入，会通过 KA5 输出"风机全停信号"。

　　经过以上排查，检修人员更换经过检验合格的 KV 继电器（三相相序继电器）。更换后，后台信号正常，PLC 信号正常。

　　对 B 相采用相同的方法处理，缺陷消除。

三、总结分析

　　检修人员检查拆除的继电器，发现接线端子处有轻微烧灼与氧化痕迹。据此分析是由于 KV 继电器（三相相序继电器）长时间运行，出现老化、劣化后，触点接触不可靠，时好时坏。当 KV 继电器接触不良时，后台报出"交流电源故障"信号，并无法向 PLC 正常发送"交流电源正常"信号，导致缺陷发生。

　　为什么缺陷信号出现的时候，多次切换工作电源缺陷信号会消失呢？经过现场情况分析，在切换工作电源，PLC 模块会重置状态，若在切换过程中，KV 继电器（三相相序继电器）由于反复通电导致触点正常，会向后台与 PLC 发送正常信号，因此缺陷信号消失。

　　根据本次缺陷处理情况，提出如下建议：

　　（1）对厂家同型号 KV 继电器（三相相序继电器）进行排查，保证 KV 继电器（三相相序继电器）可以正常工作。

　　（2）加强主变压器例行检修工作中对 KV 继电器（三相相序继电器）的检查与校验工作，预防该类缺陷发生。

案例1-4

500kV变压器冷却器控制柜内直流信号电源和直流控制电源互串的缺陷分析及处理

一、缺陷概述

检修人员在对某500kV变电站1号主变压器相关的信号回路进行检查时发现：当1号主变压器本体测控电源断开时，用万用表测量信号回路总公共端801还有-110V左右的直流负电。存在直流电源互串的问题，经检查发现1号主变压器B相5号风机热偶继电器两个触点间绝缘偏低，使得直流信号电源和直流控制电源互串，更换新的热偶继电器，缺陷得以消除。

设备信息：该变压器型号为ODFSZ-250000/500，出厂日期为2007年3月1日，投运日期为2007年12月15日。

二、诊断及处理过程

检修人员检查工作现场直流分屏1号主变压器风机控制电源（直流）空气断路器未断开，该直流控制电源为1号主变压器冷却器控制柜提供风机启停的控制电源，所以有可能为该控制电源的直流电串入至信号回路中。

顺着信号回路进行检查发现，现场当启动1号主变压器B相5号风机时，测量信号回路总公共端801及风机故障报警信号公共端301的-110V左右的直流电变为+110V左右的直流电。检查发现每个冷却器风扇的热偶继电器有相邻的1对动合触点、1对动断触点有接线，分别为动断触点95-96串入控制回路进行热偶继电器动作的闭锁、动合触点97-98并入风机故障报警回路，如图1-4-1所示。

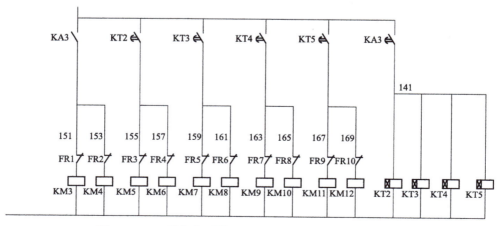

图1-4-1　1号主变压器B相冷却器风机控制回路（部分）

当 1 号主变压器 5 号风机未启动时，95-96 均为 -110V 负电串入 97 触点，所以测量信号回路公共端有 -110V 左右的负电。当 5 号风机启动时，95-96 均为 +110V 左右的正电。由于 95-97 触点绝缘低，所以测量信号回路公共端有 +110V 左右的正电，相关二次原理图如图 1-4-2 所示。

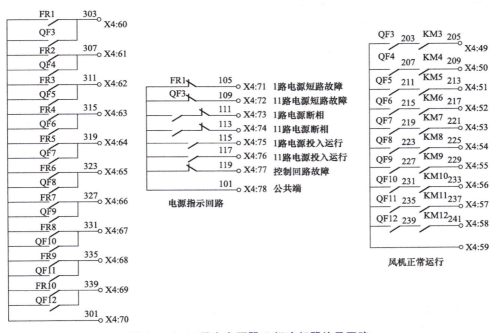

图 1-4-2　1 号主变压器 B 相冷却器信号回路

将 1 号主变压器 B 相 5 号风机热偶继电器拆下后对 95-97 触点进行绝缘电阻测量，测量值为 0.1MΩ，如图 1-4-3 所示。说明这两个触点的绝缘偏低，导致直流信号电源和直流控制电源互串。随后更换了新的热偶继电器，缺陷得以消除。

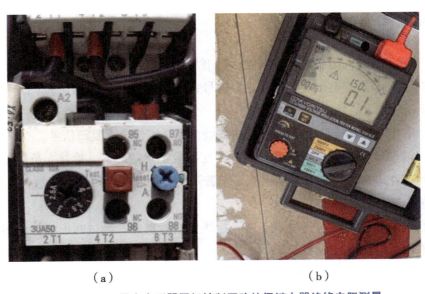

（a）　　　　　　　　　　　　　　（b）

图 1-4-3　1 号主变压器风机控制回路热偶继电器绝缘电阻测量

（a）风机控制回路热偶继电器；（b）95-97 触点绝缘电阻值

三、总结分析

主变压器冷却器系统内的继电器或元器件损坏或其他故障，常常容易导致一些难以捉摸的缺陷、信号及疑难杂症，因此在平时例行检查过程中应加强对这些继电器及重要元器件的检查、维护，对运行年限较高的主变压器冷却器系统应及时更换新的继电器及其他元器件或及时申请技改。

案例 1-5

500kV 变压器油位计干簧开关故障导致误报警缺陷分析及处理

一、缺陷概述

2016 年 8 月 2 日，某 500kV 变电站监控后台报"1 号主变压器非电量保护本体油位低"的信号，运维人员利用红外测温仪测油位正常，主变压器无渗漏油，随后手动复归保护装置信号。随后几天多次出现油位低告警、复归信号，检修人员初步判断 1 号主变压器本体油位计故障，在冷却器控制柜处隔离油位计的接线，结合停电更换油位计干簧开关，设备恢复正常。

设备信息：该变压器型号为 OSFPSZ–750000/500，出厂日期为 2002 年 5 月 1 日，投运日期为 2003 年 2 月 14 日，其油位计型号为 YZF2–250。

二、诊断及处理过程

2016 年 8 月 9 日，检修人员到站检查监控后台报文，发现：

（1）8 月 6 日上午 10 点左右出现油位低告警信号，直到下午 4 点 45 分才复归。

（2）8 月 7 日一整天无信号。

（3）8 月 8 日晚上 7 点 50 分左右在几秒钟内连续出现 3 组告警、复归信号。

油位正常时，油位计干簧触点应呈断开状态，在接线正常情况下，检修人员测得油位低告警两端子导通，但端子间存在电压降，初步判断可能是干簧开关黏合或损坏导致报警触点虽导通但接触不良，因此出现频繁告警、复归现象。

检修人员进行停电检查，油位计外观正常，接线盒密封良好，测试两根油位计接线对地绝缘电阻合格，但线间的绝缘电阻仅为 0.1MΩ。

检修人员拆解油位计进行分析，轻碰指针，油位计刻度由 4.5 回弹至 3.5，说明表计指针存在卡涩现象。解下固定盘上的干簧开关，检查发现干簧开关内的触点断裂、搭接，如图 1-5-1 所示，磁铁无法吸合干簧开关。

图 1-5-1　损坏的干簧开关

更换固定盘上的干簧开关后，测试发现当磁铁转到干簧开关上方时，新干簧开关未能吸合。对比同样的旧干簧开关，该旧干簧开关内部干簧厚薄差异很大，磁铁磁性有限，无法吸合过厚的干簧。

检修人员对固定盘进行整体更换，如图 1-5-2 和图 1-5-3 所示，将新、旧盘报警触点的位置（即磁铁旋转角度位置）进行比较，到达位置后磁铁正常吸合干簧触点，在测试面板耦合磁钢和后部耦合磁钢吸合正常后将固定盘回装，并恢复接线盒内的接线。

更换完成后，拨动磁铁至干簧触点上端，在冷却器控制柜内用万用表测量两根报警引下线导通，松开磁铁后，两根报警引下线断开，证明报警触点动作正常。

图 1-5-2　旧固定盘

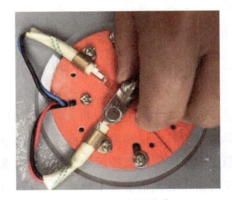

图 1-5-3　新固定盘

三、总结分析

在发生此类异常告警信号缺陷后，检修人员应准确判断故障元件，在不影响设备安全运行的情况下，应采取隔离故障元件的临时措施，结合停电更换故障元件。在更换干簧开关时应注意：

（1）油位计内部干簧开关应与磁铁匹配，确认磁铁能正常吸合干簧触点。

（2）测量油位计内信号线的对地绝缘电阻，防止信号线破损，造成直流失地、异常告警等现象。

（3）测量告警触点断口绝缘电阻，防止出现误动作现象。

（4）测试油位计指针动作灵活，防止出现卡涩现象。

案例 1-6

500kV 变压器绕组温度表变流器缺陷分析及处理

一、缺陷概述

2020 年 5 月 14 日，某 500kV 变电站监控后台报"3 号主变压器 A 相绕组温控过温告警""3 号主变压器 A 相本体智能终端非电量告警总""3 号主变压器 A 相绕组跳闸""3 号主变压器 A 相本体智能终端非电量跳闸总"，监控后台 3 号主变压器 A 相绕组温度为 111.46℃，现场检查 3 号主变压器 A 相绕组表计温度为 112℃，12 台风机全部启动，3 号主变压器本体智能终端"非电量告警""非电量动作"灯亮，无法复归。监控后台油温 1 为 42℃，对主变压器本体测温为 43℃，3 号主变压器负荷为 413MW。检修人员到现场检查后发现为绕组温度表变流器故障，更换绕组温度表变流器后缺陷消除。

设备信息：该主变压器型号为 ODFS-400000/500，出厂日期为 2018 年 7 月 1 日，投运日期为 2019 年 7 月 12 日。

二、诊断及处理过程

检修人员检查发现 3 号主变压器 A 相绕组温度表温度达到 100℃，油温表 1 与油温表 2 均为 50℃左右，与实际情况不符，说明温度补偿可能出现问题。将绕组温度表变流器输入电流短接后测试，发现现场绕组温度表温度以及监控后台 3 号主变压器 A 相绕组温度迅速下降，同时用钳形电流表检测绕组温度表变流器输入电流正常为 1.5A，与 B 相一致，可判断该绕组温度表变流器故障，温度补偿过高导致绕组温度表温度过高缺陷。更换绕组温度表变流器后缺陷消除。

更换绕组温度表变流器时注意事项如下：

（1）由于主变压器在运行中，而变流器的输入端为 TA 的二次电流，在更换变流器过程中应该注意退出报警及跳闸信号，避免因操作原因导致变压器误动作；同时将端子箱里的 TA 回路短接，确保 TA 电流不出现开路现象。

（2）将绕组温度表报警及跳闸信号接线解除并用绝缘胶带包扎，防止更换过程中误动作。

（3）拆除变流器并更换新的变流器，应注意核对变流器挡位是否有误，更换后再次核对接线无误。

三、总结分析

（一）绕组温度计工作原理

温度计由弹性元件、毛细管、温包和微动开关组成，其工作原理是：当温包感受温度变化，热胀冷缩使体积发生变化，通过毛细管传递到弹性元件，从而改变指针示数，且到达一定温度时使得微动开关动作，并向后台发出信号。

由于绕组的温度是无法利用温度计测量的，而绕组温度均比油温高且与负荷电流有很大关系，因此，厂家在设计时增加了一个补偿装置，使得绕组温度 T_1 为油温温度 T_2 加上一个补偿温度 ΔT，即 $T_1 = T_2 + \Delta T$，具体工作原理有以下两种：

（1）在油温表的基础上，绕组温度温表配备了一个变流器及一个电热元件，电流变送器是一种电流变换装置，它从变压器升高座 TA 取得输入电流后，该电流正比于绕组电流，经变流器调整后，输出电流到绕组温度表内电热元件，电热元件使弹性元件产生一个附加位移，达到模拟变压器绕组最热点温度，1 号主变压器绕组温度表采用的是此方式，如图 1-6-1 所示。

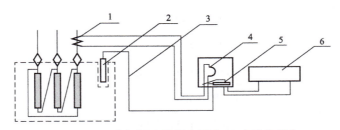

图 1-6-1　绕组温度表示意图（TA 电流补偿）

1—电流互感器；2—感温部件；3—毛细管；4—电热元件；5—BL-E 变流器；6—计算机

（2）第二种方法为绕组温度表配备加热装置，加热装置位于温槽中，TA 电流经变流器后输入加热装置，在变压器油温的基础上再次加热，使感温探头感受的温度进一步升高，从而反映在绕组温度表上，如图 1-6-2 的所示。

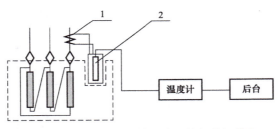

图 1-6-2　绕组温度表示意图（加热温槽）

1—电流互感器；2—温槽与加热装置

（二）绕组温度计变流器的选用

（1）首先要知道变压器电流互感器 TA 二次额定电流，再根据表 1-6-1 确定变流器规格。如变压器电流互感器的二次额定电流 $I_p = 3.5A$，由表 1-6-1 可知对应挡位号为 A。因此，将变流器挡位调为 A 挡。

表 1-6-1　　　　　　　　　　　　　　　　　　　　变压器挡位选择

挡位号	变压器电流互感器二次额定电流 I_p（A）	输出电流 I_s（A）	变流器挡位 K	等效阻抗（Ω）
A	5 ≥ I_p > 3	（32～38）% × I_p	3	$R \leq 0.56$
		（24～32）% × I_p	4	
		（15～24）% × I_p	5	
		（10～15）% × I_p	6	
B	3 ≥ I_p > 2	（50～60）% × I_p	3	$R \leq 1.35$
		（40～50）% × I_p	4	
		（28～40）% × I_p	5	
		（17～28）% × I_p	6	
C	2 ≥ I_p > 1	（75～90）% × I_p	3	$R \leq 2.5$
		（60～75）% × I_p	4	
		（40～60）% × I_p	5	
		（25～40）% × I_p	6	
D	3 ≥ I_p > 0.61	（150～180）% × I_p	3	$R \leq 12.0$
		（120～150）% × I_p	4	
		（100～120）% × I_p	5	
		（50～100）% × I_p	6	

（2）可通过查询变压器绕组对油平均温升 ΔT 确定 K 的选择。例如，查得 ΔT=20℃，由图 1-6-3 电热元件温升特性曲线可得 I_s =1.04A，已知 I_p=3.5A，可得 I_s /I_p=1.04/3.5 ≈ 30%，即 I_s=30%I_p，因此将 K 调为 4，图 1-6-4 即为变流器外观及挡位。

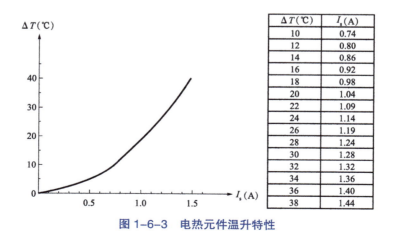

图 1-6-3　电热元件温升特性

（3）I_s 值整定。图 1-6-5 所示为绕组温度表各端子接线图，可以看到 3、4 端子是短接在一起的，I_s 的整定一般在出厂前由厂家预先整定好。如图 1-6-6 所示，首先将 3 和 4 接线端子之间的短路线摘掉（3、4 端子是专门校验 I_s 电流值的）。将变流器调到额度挡位后，调整分流电阻使 I_s=1.04A，接着再将 3、4 号接线端子之间的短路线恢复。

图 1-6-4 变流器挡位调节

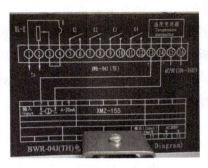
图 1-6-5 绕组温度表接线图

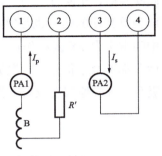
图 1-6-6 I_s 整定接线图

案例 1-7

500kV 变压器非电量保护异常隐患分析及处理

一、缺陷概述

某 500kV 主变压器三侧开关在进行停电例行检修试验工作过程中，发现进行主变压器非电量校验时，无论如何按气体继电器的试验探针及模拟压力释放阀信号，监控后台都没有主变压器本体重瓦斯跳闸、轻瓦斯报警及压力释放阀动作的信号。后续检查发现故障原因为冷却器控制柜内时间继电器故障导致，更换时间继电器备品后缺陷消除。

设备信息：变压器型号为 SUB-MRR，生产日期为 1999 年 1 月，投运日期为 2000 年 3 月。

二、诊断及处理过程

（一）隐患发现过程

《国家电网有限公司十八项电网重大反事故措施（2018 年修订版）》9.3.1.2 要求"220kV 及以上变压器本体应采用双浮球并带挡板结构的气体继电器"。该 500kV 变压器本体的气体继电器不满足反措要求，结合停电例行检查进行更换，更换后的气体继电器如图 1-7-1 所示。气体继电器更换完成后进行重瓦斯、轻瓦斯信号校验，发现无论如何按试验探针，监控后台都不会报重瓦斯动作和轻瓦斯报警的信号。另外对压力释放阀信号进行模拟，后台也无报警信号。随后检修人员对回路进行了检查。

（1）检查该变压器测控电源、冷却控制箱直流控制电源已送上。

（2）检查气体继电器、压力释放阀回路图纸，发现除了气体继电器、压力释放阀的动作触点外，非电量保护回路上还串联了中间继电器 2X 的触点。

（3）检查冷却器控制箱内发现中间继电器 2X 线圈一直在吸合的状态。但把冷却器控制箱内直流电源断开后，中间继电器 2X 线圈不吸合，恢复失电状态。此时再将气体继电器的试验探针按下后，轻瓦斯和重瓦斯的信号也相继在监控后台上显示出来。此现象可以说明监控后台不报非电量信号的原因为中间继电器 2X 误动作造成动断触点 21–22、31–32 都是断开的状态，此时气体继电器无论如何动作，后台都不会报信号。但断开直流电源后，中间继电器 2X 可失电恢复原状态，说明中间继电器 2X 不是吸合卡涩的原因造成误动作，而是二次回路上有问题。

（二）隐患处理过程

（1）中间继电器 2X 的动作原理为当 1 号主变压器油泵投入时（以 1 号油泵为例），2S1、2R1 继电器线圈立即得电，2R1 的 57–58 触点立即闭合，2S1 的 55–56 触点延时 5s 后断开，如图 1–7–2 所示。

图 1–7–1　更换后的气体继电器

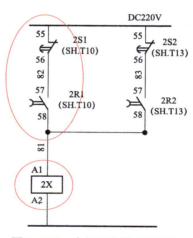

图 1–7–2　中间继电器 2X 回路

在这两对触点均闭合的 5s 内，中间继电器 2X 线圈吸合、2X 的动断触点均断开，重瓦斯及轻瓦斯均退出。延时 5s 后，2S1 的 55–56 触点断开、2X 线圈断电，瓦斯保护再次投入。而当 1 号油泵需退出运行时，2S1 的 55–56 触点立即接通，2R1 的 57–58 触点需延时 5s 后断开。与油泵投入运行时相同，油泵退出运行时，瓦斯保护也退出 5s，防止误动。2 号至 10 号油泵启动时的原理与 1 号油泵相同。这样可保证油泵同时投入及退出运行的 5s 时间内，气体继电器保护是在退出状态，不会由于油流的突变造成气体继电器误动作。

（2）工作现场发现中间继电器 2X 一直在吸合的状态，但是现场的冷却器并未在投入及退出的过程中，而是全在停止的状态，所以可以确定中间继电器 2X 是误动作吸合。中间继电器 2X 线圈吸合的条件是时间继电器 2S1 ～ 2S10 中至少有一组 55–56 触点为闭合状态、2R1 ～ 2R10 中至少有一组 57–58 触点为闭合状态。由于在冷却器停止状态时，2S1 ～ 2S10 的动断触点 55–56 均是在闭合状态，所以误动作的为继电器 2R1 ～ 2R10 中至少有一对 57–58 触点本应为断开状态却闭合了。

（3）确定故障的时间继电器。将冷却器控制箱内的直流控制电源继续送上，分别解开 2R1 ～ 2R10 触点 57 上的接线，测量 57 触点，若该继电器故障，则 57–58 触点会闭合，测量值为 DC–110V。经测量发现 2R3 及 2R8 为故障的时间继电器。

（4）更换时间继电器 2R3 及 2R8，中间继电器 2X 不再继续吸合。对 1 号主变压器的油泵进行投入和退出试验时，中间继电器 2X 能正确动作，气体继电器进行校验时后台能得到正确的信号，隐患得以消除。

三、总结分析

工作现场虽然更换了故障的时间继电器，消除了气体继电器拒动的隐患。但从设备的稳定性及长远考虑，建议结合停电再进行以下整改措施。

（1）《国家电网有限公司十八项电网重大反事故措施（2018 年修订版）》12.1.1.6.1 规定"时间继电器不应选用气囊式时间继电器"。气囊式时间继电器存在整定不精确、受运行环境影响大、气囊老化漏气导致功能失效等问题，不应采用。

（2）增加中间继电器 2X 误动作信号回路，监视中间继电器 2X 是否误动作。由于 2S1 ～ 2S10、2R1 ～ 2R10 时间整定均为 5s，所以每次中间继电器 2X 动作时间均为 5s。可增加一个时间继电器 KT，线圈接至中间继电器 2X 的动合触点，时间可整定为 20s，当中间继电器 2X 吸合时间超过 20s 时，时间继电器 KT 动作，提供中间继电器 2X 误动作的报警信号，如图 1-7-3 所示。

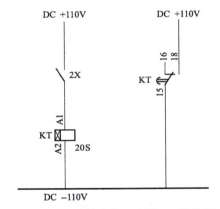

图 1-7-3 新增的中间继电器 2X 报警回路

案例 1-8

500kV 变压器有载调压开关误报压力释放阀动作信号缺陷分析及处理

一、缺陷概述

2021 年 4 月 30 日 18:26 分，某 500kV 变电站监控后台报 1 号主变压器 B 相有载压力释放阀跳闸、非电量告警。检修人员现场检查未发现有喷油情况，信号线电缆对地绝缘良好，压力释放阀本体无动作迹象，但动作信号报警微动开关动作，判断是由于报警微动开关误动作造成。将微动开关复位后，报警信号复归，缺陷消除。

　　设备信息：该500kV 1号主变压器型号为ODFSZ-334000/500，生产日期为2004年1月，投运日期为2004年6月。

二、诊断及处理过程

（一）现场检查

　　首先进行外观检查，现场观察1号主变压器三相负荷、电流、油色谱在线监测、油温及主变压器本体温度正常。检查1号主变压器B相本体正常，B相有载调压开关无明显异常情况，传动部件正常无变形，器身无油迹，器身顶部边沿无油滴。

　　接着进行信号回路检查，解除1号主变压器冷却器控制柜对应报警触点B01、B010B端子，故障信号复归，可判断1号主变压器冷却器控制柜至保护装置设备间的回路正常，信号触点如图1-8-1所示。

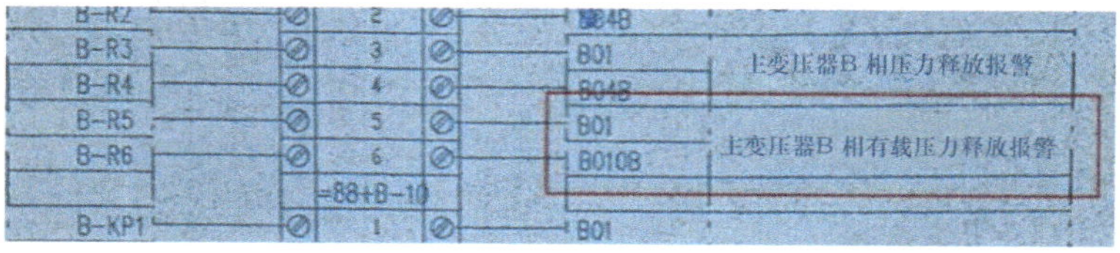

图1-8-1　1号主变压器压力释放动作报警触点

　　将B01、B010B端子恢复，再次报出有载压力释放阀动作告警信号。解除1号主变压器B相冷却器控制箱报警触点B-R5、B-R6，告警信号复归，可以确定该报警信号是由1号主变压器B相有载调压开关压力释放阀发出，信号触点如图1-8-2所示。

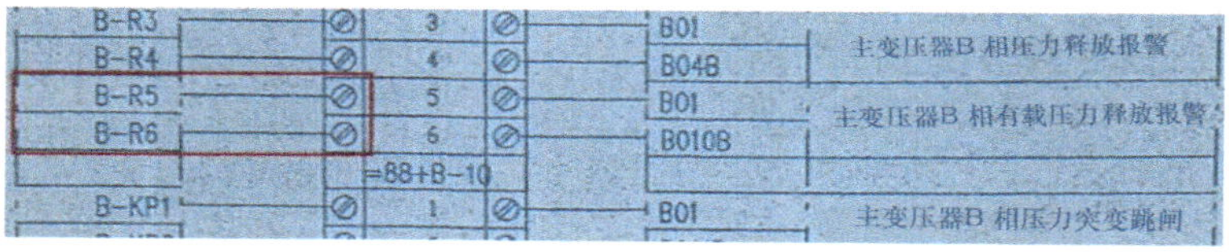

图1-8-2　1号主变压器B相压力释放动作报警触点

　　解除B-R5、B-R6后，测量B-R5、B-R6两个端子导通，对地绝缘无穷大，说明告警信号电缆未受潮。

　　最后进行压力释放阀本体检查，在保证与主变压器带电部位保持足够安全距离的前提下，检修人员检查有载调压开关压力释放阀顶部动作信号杆未凸起，压力释放阀膜盘未被顶起，膜盘周围干净无油渍，整个压力释放阀本体及四周均无油渍，检查情况如图1-8-3所示。

　　该型号压力释放阀当油箱内油压大于设定值时，膜盘会被顶起，动作信号杆受到膜盘的推动后也向上移动。当油箱内的油压恢复正常后，虽然膜盘在弹簧的作用下会恢复到原来位置，但动作信号杆由导向套保持在向上位置，不随膜盘恢复到原来位置而下落恢复到原来位置。因此综合上述现场对主变压器外观、二次回路、压力释放阀本体检查情况分析，可判断1号主变压器B相有载调压开关压力释放阀实际未动作，该信号是由于压力释放阀告警微动开关误动作导致。

（二）缺陷处理

压力释放阀告警微动开关如图 1-8-4 所示。该微动开关动作后会自行闭锁，即使油压恢复正常，膜盘恢复至原来位置也不会自动复归，必须通过手动返回。红色标记位置为微动开关复归卡扣，只需将其往左方扳回即可将微动开关复位。

图 1-8-3 压力释放阀膜盘未被顶起且四周无油渍

图 1-8-4 压力释放阀告警微动开关

在保证安全距离的前提下，检修人员用令克棒将复归卡扣进行机械复位，1 号主变压器 B 相有载调压压力释放阀动作信号复归。观察 1h 后，未再报出该信号，缺陷消除。

三、总结分析

（一）缺陷原因分析

该压力释放阀具有顶部密封结构，如图 1-8-5 和图 1-8-6 所示，该装置由六角螺栓通过安装法兰固定到变压器上，用密封垫密封。动作盘由弹簧弹顶并与顶部氰橡胶密封垫和侧向接触式密封垫行程密封，外罩将弹簧压缩并由 6 个螺钉保持在压缩位置。

图 1-8-5 压力释放阀

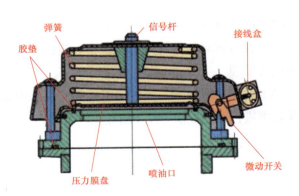

图 1-8-6 压力释放阀示意图

当变压器油压力大于弹簧的压力时，膜盘向上移动，当膜盘上的压力快速增加，膜盘移动到弹簧限定的位置，变压器油排除，变压器内的压力迅速降低到正常值。膜盘受弹簧的作用，恢复到原来位置，释放阀重新密封。压力释放阀动作过程如图 1-8-7 所示。

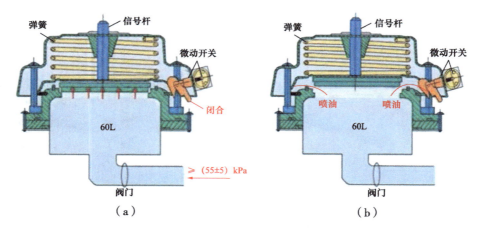

图 1-8-7　压力释放阀动作过程

（a）压力释放阀动作过程 1；（b）压力释放阀动作过程 2

通过对压力释放阀动作原理分析，可知若压力释放阀告警信号是由于压力释放阀实际动作引起，那么压力释放阀本体四周必然会有释放出的变压器油，且信号杆在凸起位置无法复归。现场检查压力释放阀四周干净无油渍，信号杆未被顶起，可以说明压力释放阀实际未动作。

对微动开关进行分析。微动开关挡片是半圆弧形结构，半圆切角顶住动作顶杆。在挡片动作后，圆弧动作轨迹可使顶杆顺滑弹出，告警节点接通。

此次 1 号主变压器 B 相有载调压开关压力释放阀微动开关动作缺陷，有可能是因为挡片初始位置有异常，挡片的半圆切角与动作顶杆处在动作边缘。当主变压器运行产生振动时，有可能使挡片产生位移，动作顶杆动作，导致误发告警信号。挡片位置异常原因有两点：一是进行压力释放阀动作信号校验后，挡片未完全恢复至初始正常位置，处在动作位置边缘；二是挡片的弹簧由于运行时间久逐渐失去弹性，导致挡片位置逐渐位移。

（二）防范措施

（1）准备压力释放阀及微动开关备品，检查如有异常应及时更换。

（2）在日常对信号开关的校验中，应检查微动开关机械动作是否存在卡涩、无法复归等情况，并及时进行处理。

（3）对压力释放阀、气体继电器等安装有弹簧、内部有油、带压力的特殊部件，应研究清楚部件结构后再进行相关检修工作，防止损坏部件。

案例 1-9

500kV 变压器铁芯接地电流异常缺陷分析及处理

一、缺陷概述

某 500kV 1 号主变压器投运期间，当投入电容器组或电抗器后，A 相铁芯、夹件接地电流即时增大并超标，退出电容器组或电抗器后，A 相铁芯、夹件接地电流即时恢复正常，投、退电容器组或电抗器后 B、C 两相铁芯、夹件接地电流均正常。经过专业排查，确定在 1 号主变压器带负荷时 A 相铁芯、夹件之间存在环流，A 相铁芯、夹件之间的绝缘系统存在异常。采用撤油钻检方式对 A、B、C 三相铁芯、夹件之间的绝缘系统进行全面细致地排查，发现 A 相的一块磁屏蔽件存在放电点，A 相共计 15 块磁屏蔽件存在绝缘破损。对存在问题的磁屏蔽件进行绝缘加强处理后，铁芯接地电流恢复正常。

设备信息：型号为 ODFS-334000/500，出厂日期为 2018 年 1 月 1 日，投运日期为 2019 年 5 月 23 日。

二、诊断及处理过程

（一）投运后的异常分析

2019 年 8 月 25 日 13:42，运维人员进行 1 号主变压器铁芯、夹件电流测试工作，发现 1 号主变压器 A 相铁芯电流超标达到 173.7mA，B、C 相正常。2019 年 8 月 27 日 7:55，运维人员发现 1 号主变压器 A、B、C 三相铁芯电流分别为 326、0.6、1.0mA，夹件电流分别为 415、91、92.5mA，1 号电容器组退出后，1 号主变压器三相的铁芯、夹件电流均即时恢复正常，铁芯电流分别为 0.6、0.6、1.0mA，夹件电流分别为 89.8、90.8、89.2 mA。当投入 1 号电抗器时，铁芯接地电流 170mA 左右，夹件接地电流为 200mA 左右。可见 1 号主变压器 A 相铁芯、夹件电流异常与主变压器所带负荷大小有关，属于异常现象。

9 月 3 日，检修人员对运行中的 1 号主变压器再次进行检查，测试 5 种情况下 A 相的铁芯、夹件接地电流。

第 1 种：未投电容器组，铁芯、夹件不短接。铁芯、夹件电流分别为 1、89mA，数据正常，如图 1-9-1 所示。

第 2 种：未投电容器组，铁芯、夹件短接。短接线上方铁芯、夹件接地电流分别为 0.6、86mA，短接线下方铁芯、夹件接地电流分别为 478、537mA，短接线电流为 477mA，如图 1-9-2 所示。

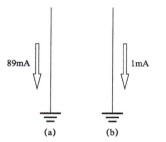

图 1-9-1   未投电容器组（铁芯、夹件不短接）

（a）夹件不短接；（b）铁芯不短接

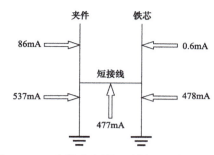

图 1-9-2   未投电容器组（铁芯、夹件短接）

第 3 种：投电容器组，铁芯、夹件短接。短接线上方铁芯、夹件接地电流分别为 190、240mA，短接线下方铁芯、夹件接地电流分别为 1133、1222mA，短接线电流为 1113mA，如图 1-9-3 所示。

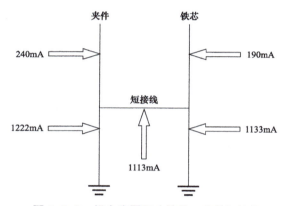

图 1-9-3   投电容器组（铁芯、夹件短接）

第 4 种：投电容器组，铁芯、夹件短接，解开短接线下部的铁芯接地扁铁。短接线上方铁芯、夹件接地电流分别为 278、317mA，电流方向相反，短接线电流为 260mA，短接线下方夹件接地电流为 89mA，如图 1-9-4 所示。

第 5 种：投电容器组，铁芯、夹件不短接，恢复铁芯接地扁铁。铁芯、夹件电流分别为 278、317mA，电流方向相反，如图 1-9-5 所示。

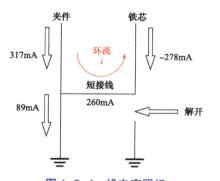

图 1-9-4   投电容器组
（铁芯、夹件短接，解开短接线下部的铁芯接地扁铁）

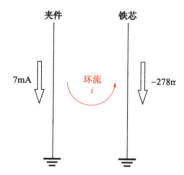

图 1-9-5   投电容器组
（铁芯、夹件不短接，恢复铁芯接地扁铁）

显而易见，投入电容器组或电抗器之后铁芯与夹件之间存在环流。在投入电容器组或电抗器之后，铁芯与夹件之间的金属性材料在漏磁通作用下产生较大振动，并且连通了铁芯与夹件进而导致环流。

退出电容器组或电抗器之后，铁芯与夹件之间的金属性材料所受的漏磁通较小、振动幅度较小，无法连通铁芯与夹件，因而铁芯与夹件之间不存在环流，接地电流正常。由于主要问题存在于铁芯与夹件之间的绝缘系统，需要详细、全面排查铁芯与夹件之间的绝缘系统存在的问题。鉴于投运前磁屏蔽件存在绝缘问题且磁屏蔽件处于铁芯与夹件之间，重点排查 A 相的磁屏蔽件，其他相关绝缘系统也需要详细检查。

采用磁屏蔽工艺是为了强迫漏磁通通过磁屏蔽件链接，而不通过附件及油箱链接，改善磁通分布，大大降低了漏磁损耗且降低变压器对外部的电磁干扰。磁屏蔽件上下各 28 块，每块磁屏蔽件通过软铜线与夹件一点连接，并与铁芯保持 5mm 的设计间隙。因此需要对 A 相进行撤油钻检，即撤完变压器内部的全部变压器油，人员进入变压器内部检查。

（二）处理过程

9 月 11 日，检修人员对 A 相变压器进行撤油钻检。检修人员检查到下夹件高压侧中间靠近铁芯部位的一块磁屏蔽件端部的绝缘材料局部破损，该磁屏蔽件端部的一片硅钢片翘起且端部存在放电发黑迹象，部分磁屏蔽件外包绝缘材料局部破损现象，其他位置均未发现放电痕迹及其他异常现象，可见端部存在放电发黑迹象的磁屏蔽件为故障点。

存在放电痕迹的磁屏蔽件采用尼龙材质的螺栓固定在夹件上，该磁屏蔽件与铁芯之间通过绝缘件隔离，为了促进变压器油的循环散热，该绝缘件的端部制成爪形。正因为这一形状，该磁屏蔽件端部脱离的那一片硅钢片在漏磁通作用下振动，穿过绝缘件的爪缝与铁芯靠近或接触导致铁芯与夹件存在电气连通，进而导致铁芯与夹件之间存在环流，如图 1-9-6 ～图 1-9-9 所示。铁芯与夹件之间的其他绝缘也全部排查，未见异常。

A 相内部共发现 15 块绝缘材料存在不同程度的绝缘破损现象（包括存在放电点的磁屏蔽件），全部进行绝缘加强处理。在该磁屏蔽件端部位置增加纸板绝缘，纸板厚度应保证至少 2mm 以上。其他外包绝缘存在破损的磁屏蔽件重新用绝缘纸进行包扎，保证其牢固可靠，有足够的机械强度和绝缘裕度，如图 1-9-10 ～图 1-9-12 所示。

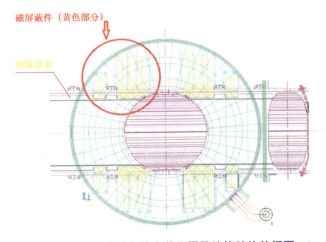

图 1-9-6　磁屏蔽件安装位置及绝缘结构俯视图

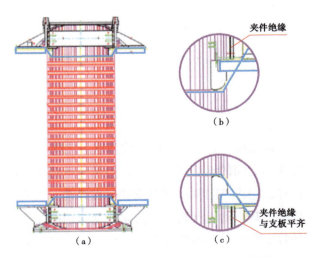

图 1-9-7　磁屏蔽件安装位置及绝缘结构图

（a）总体结构图；（b）上夹件部分放大图；
（c）下夹件部分放大图

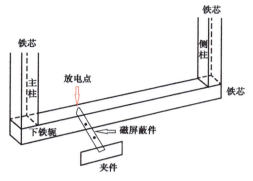

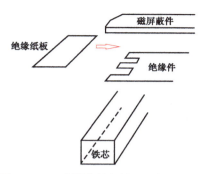

图 1-9-8　放电点示意图　　　　图 1-9-9　磁屏蔽件与铁芯结构示意图

图 1-9-10　放电点　　　　　　　图 1-9-11　绝缘破损

图 1-9-12　绝缘破损处理

三、总结分析

（一）铁芯、夹件电流异常原因

通过检查，可知磁屏蔽件与铁芯之间存在 5mm 的设计间隙，磁屏蔽件的外绝缘包扎材料破损导致与铁芯之间的绝缘强度下降，但是停电状态下磁屏蔽件与铁芯之间的间隙充满变压器油，其绝缘状况良好，绝缘电阻测试难以发现存在异常。当变压器空载运行时，漏磁通较小，磁屏蔽件链接的漏磁通较小，其振动幅度较小，其间隙绝缘仍能合格；当带负荷运行时，磁屏蔽件链接的漏磁通较大，其振动幅度变大，其间隙的绝缘距离不足，进而导致间歇性放电，使得铁芯、夹件之间形成环路，出现环流。磁屏蔽件安装工艺不良及磁屏蔽件与铁芯之间的绝缘裕度不足是引起铁芯、夹件环流的最大可能原因。在变压器器身振动及带负荷后磁屏蔽件自身振动共同作用下，磁屏蔽件与铁芯产生断续连接现象，从而产生环流。

（二）防范措施

（1）因为需要带负荷才能发现铁芯、夹件接地电流异常，本次发现的问题难以在寻常检查项目中发现。建议新投运变压器应尽快带负荷，并加强铁芯、夹件接地电流检测跟踪工作。

（2）撤油钻检需严格把关，避免人员窒息、工器具遗留在器身上。采用拍照、记录等方式存在遗落的可能性，因此在处理人员检查完应再次由其他人员检查，且现场监督人员也需要认真检查。撤油钻检期间，注意变压器阀门的关闭及充气压力，避免气体继电器误动、发生漏喷油等。

案例 1-10

500kV 高压并联电抗器铁芯接地引下线对地放电缺陷分析及处理

一、缺陷概述

2010 年 2 月 6 日，某 500kV 变电站运维人员发现 500kV 高压并联电抗器 A 相接地扁铜螺栓断裂，铁芯及夹件对接地点放电产生火花。检修人员检查发现高压并联电抗器长期振动导致接地扁铜螺栓断裂，对高压并联电抗器铁芯接地引下线改造后缺陷消除。

设备信息：该高压并联电抗器型号为 BKD-60000/500。

二、诊断及处理过程

（一）原因分析

检修人员进行现场检查，发现 500kV 高压并联电抗器铁芯及夹件引出线采用扁铜硬连接方式，长期受高压并联电抗器本体振动的影响，导致扁铜接地螺栓断裂，造成铁芯及夹件对地悬浮放电，放电产生火花如图 1-10-1 所示。

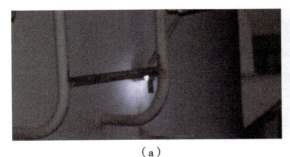
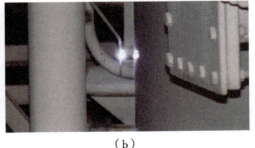

（a）　　　　　　　　　　　　（b）

图 1-10-1　铁芯及夹件对接地点悬浮放电

（a）悬浮放电点 1；（b）悬浮放电点 2

（二）改造过程

为了防止 500kV 高压并联电抗器铁芯及夹件失地，对其接地引下线进行软连接改造，使用 150mm² 多股软铜线替代原扁铜硬连接。软铜线可防止振动破坏接地螺栓，其外部增加绝缘热缩套，提高外绝缘水平及抗老化能力。

500kV 高压并联电抗器铁芯及夹件接地引下线改造前后情况如图 1-10-2 和图 1-10-3 所示。

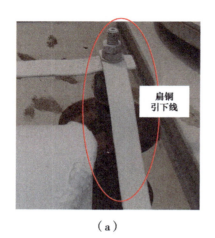 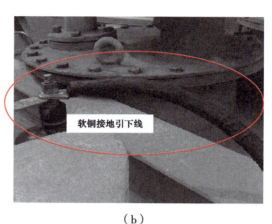

（a）　　　　　　　　　　　　　　　（b）

图 1-10-2　改造前后接地引下线（顶部）

（a）改造前；（b）改造后

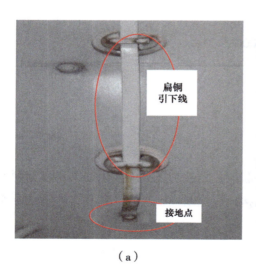 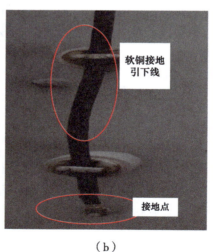

（a）　　　　　　　　　　　　　　　（b）

图 1-10-3　改造前后接地引下线（底部）

（a）改造前；（b）改造后

三、总结分析

高压并联电抗器接地扁铜螺栓因高压并联电抗器运行过程振动而断裂，将接地引下线改为软铜线，能够减小振动受力，避免缺陷的再次发生。前后的数据对比证明改造措施对高压并联电抗器运行无影响，满足高压并联电抗器铁芯及夹件可靠接地的要求。

在变压器及高压并联电抗器运行中，应按照相关规程进行铁芯接地电流测试，发现异常及时分析原因。

案例 1-11

500kV 高压并联电抗器接线柱均压帽松动放电缺陷分析及处理

一、缺陷概述

2013 年 12 月 19 日，试验人员发现某变电站 500kV 高压并联电抗器 B 相乙炔含量达到 10μL/L，12 月 20 日再次取油样送检，乙炔含量为 9.7μL/L，A、C 相数据正常，初步判断 B 相高压并联电抗器可能存在内部放电性故障。12 月 24 日，工作人员进箱检查发现高压并联电抗器内部线圈引出接线柱上的均压帽松动放电，已被击穿。更换均压帽后，设备恢复正常。

设备信息：该 500kV 高压并联电抗器型号为 BKD-60000/500，出厂日期为 2012 年 3 月 28 日，投运日期为 2013 年 8 月 29 日。

二、诊断及处理过程

（一）诊断过程

该高压并联电抗器油色谱试验数据如表 1-11-1 所示。

表 1-11-1　　　　　　　　　　高压并联电抗器油色谱试验数据　　　　　　　　　　（μL/L）

时间	氢气	一氧化碳	二氧化碳	甲烷	乙烷	乙烯	乙炔	总烃
2013 年 9 月 1 日	4.8	58	113	1.1	0.1	0.2	0	1.3
2013 年 9 月 5 日	4.9	59	122	1.2	0.2	0.2	0	1.6
2013 年 9 月 11 日	5.0	61	130	1.2	0.2	0.1	0	1.4
2013 年 9 月 29 日	4.9	59	122	1.2	0.2	0.2	0	1.6
2013 年 12 月 20 日（试验 1）	19	290	1075	6.8	1.0	3.7	9.7	21.2
2013 年 12 月 20 日（试验 2）	31	390	946	10	1.1	3.8	10	24.9

从表 1-11-1 试验数据可以看出 B 相油中溶解气体中的乙炔含量严重超标。

通过离线色谱试验数据结果分析，判断 B 相高压并联电抗器可能存在内部放电性故障。从放电性故障检查与处理表判断，当怀疑变压器（电抗器）存在放电故障情况时，结合离线油色谱试验结果：油中故障气体以乙炔为主，乙烯含量比甲烷低，初步判断为油箱磁屏蔽接触不良，需结合高压试验进一步判断内部故障情况。

21日，试验人员进行绝缘电阻、介质损耗、直阻、泄漏电流等高压试验，试验数据正常，结合历史数据合格及运行工况良好，初步判断内部存在间歇性电弧放电，需进箱检查处理。

（二）处理过程

12月24日，技术人员进入电抗器内部检查，结果如图1-11-1和图1-11-2所示。

图1-11-1　内部检查

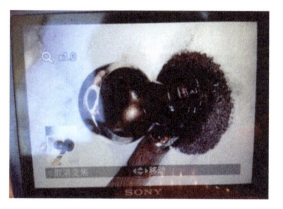

图1-11-2　放电痕迹

从图1-11-1和图1-11-2看出，高压并联电抗器内部线圈引出接线柱上的均压帽松动放电，已被击穿。检查其他相关连接件及铁芯等紧固度，未发现问题。

更换均压帽后，重新封住进人孔，严格按照工艺要求对高压并联电抗器抽真空和变压器油真空脱气等处理后，按照大修后投运设备试验要求进行试验、跟踪检测，设备运行正常。

三、总结分析

该缺陷是高压并联电抗器内部引出接线柱均压帽松动放电，导致油中溶解气体乙炔超标且通过在线监测系统可明显看出存在增长趋势。因此，为防范该类缺陷扩大，建议加强在线监测系统的应用与维护，尤其应对低浓度乙炔的增长趋势进行跟踪，及时发现并处理内部故障。

案例 1-12

500kV 高压并联电抗器储油柜胶囊破损缺陷分析及处理

一、缺陷概述

运行人员在进行红外测温时，发现500kV某高压并联电抗器C相储油柜红外测温图谱异常，如图

1-12-1 所示。图 1-12-1 中储油柜侧面呈均匀温度颜色，无法看见油面分界线，与另外两相有明显差异。怀疑胶囊破损或两侧顶部挂钩脱扣。检修人员打开胶囊侧面人孔门进行检查，发现胶囊确实存在破损，对其进行更换处理。

　　设备信息：该高压并联电抗器型号为 BKD-40000/500，胶囊规格为 1010mm×4010mm，生产日期为 2008 年 11 月。

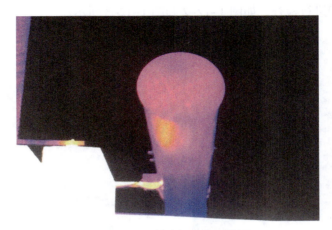

图 1-12-1　储油柜红外测温图

二、诊断及处理过程

（一）诊断过程

　　胶囊安装在变压器储油柜内，用来隔绝变压器油和周围空气的接触，避免变压器油受到氧化、受潮、老化的影响。胶囊通过连通管接至外部呼吸器，呼吸器与大气相通，补偿变压器油由于热胀冷缩造成的体积变化，呼吸器内硅胶起防潮的作用。

　　造成胶囊破损的原因主要有三点，分别是橡胶老化、生产时拼接接缝不良、抽真空未开启储油柜顶部连通阀。

　　在变压器运行中，胶囊与储油柜连通管通过阀门处于关闭状态，隔离胶囊内部与变压器油。当变压器需要进行抽真空时，打开胶囊与储油柜连通管的阀门使两者连通，起到抽真空时保持胶囊与器身内部压力相同的作用，如果忘记打开胶囊顶部连通管的阀门，由于抽真空造成器身内部负压，将胶囊拉扯撕裂造成破损。此次大修未带储油柜进行抽真空，且结合之前红外测温可以排除此次人为操作失误造成。

　　查询 2017 ～ 2019 年红外图谱进行分析判断，高压并联电抗器 C 相储油柜于 2018 年红外测温时发现异常，在此之前测温正常，投运以来高压并联电抗器并未进行停电大修，即可以排除投运前抽真空造成胶囊破损和生产时拼接接缝不良造成，属于运行中胶囊接缝橡胶老化造成破损。查询 2017 ～ 2019 年油位表计示数进行分析判断，在高温时节变压器油处在示数 7 处，低温时节处在示数 5 处，属于正常示数状态，并未出现"假油位"现象。由此可以判断胶囊破损进油量不大，2018 年至今进油不多。若胶囊大量进油，浮在油面上的油位计浮球将会受到进油的胶囊所压迫，造成油位计显示油位低于真实油位的"假油位"现象。

而此次高压并联电抗器大修在放油和注油的过程中，油属于动态状态，使得胶囊破损口在运动后缝隙张大。注油时，胶囊内部充油量增大，油位计浮球卡在示数2处，并且继续注油导致油从呼吸器连通管外泄。

（二）缺陷处理

打开胶囊侧面人孔门进行检查，如图1-12-2和图1-12-3所示。

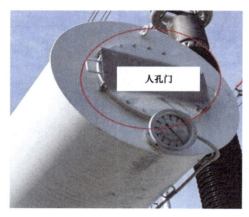

图1-12-2　人孔门位置

图1-12-3　人孔门开盖检查

为了判断胶囊破损位置，对胶囊内充0.02MPa的氮气，检查胶囊破损位置，发现如图1-12-4、图1-12-5所示位置浸在油中出现持续性气泡。仔细检查发现，胶囊拼接接缝处为产生气泡位置，可以断定胶囊至少有一个破损位置为接缝处。由于胶囊充气后体积较大，会覆盖整个储油柜内部，而人孔门只开在储油柜其中一侧，所以无法直接观察到其余破损位置。

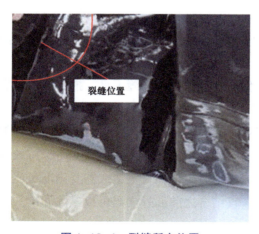

图1-12-4　裂缝所在位置

图1-12-5　气泡所在位置

确认胶囊破损后检修人员迅速采购同尺寸胶囊进行更换。厂家到达现场后，现场人员配合将固定胶囊用的储油柜顶部法兰盘拆下，如图1-12-6所示。

胶囊通过异形螺栓与法兰对接，作为胶囊在储油柜内部的主要挂点，如图1-12-7所示。胶囊两侧分别有一个挂扣，通过白布带与顶部挂点相连接，将胶囊两侧与整体保持统一高度，如图1-12-8所示。

图 1-12-6 储油柜顶部法兰盘

图 1-12-7 法兰盘结构

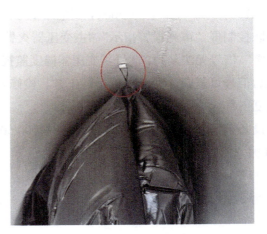

图 1-12-8 胶囊挂扣

三、总结分析

胶囊的老化更换年限大致为 15 ~ 25 年，市面上大部分胶囊使用拼接方式制成，若接缝处工艺不好，容易产生破损。国内许多 500kV 主变压器运行年限已接近或者超过 10 年，胶囊容易发生破损问题。胶囊破损较轻时将造成变压器含气量增高，破损严重时将造成油位计出现"假油位"，甚至阻塞储油柜与本体连通管。国内已有胶囊破损进油后下沉导致阻塞储油柜与本体连通管，阻止变压器的呼吸造成压力释放阀误动作的案例。

因此在变压器及高压并联电抗器运行拍摄红外测温时，需加强对储油柜的拍摄分析，并且在新变压器投运前、变压器大修过程中应注意密封性试验的跟踪。

案例 1-13

500kV 变压器消防火灾报警缺陷分析及处理

一、缺陷概述

2016 年 7 月 17 日，某 500kV 变电站 2 号主变压器火灾报警，主变压器火灾报警警铃响，主变压器消防控制屏 "声光报警指示" "主变压器火警指示" 灯亮，主变压器消防控制装置 "2 号主变压器 A 相火警" 信号无法复归，2 号主变压器温度监视菜单显示 "2 号感温探头温度达 137℃"，2 号感温探头隔离后信号可复归，现场主机运行正常。检修人员检查发现主变压器消防探头变送器损坏，更换后设备恢复正常。

设备信息：变压器型号为 ODFS-334000/500，出厂日期为 2012 年 10 月 20 日，投运日期为 2013 年 11 月 2 日。

二、诊断及处理过程

检修人员现场排查发现 2 号主变压器感温探头腐蚀严重，如图 1-13-1 所示，拆解 2 号主变压器 A 相 1 号和 3 号感温探头，用万用表测量热敏电阻 PT100 为 118Ω，与当前环境温度下的阻值基本一致，证明感温探头未损坏。

计算机室消防控制屏显示 2 号主变压器 A 相 1 号和 3 号探测器温度达 137℃，状态显示被隔离，如图 1-13-2 所示，初步判断计算机室消防控制屏内温度变送器故障。

图 1-13-1　感温探头安装处

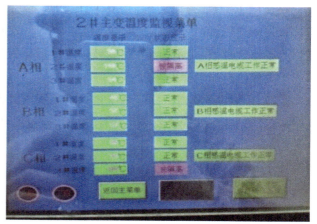

图 1-13-2　主变压器消防控制屏显示被隔离

该温度变送器的输入值为热敏电阻 PT100 的电阻值，温度变化范围 -50 ～ +150℃，工作电压为

24V，输出信号为恒定的电流值（4 ～ 20mA）。借用热电偶 / 热电阻校验仪检测消防控制屏内的温度变送器，设置 -50℃和 150℃下的电阻值输入温度变送器，发现变送器输出电流量不是 4mA 和 20mA，确定消防屏内变送器故障。更换变送器备品后，如图 1-13-3 所示，消防控制屏上 2 号主变压器 A 相 1 号和 3 号感温探头状态正常，故障排除，如图 1-13-4 所示。

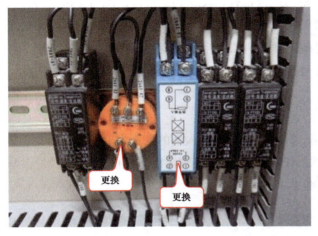

图 1-13-3 更换 2 号主变压器 A 相 1 号和 3 号变送器

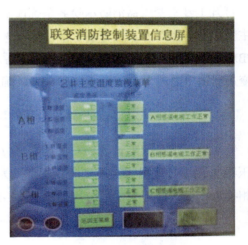

图 1-13-4 消防控制屏显示正常

三、总结分析

分析此类缺陷，需先确定损坏元件是热敏电阻 PT100 还是温度变送器。

（1）若热敏电阻 PT100 损坏，则需要变压器停电，更换感温探头内部的热敏电阻 PT100。

（2）若温度变送器损坏，应首先判断变送器装在变压器感温探头内还是计算机消防控制屏内，若是前者需要停电更换，后者直接更换。

案例 1-14

500kV 变压器消防感温装置故障分析及处理

一、缺陷概述

2019 年 3 月 8 日，某 500kV 变电站主变压器消防水喷雾系统控制屏报 1 号主变压器温度探测器故障，"声光报警"和"系统故障指示"灯亮的缺陷，另一消防控制屏液晶显示"2 号主变压器 C 相 1 号感温探头故障""2 号主变压器 A 相 1 号感温探头故障""3 号主变压器 B 相感温电缆温度越限"。经检查均为感温装置损坏造成，更换感温装置后缺陷消除。

二、诊断及处理过程

（一）1号主变压器消防缺陷检查及处理

打开 1 号主变压器消防水喷雾系统控制屏后柜门进行检查，发现无变送器，说明变送器与探头整合至主变压器本体上方。查看端子排，发现 3 个探头引 3 对接点至端子排，分别为 1WBX-A1、1WBX-A2、1WBX-A3，FPM-24 为探测器提供 24V 电源。屏蔽正常探测器，将万用表调至电流挡后，测出 2 号探测器变送器输出电流为 13mA，对应 160℃，确定 2 号探测器损坏。更换 2 号探测器后信号复归。

（二）3号主变压器消防缺陷检查及处理

针对感温探头故障，现场对变送器进行处理。拆下工作电源接入新的变送器并解除屏蔽后，2 号主变压器 A 相 1 号感温探头温度恢复正常，为 23℃。调节变送器零值输出后，温度上升至 27℃，与其他几相接近。变送器更换前后分别如图 1-14-1 和图 1-14-2 所示。

图 1-14-1　变送器更换前

图 1-14-2　变送器更换后

而 2 号主变压器 C 相 1 号探测器更换新的变送器后依然报警。检查端子排，3 相共 3 组，每组 2 对为感温电缆、1 对为探测器电源、3 对为探测器输出电流。屏蔽 C 相另外两个正常探头后，甩开 2WTD-7、2WTD-8、2WTD-9 接线，串入万用表测试电流，分别为 3、9、9mA，而 2WTD-7 对应 2 号主变压器 C 相 1 号探测器，超出变送器输出电流 4 ～ 20mA 的范围导致告警。故初步判断 2 号主变压器 C 相 1 号探测器是热敏电阻 PT100 呈熔接短路状态，而上述的 3 号主变压器 2 号探测器热敏电阻 PT100 呈烧断开路状态，热敏电阻 PT100 如图 1-14-3 所示。更换两个故障后探测器信号复归。

针对 3 号主变压器 B 相感温电缆温度越限，在主变压器消防控制屏后柜门处找到感温电缆接点 3CGWD、FPM-24V 进行测量，发现一端 22V，另一端 24V，电阻 42Ω 左右。电缆呈破皮接通状态导致告警。更换备用电缆后消防控制屏恢复正常，无异常信号。

随后前往 3 号主变压器本体端子箱，找到该电缆接点 3CGWD、COM+，复测，结果和计算机室主变压器消防控制屏后柜门测量结果一致，备用电缆更换后运行状态正常，3 号主变压器 B 相感温电缆温度越限问题已解决。

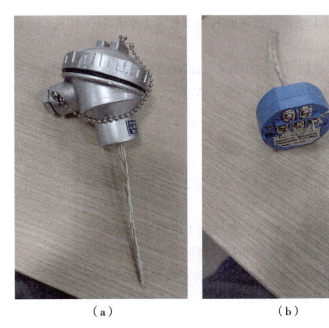

（a） （b）

图 1-14-3 热敏电阻 PT100

（a）图片 1；（b）图片 2

三、总结分析

主变压器消防系统一般为每相接入 3 个感温探头加 1 组感温电缆，并绕 1 组感温电缆备用；或者每相接入 2 组感温电缆，绕 1 组感温电缆备用。无论何种方式，消防系统的启动逻辑是：探头与探头、探头与电缆之间为或的关系，但是与高、中位开关之间为与的关系，即电磁阀动作 =（1 号探头动作 ‖ 2 号探头动作 ‖ 3 号探头动作 ‖ 感温电缆动作）& 高位开关断开 & 中位开关断开。因此，当确认消防信号为误报时，可暂时先屏蔽 1 个故障探测器，对消防系统功能影响不大，待后续检修人员处理。

对损坏的变送器进行测试，发现故障变送器电路板的三极管电阻值异常，三极管损坏，因此建议：

（1）在基建安装或消缺更换感温探头之前，应加强对变送器本身的检查和校验。

（2）感温探头的变送器等二次元器件最好安装在计算机室内，以避免高温及环境影响造成老化损坏。

案例 1-15

320kV 柔直换流变压器压力释放阀误报警缺陷分析及处理

一、缺陷概述

2017 年 8 月 16 日，某换流站监控后台出现单套交流测控装置"P2 C 相变压器压力释放阀 1"报警。现场检查压力释放阀实际未动作，交流测控装置正常，但信号无法复归。检修人员干燥处理接线盒后，设备恢复正常。

设备信息：2号换流变压器型号为ZZDFPZ-176700/230-320，出厂日期为2015年1月1日，投运日期为2015年12月17日，压力释放阀型号为130MC。

二、诊断及处理过程

该型号压力释放阀外观如图1-15-1所示，开启压力为70kPa，压力释放阀内部接有2组微动开关。

检修人员解除2号换流变压器C相压力释放阀1报警1信号的二次线，后台报警信号消失，从而排除交流测控装置问题。接着解除2号换流变压器C相本体端子箱处压力释放阀1的两对报警触点接线，并测试4根接线绝缘电阻，测量结果显示该压力释放阀多根接线对地绝缘低，怀疑压力释放阀内部接线受潮。

该压力释放阀在换流变压器Box-in内部，并装有防雨罩，检查压力释放阀外壳无水珠或潮气，压力释放阀机械指示销未动作。开盖检查发现压力释放阀二次进线封堵良好，但顶盖布满水珠，如图1-15-2所示。2个微动开关长期受潮导致接线柱产生白色锈迹，如图1-15-3所示。

图1-15-1　压力释放阀外观图

图1-15-2　压力释放阀顶盖

图1-15-3　压力释放阀微动开关

检修人员干燥处理压力释放阀，并更换微动开关和端子排，处理后重新测量压力释放阀1报警触点接线的绝缘电阻，结果均合格。恢复端子箱处接线，后台未再次出现报警信号。

三、总结分析

现场换流变压器套管绝缘子下面建有Box-in，其结构导致水进去后变为水蒸气难以排出，内部长期闷热、潮湿。结合现场检查情况，判断原因如下：

（1）压力释放阀顶盖信号杆插入压力释放阀阀体内部，中间有缝隙，导致压力释放阀排油通道与顶盖内部是相通的，湿气通过压力释放阀排油管道进入压力释放阀内部导致微动开关受潮。

（2）压力释放阀上盖安装时密封圈未调整好，存在缝隙，潮气通过缝隙进入内部引起受潮。

为防范此类缺陷的发生，验收、维护时应调整好压力释放阀的密封圈，安装时要均匀受力，保证密封良好，避免潮气进入内部。

案例 1-16

220kV 变压器升高座电流互感器二次回路断线事件分析及处理

一、缺陷概述

某 220kV 变电站进行 1 号主变压器吊罩大修，大修结束送电完成后，因升高座 TA 二次回路断线造成无采集信号，变压器停电进行处理。

设备信息：变压器型号为 SFPSZ8-120000/220，出厂日期为 1995 年 4 月，投运日期为 1995 年 12 月。

二、诊断及处理过程

变压器吊罩前所有二次线，包括气体继电器信号、压力释放阀信号、本体及有载调压开关油位计信号、有载调压开关挡位信号、套管升高座 TA 接线均需拆除，修后试验后再恢复。

1 号主变压器停电后，检修人员将套管升高座 TA 二次接线端子至 1 号主变压器本体端子箱的接线解开，用万用表电阻挡测量 TA 二次线阻值为无穷大，确定 C 相套管升高座 TA 二次线内部断线。

检修人员关闭变压器储油柜至本体的阀门，打开气体继电器排气口，将 1 号主变压器本体油位放低至套管升高座手孔下方，打开手孔进行 TA 内部接线情况检查。现场检查发现 TA 二次引出线断线，引出线护套拧成麻花状，接线柱的环氧树脂垫块错位，如图 1-16-1 所示。初步判断是由较强的外力旋转接线柱螺杆带动引线导致的。

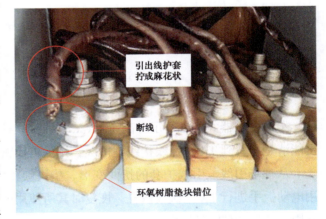

图 1-16-1 TA 二次引出线断线

打开其余相套管升高座 TA 手孔进行内部接线情况排查，发现其他相引出线也有不同程度的损伤、扭曲，如图 1-16-2 所示。

现场对所有升高座 TA 引出线进行排查，对断裂的引线重新压接，扭曲变形的引线释放应力后进行紧固，如图 1-16-3 所示。

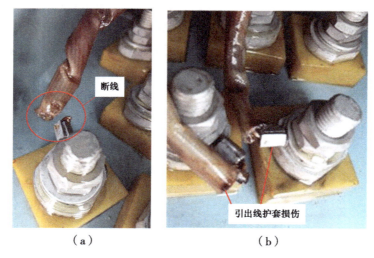

（a）　　　　　　　　　　　　（b）

图 1-16-2　TA 二次引出线扭曲、断线

（a）断线；（b）引出线扭曲

图 1-16-3　对所有 TA 内部接线柱进行处理

三、总结分析

本次变压器大修进行了升高座 TA 二次线接线柱密封圈更换，更换密封圈时必须打开手孔，更换人员能清楚地看到 TA 二次线接线柱情况，排除更换密封圈过程中导致内部引线扭曲或断线的可能。

从现场引线、引线护套的扭曲变形、垫块旋转移位情况来看，TA 二次线断线的原因是作业人员采用电动扳手进行 TA 二次线恢复，恢复时其所使用的电动扳手力量较大且紧固程度未把握好，导致过度紧固并使接线柱螺杆跟随转动，从而带动 TA 内部二次引线转动使其扭断。

为防范此类事件的发生，建议采取以下措施：

（1）变压器大修在拆除、恢复二次线时应用手动工具，并做好标记、记录。

（2）升高座 TA 二次引线恢复后应测量二次线的直流电阻，避免此类问题再次发生。

案例 1-17

110kV 变压器绝缘油喷油事件分析及处理

一、缺陷概述

2015 年 7 月，某变电站 110kV 变压器进行吊罩大修，在抽真空后进行注油时，由于注油方式不当，变压器油从气体继电器管道口喷出。

设备信息：设备型号为 SZ10-31500/110，生产日期为 1997 年 5 月，投运日期为 1998 年 5 月，冷却方式为油浸自冷式。

二、诊断及处理过程

变压器大修落罩后，完成散热器、套管及储油柜的复装工作，但气体继电器尚未复装。关闭散热器蝶阀，用滤油机从变压器顶部气体继电器管道进行抽真空。达到指定真空度后关闭阀门保持 2h，真空度满足要求，进行真空注油直至没过铁芯。将气体继电器管道上所连接的抽真空皮管拆除，解除真空后继续注油。由检修人员打开散热器上、下蝶阀，进行散热器注油。检修人员先开启散热器的下蝶阀，再开启上蝶阀，但当散热器上蝶阀被打开的瞬间，油从气体继电器管道口喷出，并伴随有大量气体排出，持续 10s 后停止喷油。

经分析：变压器的散热器由于无法承受真空压力，抽真空时将散热器上、下蝶阀关闭，散热器中的空气也堆积在内部，无法排出。真空注油完成后，破真空继续注油时，变压器内部油位已高于散热器下蝶阀，如图 1-17-1 所示。

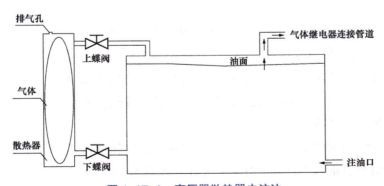

图 1-17-1　变压器散热器未注油

开启散热器下蝶阀时，器身内部的变压器油在自身重力作用下，涌入散热器，将内部气体挤压至散热器顶部，由于散热器顶部排气孔未打开，内部气体一直处于挤压状态，如图 1-17-2 所示。

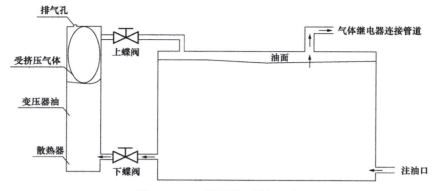

图 1-17-2　散热器下蝶阀开启

　　变压器始终保持注油状态，当检修人员打开散热器上蝶阀时，器身中的变压器油在补油压力与自身重力压力下，从散热器下蝶阀进入散热器，致使气体从散热器上蝶阀涌入变压器器身，在气体的推动下，器身内的压力瞬间增大，致使油从气体继电器管道口喷出，如图 1-17-3 所示。

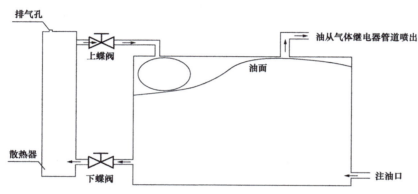

图 1-17-3　油从气体继电器管道喷出

　　检修人员立即停止变压器注油，先开启变压器散热器顶部排气孔，再将下蝶阀开启至 1/3 位置，待顶部排气孔冒油后旋紧，再打开上蝶阀，最终确认上、下蝶阀均处于开启位置，完成注油。

三、总结分析

　　变压器油是变压器的重要组成部分，它具有质地纯净、绝缘性能良好、理化性能稳定、黏度较小的特点，在变压器中起到绝缘和冷却的作用。变压器吊罩大修后，器身会暴露在空气中，必然吸附了部分空气及水分，若直接对其进行注油，这些空气与水分就会残留在变压器内部，使油发生氧化，油品劣化，绝缘性能下降，甚至发生局部放电，影响变压器的安全性和可靠性。为保证变压器大修后的质量，110kV 及以上的变压器均需采用真空注油。

　　变压器大修后破真空注油的同时需进行排气，避免挤压气体使得压力释放阀动作或者造成设备喷油，后续补油可采取常规补油或者抽真空补油的方式，将设备中的气体、水分的含量降到最低。

案例 1-18

110kV 变压器修后夹件绝缘低缺陷分析及处理

一、缺陷概述

2015 年 9 月，某变电站 110kV 变压器进行吊罩大修，修前、修中试验合格，变压器在吊装及附件回装、抽真空、热油循环等过程中未发现异常，但在修后试验中发现夹件对地绝缘电阻下降在 0.01 ～ 0.5MΩ 范围，且很不稳定，远小于正常要求值 500MΩ 以上，夹件出现多点接地。

设备信息：变压器型号为 SZ10-31500/110，生产日期为 2002 年 11 月，投运日期为 2003 年 4 月。

二、诊断及处理过程

110kV 及以上变压器的铁芯与夹件一般均从上部通过小套管引出，通过小瓷套固定引至器身下部进行接地。为了避免铁芯及夹件在运行中因为不可靠接地产生放电，以及多点接地产生环流，均要求铁芯及夹件有且仅有一点可靠接地。

此变压器修前、修中试验合格，夹件多点接地可能原因来自设备安装过程。检修人员对变压器重新吊罩、进行缺陷处理：

（1）夹件绝缘过低首先怀疑是铁屑进入缝隙。利用变压器油对变压器器身进行多次冲洗，排出底部残油后重新进行夹件试验，夹件绝缘过低状况未得到缓解，夹件对地绝缘电阻为 0.2 ～ 0.5MΩ。

（2）用电焊机加电流试图通过高温烧掉杂质。通过 180A 大电流进行测试，此时底部夹件固定螺栓冒烟，如图 1-18-1 所示。

图 1-18-1 夹件固定螺栓冒烟

（3）现场处理。将冒烟固定螺栓拆除，发现环氧树脂绝缘垫一侧破损严重，且螺栓和环氧树脂绝缘垫未处在同心位置。对固定螺栓的环氧树脂绝缘垫进行现场制作、安装，再次进行夹件绝缘电阻测量，绝缘电阻正常，如图 1-18-2 ～图 1-18-5 所示。

图 1-18-2　环氧树脂绝缘垫

图 1-18-3　绝缘垫磨损部分

图 1-18-4　重新制作环氧树脂绝缘垫

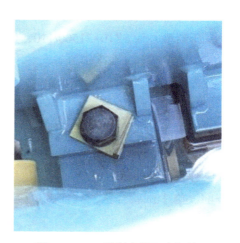
图 1-18-5　重新安装固定螺栓

三、总结分析

变压器在修前、修中试验中夹件绝缘电阻合格，在修后出现螺栓环氧树脂绝缘垫破损，主要原因分析如下：

（1）变压器在组装过程中，螺栓和环氧树脂绝缘垫偏心严重仍然强行组装。

（2）环氧树脂绝缘垫在变压器长期运行振动中，已出现一定程度的破损、开裂，在本次主变压器大修中，经过抽真空及热油循环后，原已破损、开裂的环氧树脂绝缘垫碎片被油冲走，在变压器落罩和附件回装过程中，变压器铁芯及夹件发生移位。

（3）吊罩后，检修人员进行螺栓紧固检查时用力过度导致环氧树脂绝缘垫破损，问题螺栓碰到变压器底部造成夹件绝缘低。

为防范此类缺陷的发生，建议采取以下措施：

（1）在变压器制造过程中，应严格把关，加强管理，确保设备质量过硬。

（2）在变压器吊罩后，应派专人对固定螺栓、材料进行全面检查，在变压器落罩后、附件回装前，应再次进行变压器铁芯及夹件的绝缘电阻测量，以便及早发现问题，避免现场返工。

（3）吊罩后，螺栓及紧固件检查，应按标准工艺进行。

案例 1-19

110kV 变压器假油位缺陷分析及处理

一、缺陷概述

事件一：某变电站 110kV 1 号变压器储油柜为胶囊式结构，变压器油位指示在合格范围内，但油位计指针基本不变，初步怀疑呼吸管道堵塞或油位计故障，导致油位指示异常，故进行停电处理。

事件二：某变电站 110kV 2 号变压器储油柜为外油式金属膨胀器结构，运维人员红外测温发现储油柜顶部存在气体，储油柜油位指示为假油位，停电进行处理。

二、诊断及处理过程

近年来，新投运的变压器储油柜基本上都采用胶囊式或金属膨胀式结构，这种全密封型储油柜，在实现绝缘油体积补偿的同时能可靠地确保绝缘油与空气隔离，具有工作寿命长、无老化、抗破损、免维护等特点。

事件一：变压器停电后，检修人员着手处理缺陷：

（1）轻拍油位计表面，确认油位计指针无卡涩。

（2）拆除吸湿器，检查吸湿器、呼吸管无堵塞。

（3）关闭本体气体继电器前后蝶阀，打开储油柜顶部排气口，再打开储油柜排油口阀门，从排油口将储油柜油排净。

（4）拆除油位计处法兰进行检查，发现油位计联杆被胶囊挤弯、卡住，如图 1-19-1 所示。更换联杆后，油位计恢复正常功能。

事件二：变压器停电后，检修人员着手开展设备排气，储油柜结构如图 1-19-2 所示，处理步骤如下：

（1）关闭储油柜呼吸口。

（2）打开储油柜排气口。

（3）利用小型滤油机从储油柜注油口注入合格的变压器油。

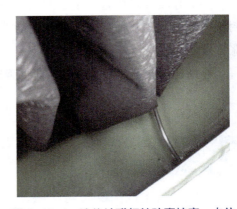

图 1-19-1　油位计联杆被胶囊挤弯、卡住

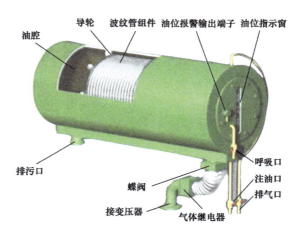

图 1-19-2　外油式金属膨胀式储油柜产品结构图

（4）待变压器油从储油柜排气口流出，且呈油流柱形时，停止注油。

（5）关闭储油柜排气口。

（6）根据变压器油温确定变压器油位，从变压器注油口放出多余变压器油，完成排气。

三、总结分析

变压器出现假油位主要有以下三个原因：

（1）变压器储油柜内的气体未排净，造成假油位。气体未排净主要是由于基建或大修过程中变压器补油、排气方式不当，储油柜中存在残留气体，堆积在储油柜上端，出现假油位。在变压器运行中，由于气体温度与油温的差异，运维人员通过红外测温可以确定此类缺陷。

（2）油位计故障造成假油位。油位计故障、指针卡涩，或者内部联杆卡住都会引起油位指示异常。

（3）呼吸管路堵塞产生假油位。呼吸管路异物堵塞、吸湿器内变色硅胶过多、吸湿器油封杯内密封垫未取等问题，都会造成储油柜与外部空气的连通受阻，造成胶囊或者金属膨胀器无法正常伸缩膨胀，致使油位指示异常。

在基建验收及设备检修时，应加强以上问题排查，避免出现假油位现象。

案例 1-20

110kV 变压器乙炔超标缺陷分析及处理

一、缺陷概述

某变电站 110kV 变压器运行 9 年后，油中乙炔含量超标，超过规定值 5μL/L，乙炔含量值呈上下波动状态，结合主变压器大修进行缺陷查找及处理。

设备信息：该变压器型号为 SSZ10-50000/110，生产日期为 2008 年 3 月，投运日期为 2008 年 9 月。

二、诊断及处理过程

乙炔含量值如图 1-20-1 所示，呈上下波动状态。

图 1-20-1 乙炔含量变化图

变压器本体油中产生乙炔的主要原因如下：

（1）变压器内发生局部放电，变压器油分解产生乙炔。

（2）有载调压开关油室密封不严，切换开关灭弧所产生的乙炔渗漏到变压器油中，从而检测出油中乙炔含量超标。

（一）有载调压开关油室检漏试验

检修人员排净有载调压开关油室中的所有油，将有载调压开关芯子吊出，擦净油室内的残油及污渍，在压力释放阀顶部安装固定条，防止压力释放阀在压力试验时误动作，拆除本体储油柜吸湿器，在吸湿器管道处施加 0.03MPa 的氮气压力，具体操作步骤如图 1-20-2 ～图 1-20-7 所示。

图 1-20-2 滤油机处排油

图 1-20-3 拆解有载调压开关

图 1-20-4　吊出有载调压开关芯子

图 1-20-5　擦净油室内壁

图 1-20-6　在吸湿器处施加压力

图 1-20-7　出现渗油点

　　在变压器本体油压及外施氮气压力的共同作用下，有载调压开关油室内迅速出现渗漏点，可以断定油室底部密封不严，造成变压器与有载调压开关油室出现串油现象。检修人员对底部螺栓进行紧固，再次进行压力试验，并保压 12h 未出现渗漏，如图 1-20-8 和图 1-20-9 所示。

图 1-20-8　油室底部螺栓紧固

图 1-20-9　压力试验未渗漏

（二）吊罩后，检修人员进行放电点查找

　　在变压器吊罩后，作业人员对变压器高压绕组、低压绕组、调压开关、围屏、压钉等部件进行逐一检查，未发现其他放电点，变压器油经真空滤油机过滤后，乙炔含量降为 0μL/L，大修后设备正常投

运后也未再出现乙炔。

三、总结分析

变压器本体出现乙炔或者乙炔含量超标，气体长期稳定的，多为瞬时性的气泡放电或金属毛刺放电故障。因气体长期稳定，说明放电发生在投运初期，气泡、毛刺放电后消失，放电停止。

乙炔数值大或有明显异常增长趋势的，则内部可能有持续放电故障，应经综合判断，考虑将设备退出运行进行处理。在内检或吊罩检查前应开展有载调压开关的压力试验，检查是否因有载调压开关油室与变压器本体串油，致使本体中出现乙炔。

案例 1–21

110kV 变压器绝缘油介质损耗因数超标缺陷分析及处理

一、缺陷概述

2015 年 11 月，某变电站 110kV 主变压器进行吊罩大修，修前绝缘类和特性类试验均合格，但绝缘油介质损耗因数为 2.5%，超过 Q/GDW 11447—2015《10kV ～ 500kV 输变电设备交接试验规程》规定（注入电气设备前：≤ 0.5%，注入电气设备后：≤ 0.7%），现场检修人员对变压器油进行处理。

设备信息：该变压器型号为 SZ10–31500/110，出厂日期为 2002 年 11 月 1 日，投运日期为 2003 年 4 月 19 日。

二、诊断及处理过程

主变压器大修常采用"吸附滤板"法进行绝缘油介质损耗因数超标的处理。变压器油先通过加热车加热至 65℃以上以增强油的处理效果，再进入板式滤油机通过高效吸附剂进行吸附过滤，最后通过真空滤油机进行脱水、脱气处理后注入变压器本体，如图 1–21–1 所示。

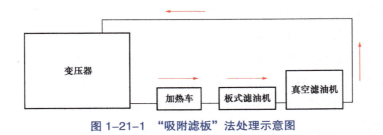

图 1–21–1　"吸附滤板"法处理示意图

检修人员按以下步骤进行绝缘油处理：

（1）使用前对板式滤油机、滤板进行清洗，板式滤油机如图 1-21-2 所示。

（2）吸附剂滤纸烘干。高效吸附剂易受潮，在工厂经干燥处理后用塑料袋封装，在使用前放入烘干箱中在 70～80℃ 温度下经过 3～4h 烘干。

图 1-21-2　板式滤油机

（3）吸附剂滤纸安装，如图 1-21-3 和图 1-21-4 所示。在板式滤油机滤板中间安装滤纸，所使用的滤纸中间带有小颗粒高效吸附剂，吸附剂被划分成小块进行缝制，避免出现吸附剂聚堆问题。

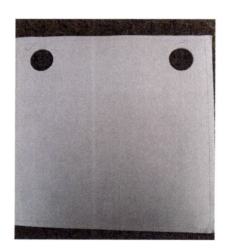

图 1-21-3　干净的滤纸　　　　图 1-21-4　滤纸和滤板间隔排放并夹紧

（4）管道连接。完成变压器本体到加热车、板式滤油机、真空滤油机再到主变压器本体的管道连接。由于板式滤油机为开启式的，油与空气直接接触，且部分吸附剂杂质会随油排出，故真空滤油机接在板式滤油机后部进行除杂、脱水、脱气。

（5）流量调整。由于真空滤油机和板式滤油机流量不一致，真空滤油机流量 200L/min，板式滤油机流量 150L/min，可调节真空滤油机出油速度或开启回油阀配合电磁阀使流量平衡。

（6）温度设置。高效吸附剂在油温为 65℃ 以上时效果最好，但由于油与空气直接接触，油的氧化速度随温度的升高而增加，故通过加热车与真空滤油机将油温控制在 65℃ 左右。

（7）滤油。进行循环滤油，滤纸每隔 3h（本体油循环 2 遍）更换一次，定时取油样测试介质损耗因数，检查滤油效果，直至绝缘油介质损耗因数合格。

现场经 24h 循环滤油后，绝缘油介质损耗因数降为 0.5%，符合相关试验规程要求，修后油务及电气试验全部合格，设备正常投运。

三、总结分析

绝缘油介质损耗因数是一项对油的品质极为敏感的指标，也是一项最基本最重要的绝缘性能指标。变压器油受到污染、水分等杂质增加、老化程度加深等使油的品质下降，都会使油的介质损耗因数增大。介质损耗因数升高的变压器油，会使变压器的整体损耗增大，绝缘电阻下降。在绝缘油处理时宜采用"吸附滤板"等可靠方法进行吸附过滤，或直接更换新变压器油，以提高变压器性能。

同时新安装或大修的主变压器宜采用密封式储油柜结构、真空注油等工艺，降低变压器油中的杂质、空气和水分含量，减缓绝缘油的老化速度。

案例 1-22

110kV 变压器高压套管定位销放电和发热缺陷分析及处理

一、缺陷概述

2013 年某变电站 1 号主变压器高压套管定位销放电和发热，结合主变压器吊罩大修进行处理。

设备信息：主变压器型号为 SZ9-50000/110，生产日期为 2003 年 1 月，投运日期为 2003 年 5 月，套管型号为 BRLW-126/630-3。

二、诊断及处理过程

该套管为 BRLW-126/630-3 型穿缆式油浸电容式高压套管，如图 1-22-1 和图 1-22-2 所示。主变压器线圈内部引线穿过套管中心导电管后，其接头通过定位销固定，卡在中心导电管上，然后与将军帽通过螺纹连接，将军帽通过 6 个直径 8mm 的不锈钢螺栓和套管储油柜顶部法兰固定密封，将军帽具有导电兼密封的双重作用。

主变压器附件拆除时，检修人员对高压套管进行检查，在套管导电管开孔处、引线开孔处、定位销、将军帽位置发现灼伤痕迹，分别如图 1-22-3～图 1-22-6 所示。

该类型套管头部结构有一个弊端，中心导电管采用铝合金材料，管壁厚度仅 3.2mm，容易受力变形，且定位销直接穿过中心导电管开孔槽固定（与其他型号套管结构不同，其他型号套管定位销固定在套管储油柜上部底座上），在旋紧引线接头和将军帽时，由于定位销的作用会使套管中心导电管开槽处受到扭力，造成中心导电管开槽缝隙增大，与定位销的接触变差。

图 1-22-1　将军帽及接线排

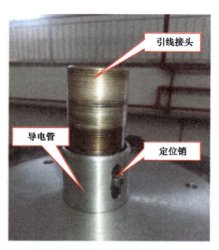

图 1-22-2　套管顶部引线固定

图 1-22-3　导电管灼伤痕迹

图 1-22-4　定位销灼伤痕迹

图 1-22-5　导电管开孔槽过热变色

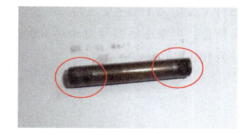

图 1-22-6　定位销过热灼伤痕迹

　　该套管中心导电管开槽为长槽，并且开槽过大、定位销偏小。在将军帽与引线接头螺牙没有完全旋紧情况下，受变压器运行振动影响，容易造成定位销与引线接头及导电管槽接触不良，定位销出现悬浮电位，引起定位销对中心导电管槽孔放电，导电管槽孔和定位销对应位置放电灼伤。

　　检修人员将定位销进行改进，在定位销尾部加装弹力片，如图 1-22-7 所示。在定位销插入后，尾部弹力片卡入套管中心导电管，使其紧固，在套管回装过程对将军帽与引线进行紧固，变压器投运后，套管顶部不再放电、发热。

图 1-22-7 新加工的定位销

三、总结分析

由于设备设计缺陷，致使套管引线定位销与引线接头及导电管槽接触不良，发生放电、发热。如碰到此类套管，应更换改进型的插销或采取其他措施加强定位销的固定，同时在套管回装过程中，应确保将军帽安装紧固。

案例 1-23

66kV 变压器高压侧电缆终端漏油缺陷分析及处理

一、缺陷概述

某 500kV 变电站在日常运维巡视过程中，发现 66kV 2 号站用变压器高压侧电缆终端在下法兰处存在漏油情况。检查发现内部密封圈出现老化，引起绝缘油渗漏，更换套管底座密封圈后，缺陷消除。

设备信息：变压器型号为 SZ11-800/66，生产日期为 2014 年 3 月，投运日期为 2015 年 2 月。

二、诊断及处理过程

（一）诊断过程

该 66kV 2 号站用变压器高压侧电缆采用型号为 CD-YJZW4 复合套管。

高压电缆主要由设备线夹、导体出线杆、绝缘子套、应力锥、电缆终端、附件等构成，套管中的液体主要包括硅油和润滑油，其中应力锥和底座之间的通过密封圈隔绝硅油，电缆终端通过铅封密封隔绝润滑油，如图 1-23-1 所示。

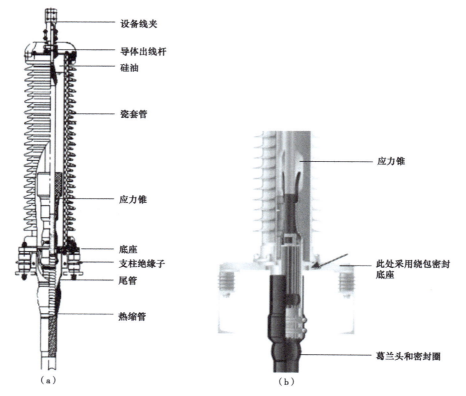

图 1-23-1　复合套管内部结构图

（a）总体结构图；（b）局部放大图

　　现场检查发现缺陷设备位于该站用变压器高压侧 C 相电缆终端，在复合套管底部法兰表面及套管底座连接部位有明显的亮油现状，与相邻两相对比存在漏油现象，如图 1-23-2 所示。复合套管渗漏油有两种情况：

（1）电缆终端铅封密封老化引起的漏油缺陷，该油为内部应力锥润滑油。

（2）套管内部底座密封老化引起的漏油缺陷，该油为内部绝缘剂聚异丁烯油。

为了进一步确定漏油原因，需对复合套管进行相应的解体检修处理。

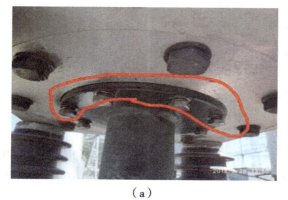
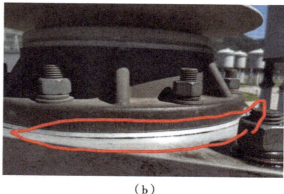

（a）　　　　　　　　　　　　　　　　　　（b）

图 1-23-2　复合套管底座连接处及底部法兰连接面漏油情况

（a）套管底座连接处漏油；（b）底部法兰连接面漏油

（二）缺陷设备解体处理过程

首先对漏油位置进行检查处理工作，确认漏油点。在拆除套管下方电缆的封板后，发现套管下方电缆表面清洁干燥，无破损、无色变、无异物、无油渍，排除套管下方铅封出现破损导致润滑油渗漏的情况。

进一步对套管其余部位进行检查，发现下法兰处存在油渍，初步判断为内部密封圈出现老化情况，从而引起绝缘油渗漏。针对该情况，需要对套管进行进一步解体，解体过程如下：

（1）拆除套管上方引线、出线线夹、均压罩：拆除过程中应注意螺栓掉落，高处应使用工具袋，拆除后的螺栓应按类别分别安放。引线拆除后应用绳子固定牢固，避免晃动。拆除出线线夹时应注意避免拉扯、损坏内部导电杆。

（2）拆除上法兰：拆除上法兰后，内部油位清晰可见，应对油位高度进行标记，如图1-23-3所示。灌油时，应将绝缘油充至相同高度。

（3）放油前准备：拆除下法兰螺栓，拆除后应注意避免套管倾覆。随后在下法兰处用胶带及硬纸板进行围挡，做好封堵措施，仅留一小口为排油口。

图1-23-3 绝缘油油位标记

（4）准备好废油桶在排油口进行接油后，可对套管进行起吊。起吊过程中应缓慢，避免损坏内部导电杆及应力锥。起吊后，绝缘油由排油口留至废油桶。由于内部绝缘油为聚异丁烯，黏稠度极高，引流过程缓慢，可以对引流过程进行辅助，加快进程至放油结束，并对内部进行残油清洗，使用的清洗溶剂为汽油、酒精等。现场应注意明火，做好消防措施。

套管解体后需对套管各零部件检修：对拆的各零部件进行逐件检查、清洗、除去油污杂质。仔细检查导电杆、应力锥，确认外观良好无破损、连接正确牢固。对应力锥PVC带材进行拆除，并重新缠绕密封固定，如图1-23-4所示。

密封圈更换：对上法兰、下法兰密封圈进行更换，涂抹硅脂，并对密封圈接触面进行清洗，保证密封圈贴合牢靠，如图1-23-5所示。

图1-23-4 应力锥PVC缠绕紧固

图1-23-5 套管底座密封圈更换

密封圈更换完毕后，需对套管进行回装与重新灌油，以验证套管的密封情况，具体步骤如下：

（1）对套管进行起吊、复位。对位过程中应注意密封圈贴合牢靠，避免出现移位。确认到位后，对下法兰进行安装紧固。紧固应确保四颗螺栓均匀受力且锁紧。

（2）灌油：将新油缓慢倒入套管内，油位应与放油前保持一致。灌油后要静置一段时间，将内部空气排出，若油位有明显下降，应进行补油。

（3）上法兰、出线线夹、均压罩安装：安装过程中应注意避免污染内部绝缘油，且上法兰应与密封圈贴合牢靠，避免出现移位。

三、总结分析

通过现场观察发现漏油位置主要集中在套管底部螺栓，同时通过解剖发现电缆终端表面光滑、干燥，无油渗漏痕迹，因此可排除润滑油出油的情况，初步判断漏油为套管内部硅油渗漏。套管底座下端密封主要靠绕包密封或密封圈密封，长期运行时，如安装不好、密封圈材料老化，就极有可能在运行一段时间后出现漏油等情况。通过对密封圈的更换及套管的灌油回装，并进行 24h 观察，处理后的套管无明显渗油，套管密封完好。

案例1-24

35kV 变压器因制造及材料问题导致氢气超标缺陷分析及处理

一、缺陷概述

2010 年 4 月 10 日，某 500kV 变电站 35kV 1 号站用变压器总烃含量超标、C_2H_2 含量超标、H_2 含量超标。检修人员吊芯检查发现该台站用变压器存在严重制造工艺及材料选型问题。

设备信息：站用变压器型号为 SZ9-800/35，出厂日期为 2009 年 10 月，投运日期为 2009 年 12 月 18 日。

二、诊断及处理过程

（一）诊断过程

该站用变压器第一次投运时间为 2009 年 6 月 22 日，运行情况下油质试验数据如表 1-24-1 所示。

表 1-24-1　　　　　　　　　　　35kV 1 号站用变压器第一次运行情况油质试验数据

试验日期	H_2	CO	CO_2	CH_4	C_2H_6	C_2H_4	C_2H_2	C_1+C_2	备注
2009 年 6 月 10 日	12	36	219	1.5	0.3	0.1	0	1.9	投运前
2009 年 6 月 26 日	36	47	223	10	1.2	0.1	0	11	投运 4 天

续表

试验日期	H_2	CO	CO_2	CH_4	C_2H_6	C_2H_4	C_2H_2	C_1+C_2	备注
2009 年 7 月 1 日	639	70	236	19	2.5	0.2	0	22	投运 30 天
2009 年 8 月 5 日	6785	92	374	361	52	0.4	0.1	414	
2009 年 8 月 18 日	6162	85	444	391	72	0.4	0.1	464	
2009 年 8 月 31 日	7385	150	507	479	88	0.5	0.3	568	
2009 年 9 月 3 日	7431	76	485	460	86	0.8	0.2	547	
2009 年 9 月 11 日	6453	91	453	483	101	0.6	0.2	586	
2009 年 9 月 18 日	9221	99	551	570	108	0.3	0.6	679	

检修人员比对同厂家、同型号、同批次站用变压器油化数据后，发现均存在 H_2 含量、总烃含量超标，且存有少量 C_2H_2 等问题，结合 DL/T 722—2014《变压器油中溶解气体分析和判断导则》分析判断：运行中的变压器油在热电作用下自身氧化分解产生氢气；油中微量水分与铁作用产生氢，当微量水分含量增加时产生的氢气量也相应增大；部分钢铁部件在加工焊接时吸附氢而又在运行时缓慢释放到油中，这种现象将影响变压器油内氢气增长。但该台站用变压器氢气含量这么高且有少量乙炔产生，初步怀疑变压器铁芯多点接地造成局部高温发热造成的。

为排查原因，检修人员对该台站用变压器进行高压试验，具体数据为：空载损耗为 1235W，负载损耗为 11248W，高、低压对地绝缘电阻均在 5000MΩ 以上，铁芯对地绝缘电阻为 500MΩ，各项试验数据与出厂试验值无明显差异，不存在铁芯多点接地现象。

排除铁芯多点接地可能性后，检修人员与厂家技术人员从加工过程、原材料使用情况等对比同型号其余批次变压器，发现存在问题的变压器与其余正常的变压器在生产过程所采用的绝缘浸泡漆不一样。

为验证原因，对浸泡绝缘纸板进行试验，试验过程及结果如下：将两块绝缘纸板浸在两个密闭容器加通 1.75T 的磁通后，分别在 4h 和 8h 后取油样进行色谱分析，试验结果证明该台站用变压器选用的淄博某厂家绝缘漆在 35kV 高磁场下产生分解，释放出大量氢气，氢气初始值为 576μL/L，4h 后油样氢气含量为 702μL/L，8h 后油样氢气含量为 864μL/L 并含有 0.1μL/L 的少量乙炔，说明其产品介电性能无法满足 35kV 产品的要求。而另一厂家生产的绝缘漆通过试验，色谱各项指标无明显变化，证明完全符合质量要求。

该项试验验证了绝缘漆介电性能不达标，是该台站用变压器油色谱数据不合格的主要原因。

（二）处理过程

2010 年 12 月 16 日，更换同型号的新站用变压器后，其各项油化数据如表 1-24-2 所示。

表 1-24-2　　　　　　　　35kV 1 号站用变压器更换后油质试验数据

试验日期	H_2	CO	CO_2	CH_4	C_2H_6	C_2H_4	C_2H_2	C_1+C_2	备注
2009 年 12 月 18 日	10	7.6	180	1.3	0.2	0	0	1.5	投运前
2009 年 12 月 23 日	155	13	317	5.5	0.2	0.1	0	5.8	送电 4 天（12 月 22 日取样）

试验日期	H_2	CO	CO_2	CH_4	C_2H_6	C_2H_4	C_2H_2	C_1+C_2	备注
2010 年 1 月 19 日	6794	17	304	307	24	2.9	1.3	335	送电 30 天
2010 年 2 月 10 日	11581	25	339	733	62	1.4	1.4	798	氢气、甲烷含量增长迅速

后继续跟踪发现，2010 年 4 月 10 日总烃含量超标、C_2H_2 含量超标、H_2 含量超标。停役更换该台站用变压器。

2010 年 5 月 26 日吊芯检查存在问题的站用变压器，其结构如图 1-24-1 和图 1-24-2 所示。

图 1-24-1　站用变压器内部结构图（正面）　　　　图 1-24-2　站用变压器内部结构图（背面）

从吊芯检查结果来看，该站用变压器存在严重的制造工艺及材料选型问题，具体如下。

（1）制造工艺问题。

1）内部夹件支撑杆绝缘筒破裂，如图 1-24-3 所示。

2）金属板弯曲，如图 1-24-4 所示。

图 1-24-3　夹件支撑杆绝缘筒破裂　　　　　　　图 1-24-4　金属板弯曲

3）接线端子铜鼻子材料不良，制作工艺不佳，如图 1-24-5 所示。

4）金属焊接头焊接工艺不佳，如图 1-24-6 所示。

5）绝缘垫板松动，存在掉出迹象，如图 1-24-7 所示。

6）绝缘包扎工艺不佳，如图 1-24-8 所示。

7）金属软铜片开裂，绝缘板未固定，如图 1-24-9 所示。

8）软铜下部金属焊接头开裂，如图 1-24-10 所示。

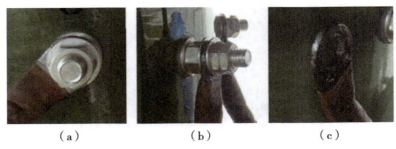

（a）　　　　　　　　　（b）　　　　　　　　　（c）

图 1-24-5　接线端子

（a）正常工艺示例；（b）工艺差示例 1；（c）工艺差示例 2

图 1-24-6　金属焊接头焊接工艺不佳

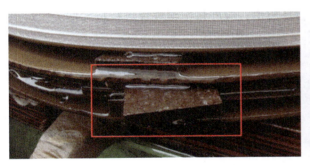

图 1-24-7　绝缘垫板松动

图 1-24-8　绝缘包扎工艺不佳

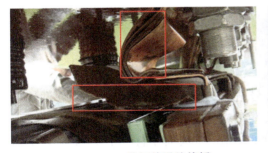

图 1-24-9　软铜片及绝缘板

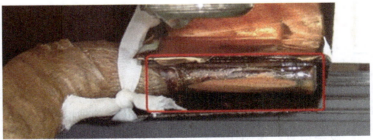

图 1-24-10　金属焊接头开裂

（2）材料选型问题。硅钢片使用的材质不良且不一致，如图 1-24-11 红框所示。硅钢片叠加工艺不佳，参差不齐，绕组底部绝缘垫片被压变形，如图 1-24-11 蓝框所示。

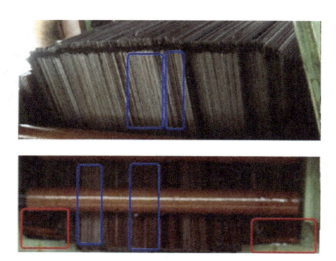

图 1-24-11　硅钢片示意图

三、总结分析

该站用变压器第一次更换是因为绝缘浸泡漆介电性能不达标，导致该台站用变压器油色谱数据不合格。但更换后的站用变压器投运不久后，又出现总烃含量、C_2H_2 含量及 H_2 含量超标，吊芯检查站用变压器发现存在严重的制造工艺及材料选型问题，暴露出制造厂的工艺问题。

站用变压器担负着变电站站内交流负荷供电及直流系统充电作用，其可靠运行影响其他高压设备的安全。因此，在设备选型、基建验收、例行试验等各环节中，应严格按照规程进行技术把关，对出现异常的设备应加强跟踪，及时发现并处理问题。

案例 1-25

35kV 变压器气体继电器渗油缺陷分析及处理

一、缺陷概述

2021 年 4 月 8 日，运维人员发现某 500kV 变电站 35kV 2 号站用变压器本体气体继电器存在漏油现象，经检查发现蝶阀密封圈变形及观察窗玻璃破损引起漏油，更换密封圈及观察窗后缺陷消除。

设备信息：该站用变压器型号为 SZ11-800/36，出厂时间为 2017 年 8 月 1 日，于 2018 年 1 月 27 日投运。

二、诊断及处理过程

检修人员对气体继电器整体外观进行检查，通过观察残余油渍判断漏油点，用手触摸蝶阀接触面缝隙发现有残余油渍，初步判断是密封圈损坏导致漏油。拆卸蝶阀后检查旧密封圈的情况，发现密封圈有被挤压变形的情况，如图1-25-1所示。将密封圈取下检查，判断是由于密封圈失去弹性导致漏油，检修人员对密封圈进行更换。更换完密封圈后发现仍有漏油情况，继续检查发现气体继电器观察窗玻璃也有轻微破损，如图1-25-2所示，遂对观察窗玻璃也进行了更换处理。

（a）　　　　　　　　　　（b）

图1-25-1　气体继电器密封圈

（a）旧密封圈（圆形）1；（b）旧密封圈（圆形）2

图1-25-2　观察窗破损情况

经过一段时间的观察后，发现气体继电器没有任何漏油现象发生，缺陷消除。

三、总结分析

气体继电器发生漏油，一般是蝶阀接触面的密封圈损坏导致的，但不要思维定式地认为就是该原因导致漏油，本次缺陷就是由蝶阀密封圈变形及观察窗损坏共同导致的漏油。观察窗玻璃出现破损导致漏油，并不是常见的漏油原因，由于观察窗的密封圈将玻璃裂缝遮挡住，使该缺陷具有隐蔽性，难以通过肉眼检查发现，若不拆开观察窗是无法发现玻璃破损的。以后遇到类似的漏油现象，应该同时检查蝶阀密封圈与观察窗密封圈是否完好，且观察窗玻璃是否有破裂现象。

案例 1-26

35kV 变压器压力释放阀渗油缺陷分析及处理

一、缺陷概述

2020 年 12 月 15 日，运维人员发现 35kV 1 号站用变压器本体油位较低，视频监控发现 1 号站用变压器本体上部有明显的漏油痕迹。检修人员现场检查发现压力释放阀压紧弹簧失效，造成设备漏油，更换新的压力释放阀后缺陷消除。

二、诊断及处理过程

具体更换过程及注意事项如下：

（1）压力释放阀到货后应先送具备检验资质的检验单位校验，得到开启压力与关闭压力等数据。

（2）从变压器排油口处排出大量的油至用油润洗过的干净油桶，直至油面低于待更换的压力释放阀；拆除压力释放阀上方的防雨罩与航空插头。

（3）拆除固定阀罩的螺钉，取下阀罩与弹簧。接着取下膜盘，可以看见螺钉座与连接法兰。为了防止螺钉座意外掉入变压器本体内，用软铜线折成三个弯钩从变压器的箱盖开孔处伸入把螺钉座钩住，依次拆除连接法兰、螺钉座。拆除过程如图 1-26-1 ～图 1-26-6 所示。

（4）用与拆除压力释放阀相反的步骤安装新的压力释放阀，先扣好螺钉座，旋上连接法兰，依次装上膜盘、弹簧、阀罩，插入航空插头。

三、总结分析

拆除、安装压力释放阀时，应采取措施防止螺钉或工器具落入变压器本体中。更换完成后应将压力释放阀的信号杆拔起再恢复，后台检查压力释放阀动作与复归信号是否正常，确认压力释放阀与二次航空插头连接良好。确认无问题后应在航空插头连接处打胶，防止潮气进入造成误报信号或直流失地。

图 1-26-1　压力释放阀的防雨罩

图 1-26-2　拆除固定阀罩的螺钉

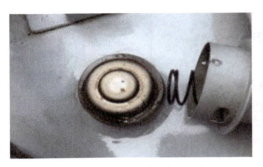

图 1-26-3　取下阀罩与弹簧

膜盘

图 1-26-4　取下膜盘、露出螺钉座

图 1-26-5　取下螺钉座

图 1-26-6　螺钉座与连接法兰

案例 1-27

35kV 变压器有载调压开关挡位异常缺陷分析及处理

一、缺陷概述

某 500kV 变电站 1 号站用变压器有载调压开关机构箱显示挡位为 8 挡，而 1 号站用变压器本体智

能控制柜中的有载调压开关控制器显示挡位为 7 挡，监控后台显示挡位为 7 挡。1 号站用变压器共有
19 挡，正常的运行挡位为 8 挡。检查发现故障原因为有载调压控制器 19 芯电缆中编号为 CX1-4 的芯
线损坏，更换芯线备品后缺陷消除。

二、诊断及处理过程

（一）缺陷分析

现场设备照片如图 1-27-1～图 1-27-3 所示。

1 号站用变压器有载调压开关位置信号通过 19 芯电
缆，由 19 芯航空插座传入控制器内部。控制器再通过
BCD 无源接点输出到后台。1 号站用变压器有载调压开关
控制器现场接线原理图如图 1-27-4 所示。

有载调压开关正常挡位为 8 挡，机构箱挡位机械指
示也为 8 挡。因此，机构箱内的传动机构正常，面板机
械指示正常。

图 1-27-1   站用变压器调压开关机构箱

图 1-27-2   机构箱内挡位显示

图 1-27-3   控制器挡位显示

图 1-27-4   有载调压开关控制器现场接线原理

监控后台与有载调压开关控制器的挡位显示均为 7 挡（异常）。监控后台的挡位信号由控制器提
供，因此，监控后台挡位异常的原因是有载调压开关控制器提供了错误的挡位信息。

可能损坏的部件为：①挡位显示面板电缆航空插座（或里面的芯片）；②连接控制器和机构箱的 19
芯控制电缆 CX1；③有载调压开关控制器。

19 芯电缆 CX1 插座编号的说明如表 1-27-1 所示。由表 1-27-1 可知，1～19 挡的挡位信息由
CX1-1、CX1-2、CX1-3、CX1-4、CX1-5 和 CX1-6 共六个插针决定。这六个插针通过格雷码（Gray

Code）的编码方式，对应 1 ~ 19 个挡位。

表 1–27–1　　　　　　　　　　　　　　　　　　　19 芯插座编号说明

19 芯插座编号	说明
CX1–1	格雷码第 0 位输入
CX1–2	格雷码第 1 位输入
CX1–3	格雷码第 2 位输入
CX1–4	格雷码第 3 位输入
CX1–5	格雷码第 4 位输入
CX1–6	格雷码第 5 位输入
CX1–7	空
CX1–8	分接停位信号输入
CX1–9	电操 1 ~ N 指令输入
CX1–10	电操停止指令输入
CX1–11	电操 N–1 指令输入
CX1–12	直流电源 +12V 输出
CX1–13	直流电源 +12V 输出
CX1–14	公共端
CX1–15	公共端
CX1–16	空
CX1–17	空
CX1–18	电动机转向信号 H2 输入
CX1–19	电动机转向信号 H1 输入

（二）格雷码分析与故障原因排查

格雷码是由贝尔实验室的 Frank Gray 在 1940 年提出，用于在 PCM（脉冲编码调变）方法传送信号时防止出错，并于 1953 年 3 月 17 日取得美国专利。格雷码是一个数列集合，相邻两数间只有一个位元改变，为无权数码，且格雷码的顺序不是唯一的。

注意，格雷码不是二进制码。传统的二进制系统如数字 3 的表示法为 011，要切换为邻近的数字 4 也就是 100 时，装置中的三个位元都要转换，因此于未完全转换的过程时装置会经历短暂的 010，001，101，110，111 等其中数种状态，也就是代表着 2、1、5、6、7，因此此种数字编码方法于邻近数字转换时有比较大的误差可能范围。格雷码的发明即是用来将误差之可能性缩减至最小，编码的方式定义为每个邻近数字都只相差一个位元，因此也称为最小差异码，可以使装置做数字步进时只更动最少的位元数以提高稳定性。

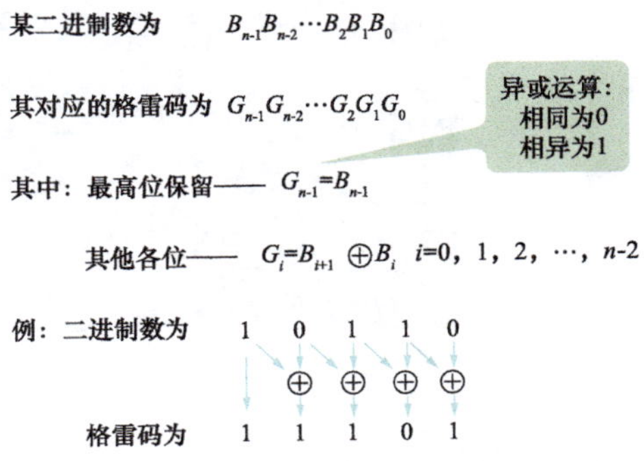

二进制码转换成二进制格雷码，其法则是保留二进制码的最高位作为格雷码的最高位，而次高位格雷码为二进制码的高位与次高位相异或，而格雷码其余各位与次高位的求法相类

某二进制数为　　　$B_{n-1}B_{n-2}\cdots B_2B_1B_0$

其对应的格雷码为　$G_{n-1}G_{n-2}\cdots G_2G_1G_0$

> 异或运算：
> 相同为0
> 相异为1

其中：最高位保留——　$G_{n-1}=B_{n-1}$

其他各位——　$G_i=B_{i+1}\oplus B_i$　$i=0,1,2,\cdots,n-2$

例：二进制数为　　1　0　1　1　0

格雷码为　　　　　1　1　1　0　1

图 1–27–5　二进制码转化为格雷码

似，如图 1-27-5 所示。

根据图 1-27-6 的编码规则，数字 7 和 8 对应的二进制码和格雷码如表 1-27-2 所示。

表 1-27-2　　　　　　　　　　　　　　数字 7 和 8 对应的二进制码和格雷码

十进制	二进制码	格雷码
7	000111	000100
8	001000	001100

由 7 和 8 的格雷码（000100、001100）可知，编号为 CX1-4 插针损坏时，格雷码将由 001100 变为 000100，即由 8 挡变成 7 挡。只需要看 CX1-4 插针为 1 时，控制器的显示挡位是否正确即可。CX1-4 插针为 1 时，对应的格雷码为 001000，即 15 挡，控制器的显示挡位为 15 挡。由表 1-27-1 可知，只需要把插针 CX1-4 和 CX1-15 短接起来就好。短接之前，需要合上站用变压器本体智能控制柜里面的"有载调压电源空开 1ZKK"，只有合上该空气断路器，控制器才会有电源。同时，需要断开有载调压机构箱的有载调压电源 Q1，防止有载调压开关由于其他原因造成误动。现场把这两根插针短接之后，控制器显示挡位为 15 挡。因此，CX1-4 插针正常。

由前文可知，当控制器为 8 挡时，对应的格雷码为 001100。因此，只需要将 CX1-3、CX1-4、CX1-15 这三根插针短接即可。短接之后，控制器显示挡位为 8 挡。

由此判定，有载调压开关控制器正常。

三、总结分析

把 19 芯电缆接回到控制器，从机构箱的航空插座中把电缆拆开。采用同样的方法验证挡位是否正常。现场检查，将 CX1-4 和 CX1-15 短接起来之后，控制器挡位显示为 0 挡（000000）。把 CX1-3、CX1-4、CX1-15 这三根插针短接之后，控制器挡位显示为 7 挡（000100）。由此判定，19 芯电缆中，编号为 CX1-4 的芯线损坏。

为确认编号为 CX1-4 的芯线损坏，把该电缆两端拆除，用万用表测量芯线导通情况。测量结果为 CX1-4 的芯线不导通，其余芯线均导通。因此，编号为 CX1-4 的芯线损坏。更换该故障电缆后缺陷消除，如图 1-27-6 和图 1-27-7 所示。

图 1-27-6　控制器的 19 芯电缆

图 1-27-7　控制器后面板及 19 芯位置

案例 1-28

35kV 变压器异响缺陷分析及处理

一、缺陷概述

2021 年 1 月 15 日，运维人员在巡视时发现，35kV 0 号站用变压器小室内听到疑似放电异响，当即上报危急缺陷。现场检查确认原因为母线穿墙套管存在放电导致异响。

设备信息：绝缘介质为干式，额定电压为 35kV，最大耐压为 50kV，调压挡位为 7，出厂日期为 2007 年 9 月。

二、诊断及处理过程

（一）诊断过程

（1）初步停电检查：在密闭的小室内空间，站用变压器附近未闻到刺鼻烧焦气味，站用变压器内部积灰严重，清理后未发现异常。检查站用变压器外观、高低压绕组内外壁、高低压侧进出线绝缘套、调压绕组导线绝缘套，无明显放电痕迹；检查铁芯、夹件固定件无松动，检查各螺栓无松动、导线接线板无松动；对站用变压器本体进行绝缘、绕组直流电阻、变压器变比及 48kV 耐压测试，试验数据均合格。综上检查情况，可排除站用变压器本体外绝缘放电。

（2）站用变压器试送后，工作人员在现场听到了异响，异响出现断续、变频等放电异响的特点。在运行中异响存在时，使用暂态低电压测试仪对站用变压器调压开关柜进行测量，为满量程 60dB。异响消失时再次测量，降为 40dB，所以基本可以确定为局部放电异响。

检查调压开关柜内部，无明显放电痕迹。对站用变压器进行长时耐压试验考察绝缘能力，加 45kV 电压，并在 1h 加压过程中，每间隔 10min 使用紫外拍摄观察是否有放电部位。试验未发现异常。至此基本排除站用变压器本体异常（由于高压侧为三角形接线方式，相间绝缘还无法排除）。

随后使用 SUD-300 智能型超声波可视化巡检仪进行声学检测定位。使用 SUD-300 扫描整个变压器室，由于整个空间较为狭小，超声信号通过墙壁反射，导致空间均能检测到超声信号，如图 1-28-1 所示。但在高压母线进线桥架处，检测到的超声信号远大于其他位置的信号，可判断此处为声源面，推测可能有局部放电产生。

使用 SAL-100 型便携式声学成像定位仪对 SUD-300 测到的区域进行定位检测。定位结果如图 1-28-2 所示。

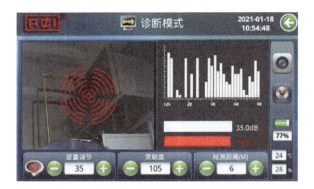

图 1-28-1   SUD-300 声学成像定位分析   图 1-28-2   SAL-100 声学成像定位分析

（二）缺陷处理

确定母线穿墙套管为放电位置。拆除母线铜排穿墙套管后发现 B、C 两相套管内与套管内壁相连的均压卷簧等电位片灼烧严重，热缩套已经发黑，如图 1-28-3 所示；穿墙套管内侧屏蔽环存在氧化锈蚀痕迹，如图 1-28-4 所示。检修人员决定对均压卷簧进行更换处理。

图 1-28-3   均压卷簧、热缩套灼烧痕迹   图 1-28-4   套管内侧屏蔽环锈蚀

均压卷簧更换过程中应考虑到套管恢复时的安装方向。由于均压卷簧卷曲方向应与套管安装方向同向，更换均压卷簧时应注意将均压卷簧调转为逆时针方向进行安装，以保证套管恢复后均压卷簧与套管内壁接触良好。

恢复后仔细检查套管内部，均压卷簧是否与套管内壁接触良好，如图 1-28-5 所示。进行母线绝缘电阻、耐压试验，均无异常。

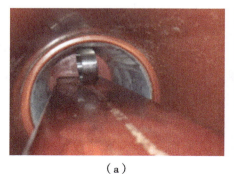
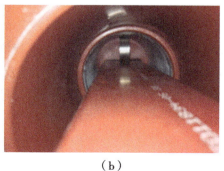

（a）   （b）

图 1-28-5   均压卷簧与套管内壁接触情况
（a）情况 1；（b）情况 2

三、总结分析

（一）放电原因

由于均压卷簧与套管内壁非刚性连接，当开关柜动作时产生振动导致均压卷簧与内壁产生间隙，造成瞬时悬浮放电。日积月累，再加上均压卷簧本身存在老化、弹力失效等因素，当放电灼烧出一个缺口时，就如连锁效应，继续扩大放电面积，灼烧缺口，进而形成持续悬浮放电。放电灼烧的及完好的均压卷簧对比图如图1-28-6所示。

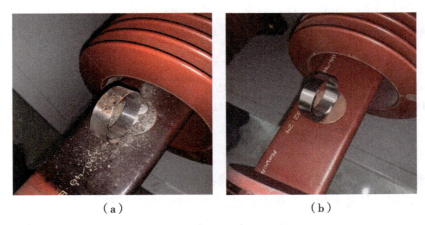

（a）　　　　　　　　　　（b）

图1-28-6　放电灼烧的及完好的均压卷簧对比图

（a）放电灼烧的均压卷簧；（b）完好的均压卷簧

（二）改进措施

改进等电位连接方式，改成螺栓或焊接等更加可靠的连接方式。在联系厂家寻找更换备品时了解到，此种均压卷簧式等电位连接片因可靠性欠佳，已相继淘汰。目前在运行的大都为螺栓固定的等电位连接方式。为完全消除隐患，建议进行技术改造更换套管。

使用强度足够、纯绝缘材质的穿墙套管也是一种改进措施，但需要更高的工艺与成本。

案例1-29

10kV 变压器相序反接缺陷分析及处理

一、缺陷概述

2021年2月2日，某500kV变电站运维人员发现后台报警信号，显示2号主变压器风冷控制箱Ⅱ工作电源故障，并且现场动作电源监视装置KV2相序指示灯报警。经检查为外来电相序接反，将外来电相序恢复后缺陷消除。

设备信息：型号为 SCB10-630/10，出厂日期为 2019 年 1 月 1 日，投运日期为 2019 年 5 月 24 日。

二、诊断及处理过程

（一）诊断过程

现场 900 开关动作电源相序指示灯报警，说明开关两侧三相相序可能接反，需要进行核相以确定相序情况。为使得测量在同一间隔进行，运维人员断开 400 开关、合上 900 开关。检修人员使用万用表测量 400 开关两侧压差数据见表 1-29-1，a、b、c 为站外接入侧相别，a′、b′、c′ 为站内侧相别。

表 1-29-1　　　　　　　　　　　　　　400 开关压差测量表

a-a′		b-b′		c-c′	
214		242		454	
a-b′	a-c′	b-a′	b-c′	c-a′	c-b′
457	241	457	214	242	214

假设任意两相相位接反，相间压差应为 0 V 或者 380V。然而事实上压差为 220V 或者 440V，测量结果与理论不符，说明站外接入侧的三相电和站内站用变压器低压侧三相电在正确接线的情况下存在压差，即开关两侧的三相电在同一个坐标系下并非同相。经查证，由于 400 开关两侧分属于两个系统，故而两侧三相相序并不是一一对应，此时只要两侧系统相序均满足 A-B-C 正序，即使开关两侧存在相位差，系统仍然能够正常运行。不过，两个系统绝对不能并列运行，必须使用断路器隔开，且不能在任意一侧有电时合闸，非同期合闸会导致断路器爆炸，非常危险。例如，运维人员在定期切换站用变压器备自投时，为了防止系统并列，操作过程中要留有一个空档期，待一侧电源切断后短时失电再投入另一侧。当然，从开关寿命和安全角度考量，两侧电压差尽量越小越好。

根据表 1-29-1，可以在同一个坐标系里画出两个系统此时的相量图，如图 1-29-1 和图 1-29-2 所示。

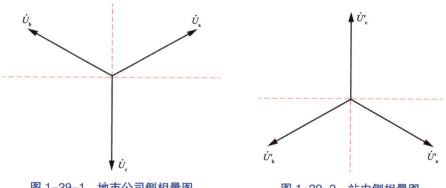

图 1-29-1　地市公司侧相量图　　　　　图 1-29-2　站内侧相量图

根据图 1-29-1 和图 1-29-2 可以推断两侧电压都在正序时，开关两侧相角差为 60°，其中超前相是地市公司一侧，B、C 两相接反则是出现 440V 电压的原因。经询问地市公司运维人员了解到，先前在进行站外电缆改造工程时，可能有工作人员操作不当导致相序接错，故而决定先由地市公司进行站外处理后再复核。

（二）缺陷处理

地市公司恢复站外电缆接线相序后，指示灯报警解除，检修人员到现场进行复核。相序仪显示两侧三相相序均为正序，故障排除。检修人员又用万用表测量 400 开关两侧压差，发现压差在 380V 左右，即两侧正序相差 120°。依据理论推导，在开关站外侧直接调序，三相压差应该是 220V，即两侧正序相差 60°。实际上，由于线路布置等因素，该方案难以实现，地市公司运维人员决定在高压 10kV 侧更换相序。由于 10kV 侧与开关之间有联结组别为 Dyn11 的变压器，如图 1-29-3 所示，地市公司运维人员误以为在 10kV 侧变换相序效果与 380V 侧相同，仅简单地交换了接线顺序，虽然恢复了三相相序，但是扩大了两侧角差、压差，下面对其进行理论分析。

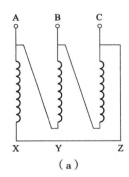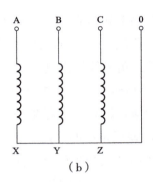

图 1-29-3 Dyn11 联结组别

（a）三角形接线；（b）星形接线

根据电机学理论，Dyn11 接法的变压器高压侧线电压滞后于低压侧线电压 30°。

由于高压侧三角形接线，其线电压和相电压相量相等；低压侧为星形接线，线电压超前于相电压 30°，即 Dyn11 接法变压器低压侧的相电压相角等于高压侧相电压的相角，也等于高压侧的线电压。这也可以通过磁通来解释，同一根铁芯柱上的两个绕组，由于穿过的磁通相同，其产生的电压角差只可能是 0° 或者 180°。

将最开始 B、C 相反接的情况和地市公司恢复后的情况进行对比，两种情况线电压相量图分别如图 1-29-4 和图 1-29-5 所示。

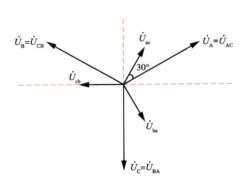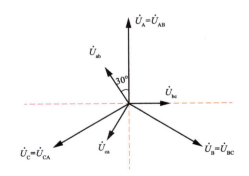

图 1-29-4 变压器两侧相量图   图 1-29-5 正接变压器两侧相量图

在低压侧变换成相电压后，两种情况相电压相量图分别如图 1-29-2 和图 1-29-6 所示。

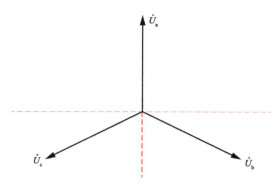

图 1-29-6   地市公司调整以后低压侧相量图

结合图例分析，在三角形侧调节 B、C 两相的相序，在星形侧两相相序确实会同时对调，但是要想达到在理论上 380V 侧直接交换 B、C 的调整效果，这种思路不可取。由于三角形侧的相电压实际是线电压，在交换 B、C 之后三角形侧绕组电压从 AC、CB、BA 变为 AB、BC、CA，根据 Dyn11 的变换原理，在星形侧会出现 A 相超前 60°、B 相反向、C 相滞后 60° 的情况，继而开关两侧就会出现 120° 的相位差，这也解释了检修人员测出开关两侧压差均为 380V 左右的原因。

为了满足开关两侧压差尽量小的原则，事实上，现场是可以调整成相差接近 0° 的情况。将站内侧的三相相序直接作为 Dyn11 变压器的星形侧，此时三角形接线侧的三根接线柱上的电压分别为 BC、CA、AB，即高压侧需要满足 B-C-A 的接线顺序，地市公司应该调换 A、B 相而不是 B、C 相，该方案应该是针对本次相序问题的最优解。

三、总结分析

（1）站用电采用备投模式进行，站外、站内不允许并列运行，但可以通过切换开关隔离运行，切换开关两侧三相相序各自保持正序即可，系统间相差不会影响整体运行。

（2）在涉及变压器的情况下发生相序接反故障，不能轻易认为接回两相就可以解决问题，这个过程中三角形接线侧线电压可能发生改变，导致星形接线侧的相电压相位也随之变化。

（3）站用变压器相序调整应遵循切换开关两侧的相差、压差越小越好的原则。

第二章
组合电器

　　组合电器将断路器、隔离开关、电流互感器、电压互感器、母线等一次设备经设计优化后组合成一个整体。近十几年来在中国快速发展，成为变电站新建、扩建的首要选择。气体绝缘开关设备虽然有结构紧凑、体积小、质量轻、检修周期长，号称"免维护"等优点；但当其出现缺陷故障时，封闭式结构对故障定位排查带来了一定的困难，其二次元件及回路排布紧凑对缺陷处理也带来了不小难度。本章归纳总结 GIS、HGIS 的缺陷处理经验，案例类型丰富，包括气室解体检修、断路器及隔离开关二次回路排故、断路器及隔离开关机构部件解体更换、电流互感器及电压互感器部件消缺等，各个案例从缺陷的原因、处理方法、改进建议等展开了详细的介绍，所述内容基本涵盖常见的 GIS、HGIS 缺陷处理经验，供大家参考学习。

案例 2-1

500kV HGIS 气室内部异响故障分析及处理

一、缺陷概述

2015 年 10 月 14 日 15 时 19 分，某 500kV 变电站 50332 隔离开关合闸后，处于分闸状态的 5033 断路器 B 相气室出现"吡吡"异响声。检修人员进行 SF_6 气体分解物检测并对断路器气室解体检查，推断静弧触头松动导致导向套破裂并产生金属异物，金属异物掉落在绝缘筒中降低绝缘件绝缘，绝缘筒内沿面放电发出异常响声。检修人员更换断路器后，设备恢复正常。

设备信息：500kV HGIS 型号为 GST-500BH 型，出厂日期为 2013 年 3 月，投运日期为 2013 年 11 月。

二、诊断及处理过程

（一）现场诊断及处理过程

5033 断路器 B 相气室出现异常响声后约 5min，断开 50332 隔离开关，另一侧 50331 隔离开关一直处于分闸状态，使断路器断口无电位差。

检修人员检测 B 相气室气体成分，结果为：SO_2 为 $60\mu L/L$，H_2S 为 $2.6\mu L/L$，CO 为 $48\mu L/L$。从分解物检测结果初步判断 5033 断路器 B 相气室内出现放电现象，气室分隔及编号如图 2-1-1 所示。确认该气室存在放电后，检修人员更换故障设备，并返厂解体检查故障设备。

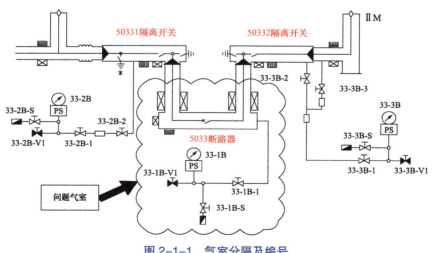

图 2-1-1　气室分隔及编号

（二）返厂解体检查

为进一步查找故障原因，将故障的 5033 断路器 B 相进行了返厂解体检查，结果如下：

（1）拆解前，断路器壳体外观正常，无可见的漆层异常变色或烧蚀痕迹。

（2）盖板打开后，壳体内部结构如图 2-1-2 所示。

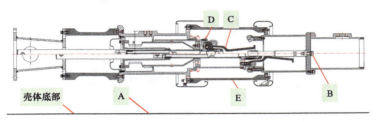

图 2-1-2　壳体内部结构示意图

其中，A 部、断口绝缘筒内表面、壳体底部等处有异物残留，如图 2-1-3 所示；B 部、固定静弧触头螺栓松动，螺栓处无紧固标记，螺栓旋转 1.5 圈后紧固到底，如图 2-1-4 所示；C 部、喷口内表面存在摩擦痕迹，内导向套破损，如图 2-1-5 和图 2-1-6 所示；D 部、主触头全周 16 颗螺栓，其中 13 颗松动，如图 2-1-7 所示；E 部、断口绝缘筒内表面有异物，并且底面存在爬电痕迹（但非大电流通电痕迹），如图 2-1-8 所示。

（3）通过调阅出厂装配卡及试验记录，确认所有记录完整且无反复装拆情况，检查装配卡试验记录未发现异常情况。

图 2-1-3　壳体有异物

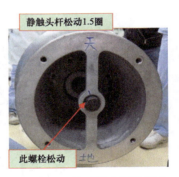

图 2-1-4　静弧触头螺栓松动

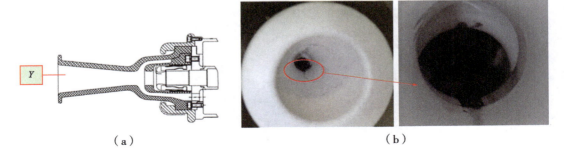

（a）　　　　　　　　　　　　　　（b）

图 2-1-5　喷口存在摩擦痕迹（Y 向）

（a）喷口内表面有摩擦痕迹；（b）Y 向视图

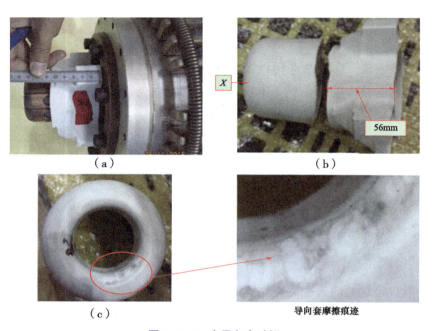

（a）　　　　　　　　　　　　　（b）

（c）　　　　　　　　　　　导向套摩擦痕迹

图 2-1-6　内导向套破损

（a）内导向断裂；（b）导向套从距底部约 56mm 处断裂；（c）X 向视图

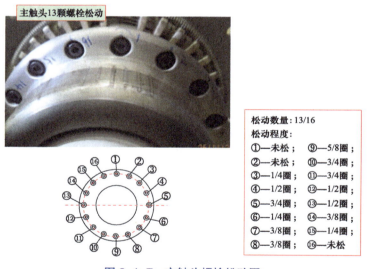

图 2-1-7　主触头螺栓松动图

图 2-1-8　断口绝缘筒存在异物和爬电痕迹

（4）复核测量相关部品尺寸，所测量的零部件重要尺寸全部在图纸标注的公差范围内，零部件检查结果正常。

（5）分析分解物，分解粉末主要成分为 C、O、F、S、Al、Cu、Mo、Fe 成分，无其他可疑成分存在。其中，C、O 成分主要来源于绝缘筒等环氧树脂浇筑件，F、S 成分主要来源于 SF_6 及喷口、导向套等材料，Al 成分主要来源于屏蔽件和支架，Cu 成分主要来源于动、静触头，Mo 成分主要来源于二硫化钼，Fe 成分主要来源于钢制壳体和螺栓等紧固件。此外，铸铝导体（材料铸铝硅镁合金 ZL101）也会分解出 Si、Fe 等成分。

（6）检查绝缘筒和喷口的 X 射线测定结果，确认绝缘筒和喷口内部无裂纹、气泡和异物等内部缺陷，验证了绝缘筒和喷口制造正常。

三、总结分析

从拆解情况及后期调查，推断本次故障原因如下：

（1）拆解发现静弧触头处无螺栓紧固检查标记，推测装配时，固定静弧触头用的螺栓紧固遗漏或紧固力矩不足。

（2）断路器分、合闸操作时，由于多次振动，加剧静弧触头松动，造成静弧触头偏心。静弧触头松动、偏心后，在分合闸过程中与动弧触头碰撞、摩擦，导致金属异物产生。

（3）分合闸操作时，松动偏心后的静弧触头与喷口内表面摩擦并撞击到内导向套。

（4）当上述撞击反复进行时，导致内导向套破损，固定主触头用的部分螺栓发生松动。

（5）随着断路器反复操作，破损的内导向套碎片、松动的弧触头摩擦产生的金属异物随着压气缸气吹作用扩散至断路器内部，同时大部分异物残留在断口绝缘筒内表面，残留异物造成断路器绝缘筒内表面的绝缘强度下降。

（6）故障发生时，线路侧隔离开关和断路器处于分闸位置，当母线侧隔离开关合闸操作时，断路器一侧断口为相电压，另一侧断口为悬浮电位，断路器断口存在电压差，由于绝缘筒内表面绝缘强度已降低，断路器断口间电压差导致断口绝缘筒内表面沿面爬电，但放电电流为幅值较小的充电电流，而非大幅值的故障电流。此外，断口绝缘筒内表面有可能反复发生多次放电，推测其过程为：出现电位差→断口间放电→无电位差时电弧熄灭→出现电位差→断口间放电。

（7）在灭弧室的滑动部位涂抹黑色固态润滑材料二硫化钼，在分合闸过程中，部分二硫化钼摩擦挤出，在灭弧室内气吹作用下，二硫化钼飘散在灭弧室内部，部分元件上会附着黑色粉末状物质。根据此次现象推测，灭弧室可动侧在偏心状态下动作，二硫化钼的飞散比正常情况下要多，但属于正常现象。

因此，从以上推测可得出结论，此次断路器内部的异常声响推定为静弧触头松动导致金属异物产生及导向套破裂，金属异物掉落在绝缘筒中造成绝缘件绝缘降低，在断口间存在电位差时，绝缘筒内壁发生爬电，同时发出异常声响。

此次故障是因断路器内静弧触头未紧固引起，因此为防范此类故障发生，应督促制造厂对断路器内部安装工艺严格管控，尤其对紧固作业应制订检查标准。在运行中应加强 GIS 局部放电检测，对断路器内部异常声响应引起重视。

案例 2-2

500kV HGIS 合闸线圈损坏造成断路器无法合闸缺陷分析及处理

一、缺陷概述

2016 年 10 月 11 日，某 500kV 变电站 5011 断路器远方合闸操作中，监控后台仅显示 5011 断路器 A、B 相合位，随即报 5011 断路器非全相动作，A、B 相跳闸。查故障录波信息显示 A、B 相合闸，C 相未动作。检修人员更换整套合闸线圈模块后，断路器动作正常。

设备信息：5011 断路器为 HGIS，型号为 CB550–Ⅲ，其操动机构为 HMB8.3 型液簧机构，出厂日期为 2006 年 11 月 12 日，投运日期为 2007 年 12 月 16 日。

二、诊断及处理过程

检修人员现场检查，汇控柜无异常告警，油位、气体压力均正常，无渗漏油，机械部分无损坏痕迹，元器件外部存在霉点，辅助开关部分触点存在少量铜绿，加热器未启动，机构箱盖底部有润滑脂滴落，分别如图 2-2-1 ～图 2-2-4 所示。

测量合闸指令接入端子 7A、7B、7C 对地电压均约为 –113V，证明汇控柜至机构箱之间的回路正常。断路器转检修后，断开控制电源，测量三相合闸控制回路电阻正常。合上控制电源后，至 5011 断路器保护屏后分别测量 7A、7B、7C 端子的对地电压均约为 –110V，证明保护屏至汇控柜回路均正常导通。

控制回路无异常，在汇控柜处就地试分合断路器，仍是 A、B 相合闸，C 相未合闸，非全相动作，跳开 A、B 相，缺陷仍然存在。就地操作不经过保护操作箱，可排除保护操作箱问题。

图 2-2-1　机构外观、油位正常

图 2-2-2　分合闸线圈上存在霉点

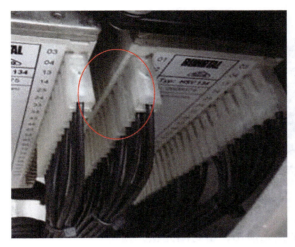

图 2-2-3　辅助开关触点有铜绿　　　　图 2-2-4　机构箱底部润滑脂痕迹

　　打开机构箱进一步检查，机构无异常，再次试分合开关时，合闸指令发出后，未听见 C 相线圈动作或阀块动作声音。断开控制电源，手动摁压合闸线圈无反应，将 C 相液压机构泄压至零，仍无法摁动合闸线圈铁芯。拆除合闸线圈接线座，直接测量合闸线圈电阻约为 151Ω，线圈阻值正常未烧毁，铁芯露出部位光滑平整，无锈蚀及损坏痕迹。

　　再次投入控制电源，打压至正常值，再断开电机电源，泄压至零，如图 2-2-5 所示。反复操作后，再摁压合闸线圈铁芯，仍无反应，确认故障部件为合闸线圈控制阀。更换合闸线圈控制阀，如图 2-2-6 所示。

图 2-2-5　泄压　　　　　　　　　　图 2-2-6　分、合闸线圈控制阀

　　具体更换步骤如下：

　　（1）确认液簧机构在零压状态，控制电源、电机电源、加热器电源等在断开位置。

　　（2）打开油箱顶部排气塞，排出内部空气后再紧固排气塞，使油箱内外压强相等，防止拆除过程中内部压力大于外界，造成液压油流失过多。

　　（3）在合闸线圈控制阀下方、加热板上方铺好白布，吸收阀腔内残余的少量液压油。

　　（4）松开合闸线圈控制阀与换向阀之间的四颗内六角螺栓，如图 2-2-7 所示。

　　（5）完全松开后，用无毛纸擦拭干净少量渗出液压油，检查确认控制阀与换向阀的接触面平整无损伤痕迹。

图 2-2-7   拆除合闸线圈控制阀

（6）将备品密封面封板拆除，检查密封面平整无损伤，密封圈完整无损伤。

（7）使用酒精包、无毛纸等清除表面油迹、灰尘。

（8）将备品与换向阀连接，注意控制阀外侧螺栓应与两个分闸线圈的朝向不同，控制阀上的三个密封圈不应从槽内滑落，对接时应平衡对压，严防上下滑动，造成密封圈错位。

（9）使用内六角扳手对角均匀紧固。

（10）擦拭控制阀、换向阀、加热板上的油渍。

（11）确认无误后，合上控制电源及电机电源，进行储能。观察储能正常、油位正常，断开控制电源，恢复线圈接线座，手动摁压合闸线圈，合闸成功。

（12）测量回路电阻正常，绝缘电阻合格后，再次送上控制电源，就地电动操作合闸，三相均正常合闸，多次分合后，无渗漏油现象，进行远方操作，多次分合均正常。

（13）断开电机电源，进行泄压，将排气塞打开，排出因控制阀腔带入的少许空气。

（14）排气完成后，送上电机电源，将开关保持在合闸状态，断开电机电源，保留控制电源合上位置，进行保压、渗漏油观察，期间需盖好机构箱，防止雨水、昆虫进入。

（15）约 3h 后，打开机构箱，检查控制阀下方无渗漏油现象、无泄压现象，合上电机电源，打压电压无启动，后台也无异常信号，判断压力正常，无泄压、频繁打压等现象。

（16）继续分合操作后，保持断路器在分位，进行分闸保压，观察无渗漏油现象。

（17）试验人员测量线圈直阻为 150Ω，最低动作电压为 96V，满足相关规程要求。

（18）再次进行排气工作，检查确认无渗漏油现象后，盖好机构箱盖及防雨罩。

三、总结分析

检修人员进一步拆解分析原合闸线圈，将线圈与控制阀分开后，发现线圈铁芯仍无法动作，而将铁芯转动一定角度后方可活动，判断可能为铁芯存在弯曲变形或铁芯滑动的通道不平整，引起铁芯与通道之间的间隙不匹配，在一定角度时，铁芯完全卡滞，线圈通电时，铁芯无法动作，导致 C 相无法合闸，最终造成非全相动作。分析造成铁芯与通道之间间隙不匹配有以下原因：

（1）制造工艺存在偏差，出厂时铁芯与通道的间隙就存在误差，但之前操作时，铁芯均未转动到卡滞的角度，因此未发生不动作情况。

（2）制造材料存在问题，铁芯励磁动作时，需快速撞击 L 形杠杆，将产生较大反作用力，长期多次动作下，铁芯产生一定形变，累积到一定程度后，造成与通道之间的间隙不匹配，从而卡滞无法动作。

为防范该类缺陷的发生，建议采取以下措施：

（1）督促厂家使用合格的分合闸控制阀，提高制造工艺、材料质量。

（2）做好各项交接、例行试验，并进行历次数据比对。

（3）例检中需拆开接线座，检查线圈铁芯是否动作灵活。

（4）机构箱加热器应能正常启动，为各元器件提供良好工况，避免因受潮等原因造成使用寿命缩短。

案例 2-3

500kV GIS 工作模块密封圈损坏导致漏油缺陷分析及处理

一、缺陷概述

2019 年 12 月 3 日，检修人员发现 5041 断路器 A 相机构箱下方地面有油迹，机构箱下侧挂有油珠，如图 2-3-1 和图 2-3-2 所示。检查发现是由于液压机构工作模块与各阀块间的密封件损坏造成。更换密封件后，缺陷消除。

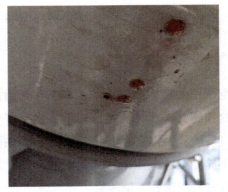

图 2-3-1　地面油迹　　　　　　　　图 2-3-2　机构箱外壳油迹

设备信息：500kV GIS 型号为 ZF16-550GCB，机构类型为液簧。

二、诊断及处理过程

（一）诊断过程

查阅监控后台得知，5041 断路器 A 相没有上报低油压告警信号，近期不存在频繁打压现象。现场开关处于合位，与 B、C 相对比，A 相液压油箱油位偏低，但在厂家标注的正常油位范围内，如图

2-3-3 所示。

　　开箱后发现有少量漏出的液压油积存在机构箱底部，如图 2-3-4 所示，主要渗漏部位为下侧储能缸与工作模块连接面，储能缸四周均有油沿面渗出的痕迹，如图 2-3-5 所示。另外，充压模块与工作模块的连接螺栓上存在液压油挂珠情况。开关机构注油口及放油阀密封良好，无泄漏痕迹。

图 2-3-3　油箱油位

图 2-3-4　机构箱内积油

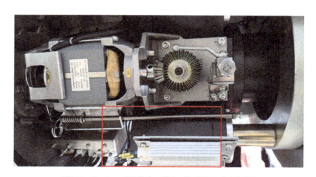

图 2-3-5　储能缸（红框所示）渗漏

（二）密封件更换流程

　　（1）排空低压油箱内的液压油。在工作开始前应当先拔下开关机构防慢分插销，防止在更换过程中慢分、慢合损害开关机构。液压机构表面有多个阀门直接连接油箱，排空存油时应当选择工作缸正下方的排油口放油。因为它处于低压油箱底部，排油效率最高。

　　（2）拆下储能缸、充压模块。储能缸、充压模块的固定螺栓为 10′ 内六角螺栓。储能缸高压油路通道四周涂有密封固定胶。储能缸、充压模块如图 2-3-6 ～图 2-3-9 所示。

　　（3）更换密封件。工作模块与各阀块间的密封件采用双密封圈双挡垫结构，旧密封件金属部分存在豁口，橡胶密封圈存在形变。在拆卸过程中发现有的密封件四周存在碎屑脏污，怀疑是设备组装过程中积存，或者由于机构各部件连接不紧密，最终在基建过程中碎屑积存。碎屑一定程度上也降低了密封件的密封性能。脏污、破损的密封件如图 2-3-10 和图 2-3-11 所示。

图 2-3-6　储能缸

图 2-3-7　充压模块

图 2-3-8　储能模块底座

图 2-3-9　充压模块底座

图 2-3-10　密封件脏污

图 2-3-11　密封件破损

（4）恢复阀块。在储能缸高压油路通道四周涂抹专用密封胶，应当注意的是不能采用玻璃胶或普通白胶。之后按照与拆卸顺序相反的顺序恢复充压模块和储能缸，最后插回工作一开始时拔下的防慢分插销。

（5）充油排气。液压机构充油方法为利用真空将机构下方油桶内的液压油向上吸满油箱。这种方法有两个优点：一是液压油从下往上涨可以充分填充油路内每一个管道，避免出现管道末端出现正压区；二是可以利用真空消除液压油内细小气泡，避免在油静置后小气泡汇聚成大气泡形成正压区。

（6）断路器分合闸测试与液压机构保压。更换完成后应对断路器机构进行分合闸试验，着重测试分合闸速度，并观察低压油箱油位是否在合适位置。当断路器处于分位时，低压油箱油位应在油位指示 2/3 处以下，防止油位过高导致液压油溢出；当断路器处于合位时，低压油箱油位指示应当在 0 刻度以上有明显读数，防止液压油不足导致断路器拒动。

断路器需要进行 24h 静置保压。其中合闸保压更为重要，这是由于在合闸位置时机构内部液压油更多地集中在高压油区，高压对管路密封性能的考验更加严格，故处于该条件下更能展现机构油路密封性能水平。

三、总结分析

通过拆卸机构检查可以得出，断路器机构渗漏油的直接原因是由于密封圈老化变形、密封件破损引起的各个模块间的密封件密封性能下降。而间接原因是当地天气变化剧烈，早晚温差大，由于热胀冷缩，橡胶密封圈密封性能进一步下降。在多重原因的共同作用下，渗漏油缺陷产生。运维人员在日常巡视过程中要注意后台打压信号，并及时现场核对油位变化，进行三相横向比较，一旦发现油位异常，应及时进行检查并通知检修人员。

案例 2-4

500kV GIS 断路器活塞杆密封圈损坏引起频繁打压缺陷分析及处理

一、缺陷概述

2019 年 11 月 24 日，某 500kV 变电站 5073 断路器 C 相机构箱在开关转冷备用状态后，出现分闸位置频繁打压现象，合闸位置压力保持正常。经检查为机构内部活塞杆密封圈损坏引起，对机构进行更换，缺陷消除。

设备信息：500kV GIS 型号为 ZHW-550，投运日期为 2014 年 2 月 26 日。

二、诊断及处理过程

（一）诊断过程

在 5073 断路器顺控断开后，监控后台报"开关油压低闭锁合闸""开关油压低闭锁分闸 1""开关油压低闭锁分闸 2"、"开关电机打压超时"、"第一组第二组控制回路断线"，现场检查 5073 断路器汇控柜光字牌 "断路器合闸低油压报警"、"断路器分闸低油压报警"、"断路器电机超时运转报警"。C 相储能弹簧未储能，断开 5073 断路器储能电源再合上后，电机打压运转，以上信号复归，C 相储能弹簧到位后，又泄压到未储能位置，弹簧无法建压，以上信号又逐一出现。

根据产品说明书及现场检查情况，初步判断 5073 断路器 C 相结构出现内部泄漏。由于在更换二级阀后缺陷未解决，因此需要更换开关机构。

（二）开关机构更换过程

（1）先断开故障机构的控制电源、电机电源、信号电源、测控电源、加热器电源，以保证接至机构箱上的航空插头无电，并对断路器执行二次安全措施，将断路器 TA 二次回路划开，防止开关分合引起保护误动作。

（2）拆除机构箱防雨罩，然后打开外罩，拆除二次航空插头前，应做上记号并拍照，以保证可以正确恢复，对拆除后的二次航空插头做好防护工作。

（3）泄压阀将机构油压泄至零压，用 6 号内六角扳手松开取下机构与本体间连杆固定抱夹螺栓，并将报夹卸下。步骤如图 2-4-1～图 2-4-4 所示。

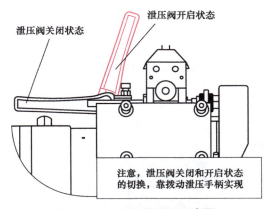

图 2-4-1 泄压阀泄压示意图

图 2-4-2 机构与本体间连杆固定报夹

图 2-4-3 报夹拆除前

图 2-4-4 报夹拆除后

（4）用吊装工具固定好机构，拆卸下机构支架与本体间连接用 M12 固定螺母，然后将机构卸下，如图 2-4-5 所示。将拆卸下的机构做好防护，避免直接落地，放下后还需将机构进行竖直摆放。

图 2-4-5　现场吊装

（5）机构拆卸落地后对二次元件及接线进行互换（拆卸前记录好接线位置）：

1）用一字口螺丝刀松开分合闸电磁换向阀接线帽，并取下接线帽；

2）取下辅助开关连杆卡圈及销，然后用 6 号内六角扳手松开并取下 2 个 M8×20 固定螺栓，将辅助开关装配整体取下；

3）对于行程开关，根据观察新旧机构触点及结构完全相同，直接做好记录进行拆线；

4）将电机及加热器处接线松开并取下；

5）对新机构按照以上四步拆卸时的逆顺序进行回装。

（6）修后合上控制电源、电机电源、信号电源、测控电源，对断路器进行试分合，观察打压情况和测量打压时间。在分合闸状态下，进行保压试验，静置 24h 后，测量压力模块泄压情况，修后数据应符合试验标准。更换断路器机构后，对 5073 断路器 C 相进行修后试验，数据正常。

（7）对返厂的 5073 断路器 C 相机构进行了解体检查，发现活塞杆密封圈有明显划伤，如图 2-4-6 所示，其他部位没有发现明显异常。

划伤部位

图 2-4-6　5073 断路器 C 相机构活塞杆密封圈划伤情况

三、总结分析

由上述现场处理过程可以确认合闸状态密封良好，说明分合闸位置的公共高压部位密封良好，分闸位置渗漏，那就可以推定渗漏部位应该是二级阀和工作缸活塞杆两处可能有问题。现场通过更换二级阀后仍然未能改善故障现象，因此可以排除二级阀故障的可能性，那就只可能是活塞杆密封问题所导致。通过机构返厂解体后的结果也证实了推测，活塞杆密封圈处确实存在明显划痕，这样就会导致分闸位置压力密封出现渗漏。从划伤的程度判断应该是活塞杆装配过程中由于控制不当，造成密封圈轻微受损，在后期高油压作用及动作下使故障点逐渐扩大。也有另外一种可能就是机构装配过程前零部件清理不够彻底，有杂质残留，最后经过液压油循环进入工作缸内腔使活塞杆密封破坏，出现渗漏。

500kV GIS 断路器储压筒氮气泄漏缺陷分析及处理

一、缺陷概述

2020年7月6日，某500kV变电站出现5042断路器A相打压异常缺陷，9:36油泵启动，10:04后台报低油压分闸闭锁信号，油压短时间内降低到7MPa，并最终降低到0MPa，此时液压机构低压油箱内未见油位，现场无漏油痕迹。经检查为储压筒氮气泄漏造成，检修人员更换液压机构，缺陷消除。

设备信息：500kV GIS 型号为 GST-550BH，液压机构编号 D12-002，制造日期为2012年；储压筒编号为0902071，储压筒生产日期为2011年7月4日。

二、诊断及处理过程

（一）诊断过程

初步认定为因液压机构储压筒氮气泄漏，导致在油泵电机启动打压过程中，储压筒内的活塞一直向气端移动，直至油箱内的低压油全部变成高压油储存到储压筒和液压机构高压油腔内，因而油压表、油位计数值均降低为0。

根据厂家提供资料可知储压筒容积约为22.4L，液压机构内全部油量约为20L，因此储压筒氮气泄漏后，可以容纳油箱内的所有液压油。储压筒剖面图如图2-5-1所示。

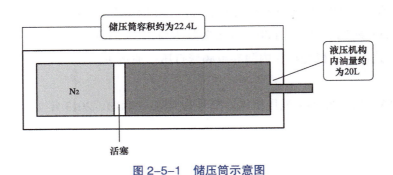

图 2-5-1　储压筒示意图

（二）处理过程

现场检查液压机构泄压阀紧固状态良好。松开泄压阀螺栓后，油箱内的液压油慢慢回升，直至充满整个油箱。检修人员打开低压油箱顶部橘色密封盖，可以听到滋滋的气体声音。

此现象的原因为在泄压阀打开后，高压油路和油箱连通，机构油腔内的高压油回流到油箱内，储压筒内的残留气体推动活塞向油端移动，最终液压油全部回流到油箱内。该现象也验证了故障是由储压筒氮气泄漏引起的推测。

现场人员拆除液压机构二次线、航空插头后，更换了一套新的液压机构（含储压筒），经试验合格并与后台核对信号无误后，于2020年7月9日晚将5042断路器投入运行。

将损坏的液压机构返厂检修，发现原配充气阀进阀芯白色密封圈有明显变形，固定充气阀阀针的铜片一侧被压断。

三、总结分析

通过一系列的检查、试验，基本确定开关故障源于储压筒氮气泄漏，原因为充气阀白色密封圈损伤导致。至于损伤原因，有以下几种可能：

（1）损伤在初始装时已形成，在使用过程中损伤变大，导致漏气。

（2）白色密封圈自身有缺陷，在使用过程中损伤变大，导致漏气。

（3）针阀装配过程中有倾斜，随着使用时间的延长，白色密封圈受损，导致漏气。

案例 2-6

500kV GIS 断路器液压机构内漏导致频繁打压缺陷分析及处理

一、缺陷概述

2020年12月4日，某500kV变电站监控后台报：5012断路器"油泵启动"信号频繁动作。查询后台从12月3日23:55到12月4日14:00，打压次数达到32次，超过厂家技术说明书的24h30次的标准。经检查是由于断路器液压机构存在内漏导致频繁打压。通过更换二级阀、方向控制阀及油压开关，缺陷消除。

设备信息：500kV GIS 断路器为液压机构，型号为 GST-550BH，2013年11月2日投运。

二、诊断及处理过程

（一）不停电预处理

根据现场情况，检修人员进行液压机构频繁打压不停电处理，具体操作步骤如下：

（1）检查低压油箱油位在正常范围，检查机构各对接面无渗漏油，机构箱底部无液压油。

（2）耳朵贴近机构附件听机构内部是否有泄压声音。

（3）向运维人员报备可能出现的开关液压机构异常信号（油泵启动、闭锁重合闸等）。在液压值补到额定值时，松开泄压阀螺杆备帽，并用扳手逆时针松开泄压阀顶杆，控制机构液压值缓慢下降至油泵启动值（注意控制泄压速度，避免压力下降速度太快造成闭锁）后顺时针旋紧泄压阀顶杆，让机构补压至额定值停泵。油压开关实物图如图 2-6-1 所示。

图 2-6-1　油压开关实物图

（4）多次重复第 3 步泄压、补压后，恢复泄压阀顶杆及并母观察液压值是否能保持住。

对开关机构内部进行全面检查后，耳朵贴近油压开关附近能够清晰听到泄压的啸叫声，怀疑机构内部阀门密封不佳导致内漏。检修人员按照该机构频繁打压不停电处理方法处理，无效后决定停电对开关进行检查处理。停电后开关在分闸位置观察液压值无法保持，大约 30min 内需补压一次。

（二）更换二级阀、方向控制阀

根据现场情况，决定对机构内的方向控制阀、二级阀进行更换。方向控制阀、二级阀示意图如图 2-6-2 所示。

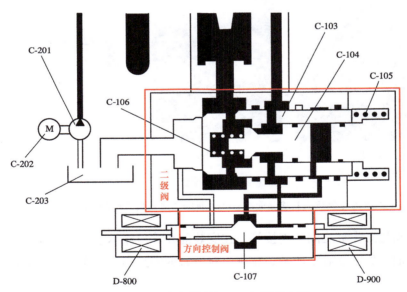

图 2-6-2　方向控制阀、二级阀示意图

更换的过程如下：

（1）在机构底部铺设透明塑料布，将二次接线做好遮盖，防止液压油造成接线短路。

（2）首先将开关处于分闸位置，将机构完全泄压至零。接着利用吸油泵从低压油箱内吸油，将低压油路中的油尽可能排空。

（3）拆除顶部的合闸线圈、分闸线圈。线圈拆除后，就可以拆除方向控制阀。拆除过程中注意残油，拆除的方向控制阀如图 2-6-3 和图 2-6-4 所示。

图 2-6-3　方向控制阀底部

图 2-6-4　二级阀与方向控制阀对接面

（4）拆除二级阀与低压油箱连接管路的卡簧及二级阀顶部的固定螺栓。拆除这两个部件后，就可以将二级阀取下，这时将暴露于工作缸的接触面会有较多液压油暴露，如图 2-6-5 所示。同时，应该防止异物落入工作缸内部。拆除后对二次阀各个面密封圈、挡圈进行检查，未见变形划痕。

（a）

（b）

（c）

图 2-6-5　拆除二级阀

（a）二级阀与低压油箱连接管路；（b）拆除二级阀固定螺栓；（c）工作缸表面

（5）更换二级阀与工作缸之间的连接管，在安装前在管口涂抹密封脂，如图 2-6-6 所示。清洁工作缸表面残留液压油，如图 2-6-7 所示。完成后对所有的密封圈、挡圈进行更换后，按照拆除的步骤进行回装。

图 2-6-6　连接管

图 2-6-7　工作缸表面清洁完成

（6）利用千分尺调整机构机械特性。通过千分尺能够调节线圈与方向控制阀之间的间隙，间隙影响线圈的动作电压。

（三）更换油压开关

（1）油压开关与泄压阀一体，位于工作缸侧面。更换时需要将吸压装置安装在低压油箱的顶部，让整个油路处于负压装置，这样油不会从侧面流出。

（2）拆除油压开关与工作缸的连接螺栓，拆下油压开关。拆除与压力触点连接螺栓。

（3）对所有密封圈、挡圈进行更换。油压开关更换后，需对油压开关全部触点进行重新调整、校验，经多次分合闸试验以及分合闸保压试验，无异常。

（四）修后试验

在 3 个部件更换后，除了断路器的机械特性以外，还需要对液压机构的性能进行其他测试。

（1）分闸保压试验：将断路器处于分闸位置，机构打压至额定压力，断开打压电源。记录 1h 及 13h 后的压力值、现场温度。以此计算液压系统的泄漏量，泄漏量应小于 3%。

（2）合闸保压试验：将断路器处于合闸位置，机构打压至额定压力，断开打压电源。记录 1h 及 13h 后的压力值、现场温度。以此计算液压系统的泄漏量，泄漏量应小于 3%。

（3）单次合闸操作压力下降值、单次分闸操作压力下降值、单次合分操作压力下降值。

（4）油压开关压力节点校对及信号核对，若出现偏移需调整。氮气筒零起压力记录。

（5）打压时间：0 ～ 33MPa 时间，0 ～ 24MPa 时间。

三、总结分析

（一）缺陷原因

（1）方向控制阀内部活塞杆表面可见划痕，活塞杆表面的划痕有可能造成断路器在分合闸操作后由于密封不紧而无法保压。

（2）泄压阀及安全阀均位于油压开关上。泄压阀采用的是球阀结构，通过螺栓顶内部的钢珠连通高、低压油路实现泄压。拆解发现钢珠表面存在较明显划痕，且钢珠整体不成正圆。由于球阀密封不严，导致机构内漏。

（二）防范措施

液压机构内部结构复杂，油路密封面多，厂家对机构内部机械部件图纸保密。当液压机构出现内漏时，很难立即对渗漏位置做出判断。当发现机构有压力下降趋势无法保压且下降速度较快的情况，要尽快将断路器停电隔离。

对 GST-550BH 的泄压操作应规范，首先泄压的速度不可过快，轻微听到泄压的声响便可，泄压过快易造成机构内部的损伤。同时泄压阀操作不可用蛮力，根据厂家规范，泄压阀关闭紧固的力矩为 6N·m，应避免紧固力太大出现顶杆对钢球表面造成压痕情况，破坏球面密封完整性。

案例 2-7

500kV HGIS 液压机构油泵单元故障致无法建压缺陷分析及处理

一、缺陷概述

2011 年 6 月 15 日，某 500kV 变电站 5053 断路器传动时，B 相操动机构液压油压无法正常建立。检修人员检查判断液压机构油泵单元故障，更换油泵单元后恢复正常。

设备信息：500kV HGIS，型号为 GSR-500R2B，出厂日期为 2007 年 1 月，投运日期为 2009 年 6 月 22 日，油泵单元型号为 PU315-7.5090A。

二、诊断及处理过程

（一）诊断过程

2011 年 6 月 15 日，检修人员至现场检查，具体步骤如下：

（1）检查泄压阀正常，无泄漏，排除泄压阀故障的可能性。

（2）检查现场油压为 30.2MPa，如图 2-7-1 所示，此前油泵已断续运转约 1.5h。

（3）液压油油位如图 2-7-2 所示，在红线位置，说明有一部分低压油未转化成高压油，可排除液压油表故障的可能性。

图 2-7-1　初油压　　　　　　　　图 2-7-2　初油位

（4）判断油泵电机运转方向为如图 2-7-3 所示，为顺时针方向，方向正确，排除电机相序错误的可能性。

（5）检查油泵电机电源正常，电机线圈电阻平衡，均在 24Ω 左右，排除缺相及电机损坏的可能性。

（6）将油压泄至 28MPa，建立至 29MPa 需要 3min。

（7）18:58 将油压泄至零，重新建压。19:00 建至起泵压力 22MPa，19:08 才建至 22.5MPa。

（8）建压过程中，每隔 10s 左右油泵会传出"咔咔"异常声音，持续 4s。

（9）解除任一油泵电机，"咔咔"声响均存在，靠内部的油泵尤其严重。

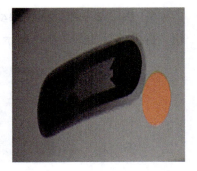

图 2-7-3　油泵电机运转方向

综合油泵的异常声响、持续无法建压及排除外部故障可能性，检修判断为油泵单元内部存在故障，需更换整个油泵单元。

（二）处理过程

6月16日检修人员更换油泵单元。现场需要的关键备品、工器具及材料主要有油泵单元、相关密封件、配备液压油、充放油工具、链条葫芦、酒精等。更换的具体步骤为：

（1）拆除旧油泵单元：

1）旋开泄压阀，使油压泄至零，如图 2-7-4 所示。

2）打开低压油箱封盖，使用充放油装置抽尽低压油箱内部液压油，如图 2-7-5 所示，约 60L。

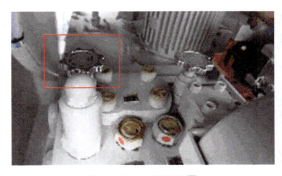

图 2-7-4　泄压至零

图 2-7-5　抽尽液压油

3）拆除油管固定附件，打开机构侧门。

4）拆除油泵单元通往氮气筒的高压油管，拆除前后如图 2-7-6 所示。

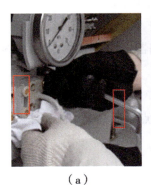

（a）

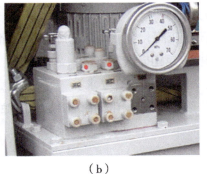

（b）

图 2-7-6　拆除高压油管

（a）拆除前；（b）拆除后

5）拆除油泵单元通往操动机构的低压油管，拆除后低压油管必须用塑料袋包扎，油孔用无毛纸封堵，拆除前后如图 2-7-7 所示。

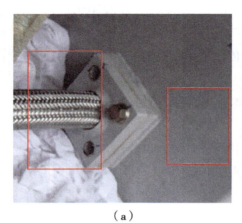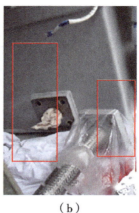

（a）　　　　　　　　　（b）

图 2-7-7　拆除低压油管

（a）拆除前；（b）拆除后

6）拆除排气管，注意不得破坏排气管与油泵单元的铜接头，铜接头要拆下装至新的油泵单元，如图 2-7-8 所示。

7）拆除二次线，包括电机二次线、油位监视信号线及压力触点二次线，如图 2-7-9 和图 2-7-10 所示，拆除前必须做好相关标记及记录，拆除后用绝缘胶布包扎。

8）拆除油泵单元底座固定螺栓，将油泵单元通过链条葫芦移出拆除，拆除过程中注意不得刮坏二次线及油管。

（2）安装新油泵单元：

1）将新油泵单元通过链条葫芦装入，装好固定螺栓，安装过程中注意不得刮坏二次线、油管及油泵单元本体。

2）复装低压油管、排气管及高压油管，必须从旧油泵单元拆下铜接头用于新油泵单元，各接触面必须用酒精及百洁布处理，更换相应密封圈，涂抹耦合剂。

3）恢复二次线，包括电机二次线、油位监视信号线及压力触点二次线，不得接错。

4）安装油管固定附件，恢复机构侧门，其密封处必须涂抹密封胶。

5）注油，将液压油注入低压油箱，使其达到油位计满刻度。

（3）调试新油泵单元：

1）建压试验，关闭泄压阀，合上油泵电源空气断路器，17:12 开始建压，测得预充压力为 22MPa，17:20 建压结束，压力建至 34MPa 恢复正常。

2）建压时间试验，建压时间符合要求。

3）压力触点校验，缓慢降压，用万用表测量相应触点通断情况，并记录对应液压值，符合要求。

图 2-7-8　拆除排气管

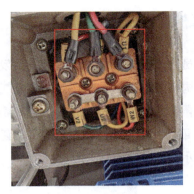

图 2-7-9　电机二次线

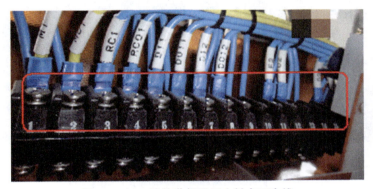

图 2-7-10　油位监视及压力触点二次线

三、总结分析

在断路器液压机构无法建压时，应排查各可能引起缺陷的原因，确定故障元件，采取针对措施。液压系统对密封性、清洁度要求严苛，在更换处理过程中，应注重工艺，防止渗漏油。

案例 2-8

500kV GIS 隔离开关电机驱动轴齿轮断裂导致无法分闸缺陷分析及处理

一、缺陷概述

2015 年 8 月 19 日，某 500kV 变电站 50432 隔离开关分闸操作过程中，B 相无法分闸，机构箱内伴有异响。检修人员检查发现驱动轴齿轮断裂，更换电机套件后，隔离开关动作正常。

设备信息：500kV GIS 隔离开关型号为 ZF15-550，出厂日期为 2014 年 9 月，投运日期为 2014 年 11 月。

二、诊断及处理过程

检修人员打开隔离开关机构箱检查，发现内部电机驱动轴齿轮断裂，如图 2-8-1 和图 2-8-2 所示，同时检查机构箱内电气二次回路，确认电气二次回路正常。

随后将隔离开关手动分闸后，拆除辅助开关等附件，如图 2-8-3 所示，为电机及其转轴的移出腾出空间。最后用新的电机套件进行成套更换后，50432 隔离开关恢复正常，拆卸后的电机套件如图 2-8-4 所示。

（a）　　　　　　　　　　　　　　（b）

图 2-8-1　50432 隔离开关机构箱电机驱动轴齿轮断裂

（a）电机驱动轴齿轮断裂细节 1；（b）电机驱动轴齿轮断裂细节 2

图 2-8-2　齿轮与电机驱动轴间的 C 形圆柱销断裂

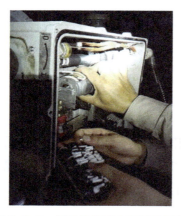

图 2-8-3　拆除机构箱内部辅助开关　　　　图 2-8-4　拆卸下的电机套件

三、总结分析

隔离开关整组机构使用全齿轮传动，当隔离开关触头触指分合到位后，电机因惯性无法立即停止，由于其未安装缓冲装置，导致对齿轮有反向应力。同时，齿轮啮合间隙过紧，齿轮啮合时发出不均匀声响，配合时会出现抖动，轴销脱开电机，无法带动齿轮，电机空转，导致隔离开关无法电动操作。另外，元器件材质存在质量问题，电机输出驱动轴材质不佳，需借助金相分析、化学分析来判断。为防范该类缺陷的发生，建议采取以下措施：

（1）加强设备关键零部件质量管控，督促厂家对 GIS 隔离开关机构箱内关键传动部件材质质量加强管控，应进行关键传动部件在运转时的应力分析，其材质应满足要求。

（2）加强同一批次产品隐患排查，对已投运的同一批次产品，加强对机构箱内元器件的检查工作（不具备停电条件的，可带电排查），对电机输出驱动轴 C 形圆柱销有脱落、龟裂应停电处理。

案例 2-9

500kV HGIS 电机约束器失灵导致隔离开关拒动缺陷分析及处理

一、缺陷概述

2017 年 9 月 27 日，某 500kV 变电站 50431 隔离开关在合闸过程中 C 相未动作。检修人员检查发现 C 相机构箱内的电机约束器失灵，临时改变电机约束器位置，C 相可正常合闸，因此确认该电机约束器失灵导致拒动。更换电机约束器后，缺陷消除。

设备信息：500kV HGIS 隔离开关型号为 ZHW-550 TV3，出厂日期为 2010 年 1 月，投运日期为 2011 年 11 月 2 日。

二、诊断及处理过程

（一）诊断过程

隔离开关电机的控制回路图如图 2-9-1 所示。监控后台发出合闸指令后，50431 隔离开关的三相合闸接触器均吸合，检查 C 相合闸接触器 ZJ4C 各触点通断情况正常：A1、A2 得电，61、62、71、72 两对触点断开，其余 13、14、23、24、33、34、43、44 四对触点闭合且通电，同时在汇控箱内也未发现接线松脱、虚接等现象，遂排除汇控箱内的故障点。拆除 C 相隔离开关机构箱，测量电机控制回路中的 19、20、21、22 触点电压正常，而此时电机不转则可能是机构箱内的电机约束器（Y1、S7）或电机 M 出现问题。测量电机 M 线圈电阻正常，Y1 线圈电阻为 14MΩ，而标准值应为 900Ω 左右，同时发现 S7 触点卡涩。据此判断故障点就在 Y1 线圈上。由于 Y1 线圈内断线，得电后并未吸合顶针，无法带动 S7 触点动作，电机绕组无法得电，导致隔离开关无法正常动作。

电机约束器主要由 Y1 线圈、S7 微动开关、回弹变速箱、顶针和挡片、横杆转子等组成，如图 2-9-2 所示。隔离开关未动作时，顶针因弹簧牵引向下运动，挡住横杆转子的旋转路径，使得电机无法转动。当合闸或分闸指令发出后，Y1 线圈两端得电，推动顶针向上运动，使得电机转子能正常转动，同时带动挡片，触动 S7 微动开关，动合触点闭合，使得电机 M 绕组端子 A1、A2 得电，隔离开关合分闸操作，如图 2-9-3 所示。

合闸或分闸到位后，由于惯性，电机仍有较大的旋转速度，难以立即停下，需电机约束器发挥作用：合闸或分闸到位后，Y1 线圈失电，顶针在弹簧牵引和回弹变速箱的共同作用下向下运动，几秒内到达转子旋转范围，抵住转子限制电机转动，以保护隔离开关触头和传动齿轮，如图 2-9-4 所示。

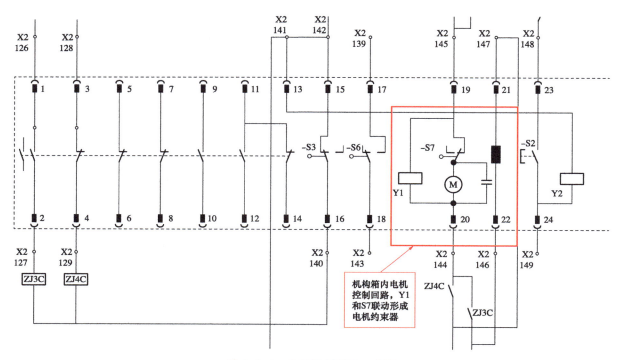

图 2-9-1　电机控制回路二次图

图 2-9-2　ZHW-550 电机约束器

图 2-9-3　操作过程电机约束器的状态

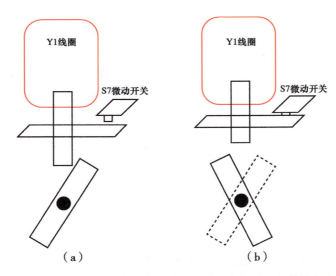

图 2-9-4　电机约束器从正常状态至隔离开关分合闸过程中的状态来回切换

（a）电机约束器正常状态；（b）隔离开关分合闸过程中的电机约束器状态

当电机约束器失灵时，隔离开关电机无法动作，另外如果挡板和顶针配合不佳，S7 微动开关先动作，此时电机转动却被顶针抵住，将造成电机堵转，极易烧坏电机。

（二）处理过程

Y1 线圈、S7 微动开关的固定螺栓孔均为椭圆孔，可以微调位置，故更换电机约束器时，用手按压模拟 Y1 线圈吸合，确保顶针不会阻碍电机旋转和 S7 微动开关导通。松开手后，顶针和挡片正常复位，起到使电机停转的作用。确认位置正确后，再紧固固定螺栓。检修人员更换 C 相机构箱内的 Y1 和 S7，检查控制回路正常，缺陷消除。

三、总结分析

若隔离开关无法电动，应先将隔离开关电机电源切除，防止因电机堵转时间过久造成电机烧毁。单相无法电动，在排除接线松动、松脱的可能后，应将故障点定位在故障相机构箱内。排查机构箱内回路前应先断开相关电源，摸清各元件间的逻辑关系，通过检查转动部件有无卡涩，微动开关有无卡死，相关线圈电阻、电机电阻是否正常等方法来确定故障点。

对于 ZHW-550 隔离开关机构箱检查时，应先确保电机电源已经断开，避免检查过程中触动 S7 造成电机堵转，从而烧毁电机。更换电机约束器时，必须对顶针、挡片和横杆转子之间的配合进行模拟，确保电机不会堵转或出现 S7 无法动作的情况。购买此机构的备品时，应当跟厂家说明是带有横杆转子的电机，否则其他电机无法在此机构中使用。

案例 2-10

500kV HGIS 隔离开关绝缘拉杆放电故障分析及处理

一、缺陷概述

2017 年 11 月 24 日，某 500kV 变电站某线路 A 相跳闸，5033 断路器重合闸动作但重合不成功，经保护故障测距，基本判断故障发生在变电站侧。经更换 50322 隔离开关后，故障排除，线路恢复带电运行。

设备信息：500kV HGIS 隔离开关型号为 ZF16-550，出厂日期为 2015 年 11 月，投运日期为 2017 年 6 月 30 日。

二、诊断及处理过程

现场检查设备外观无异常，各气室压力正常，但 50322 隔离开关 A 相气室分解物超标，初步判断为气室内部缺陷引发放电故障。

检修人员处理放电故障过程如下：

（1）回收 50331 隔离开关气室、5032 断路器气室、50322 隔离开关气室、5033 断路器气室气体压力至 0MPa。

（2）拆除引线后，回收 50321 隔离开关气室，并利用起重机起吊隔离开关与 TA 连接筒，在即将脱离时，利用手拉葫芦实现缓慢起吊。

（3）起吊后，发现 50322 隔离开关、盆式绝缘子放电痕迹极为明显，此外，发现连接至出线套管处的直线筒及隔离开关、TA 筒均被熏黑，污染较为严重，如图 2-10-1 和图 2-10-2 所示。

（4）摘除该线路 A 相出线套管，将其在地面横置摆放，并在原套管底座处和新拔出芯子处分别用塑料膜套、工装端盖保护。

（5）对接 TA 与隔离开关后，在该线路 50331 隔离开关 A 相靠出线套管侧手孔内装入导轨滑车，用于支撑平衡导电管，如图 2-10-3 和图 2-10-4 所示。

（6）用纸胶带封堵隔离开关盆式绝缘子。

（7）将直线筒内的导体在地面插入直线筒，利用导轨滑车支撑平衡；将隔离开关、TA 与直线筒的组合体整体装入，在对接断路器侧时，要注意安装过程中导体对接完好不受损伤，同时防止异物落入。

（8）恢复出线套管，更换所有手孔的吸附剂，并将原先放置在罐体内的滑车取出。

（9）气室抽真空，充气和包扎，并测试 5032 间隔二次绝缘、5032 断路器 TA 特性试验、50322 隔离开关特性试验，同时进行相关气室微水、纯度、分解物试验和检漏试验，试验数据均正常。

图 2-10-1　盆式绝缘子处

图 2-10-2　TA 筒

图 2-10-3　手孔装入导轨滑车

图 2-10-4　导轨滑车支撑导体情况

（10）在正式进入耐压试验前，先进行"老练净化"，目的是清除 HGIS 内部可能存在的导电微粒、微量杂质和导体表面毛刺。在"老练净化"结束后，500kV HGIS 部分试验电压升至现场交接试验电压 66kV 保持 1min，然后退回零位。在整个过程中，HGIS 无击穿放电，顺利通过耐压试验，故障排除，线路恢复带电运行。

三、总结分析

从拆解情况来看，隔离开关绝缘杆断裂成若干块；动触头屏蔽罩与机构侧端盖之间存在电弧烧灼痕迹；动触头屏蔽罩上部、竖直盆式绝缘子凹面上部、凸面上部均存在热气流烧灼痕迹，但无明显外伤，如图 2-10-5 和图 2-10-6 所示。

图 2-10-5　绝缘拉杆断裂的情况

图 2-10-6　绝缘子凸面

通过对故障判断，造成绝缘杆闪络的原因是绝缘杆内部存在局部放电起始点，长期局部放电使得绝缘杆材质劣化，最终导致贯穿性的绝缘击穿。击穿后，绝缘杆部分碳化，最终在承受应力能力稍弱的开槽位置开始断裂。判断该问题的直接原因是装配时气泡粘附在绝缘杆的表面，在检测环节存在检测不到位。

为防止此类缺陷的发生，在厂家监造过程中要加强隔离开关绝缘杆材质、安装工艺和组装环境等方面的把关，确保隔离开关安全可靠运行。

案例 2-11

500kV GIS 隔离开关缓冲器渗油缺陷分析及处理

一、缺陷概述

2011 年 6 月 21 日，检修人员对某 500kV 变电站专业巡视时发现 50621 隔离开关 A 相缓冲器渗油，检查螺栓无松动。更换隔离开关缓冲器后，缺陷消除。

设备信息：500kV GIS 隔离开关型号为 DLP-500RC，出厂日期为 2007 年 1 月 1 日，投运日期为 2009 年 6 月 22 日。

二、诊断及处理过程

50621 隔离开关渗油情况如图 2-11-1 所示，该渗油缺陷原因可能是缓冲器密封不良，需更换缓冲器，更换步骤如下。

图 2-11-1　隔离开关缓冲器渗油情况

（1）拆开隔离开关操动机构箱下部的传动单元盖板，即可看到隔离开关缓冲器，如图 2-11-2 和图 2-11-3 所示。

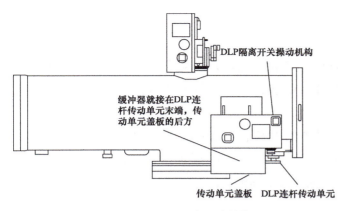

图 2-11-2　DLP 隔离开关结构图　　　　图 2-11-3　隔离开关缓冲器

（2）将固定缓冲器两端的开口销脱出，取出缓冲器，如图 2-11-4 所示，此时应注意：

1）由于脱开开口销较为费力，一般要两只手操作，脱出销子后，另一人应配合防止螺栓及平垫掉落；

2）使用钳子脱出开口销，应从头侧拔出，若从外侧敲击开口侧，易将开口侧敲弯，难以拔出开口销；

3）拆开缓冲器一侧的开口销后，缓冲器无支撑，因此拆另一侧时应特别注意避免缓冲器直接滑落。

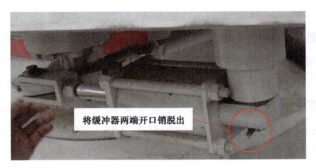

图 2-11-4　缓冲器开口销

（3）安装缓冲器，插入开口销，装好盖板。

更换缓冲器时缓冲器一端固定后，若另一端与机构上孔洞对接困难，可通过可调节丝杆改变缓冲器长度，如图 2-11-5 所示。

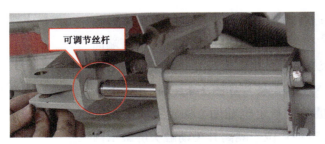

图 2-11-5　调节缓冲器可调丝杆

三、总结分析

GIS 中的断路器及隔离开关分、合闸时间短，运动部件动量大，为提高系统的工作性能和寿命，避免快速动作撞击和振动损坏传动部件，必须在其运动结束前进行缓冲，因此缓冲器对断路器及隔离开关机械寿命和可靠性有着十分重要的影响。

该型号隔离开关采用液压缓冲器，液压缓冲器利用流体流动的黏性阻尼作用，延长冲击负荷的作用时间，吸收断路器及隔离开关冲击能量，避免结构件损坏。为防止此类缺陷发生，运维人员在设备巡视中，应关注液压缓冲器是否出现渗油痕迹，防止因液压油渗漏导致缓冲效果不佳甚至失效。

案例 2-12

500kV GIS 隔离开关气室动触头屏蔽罩不锈钢垫片脱落缺陷分析及处理

一、缺陷概述

2020 年 5 月 29 日开展某 500kV 变电站 500kV GIS 隔离开关气室内部连杆销钉松脱 X 射线检查，发现 50112 隔离开关 C 相动触头屏蔽罩内存在疑似垫片异物。对 50112 隔离开关气室 C 相开盖检查处理，在动触头屏蔽罩内部发现一枚不锈钢垫片，检查动触头屏蔽罩内所有螺栓及垫片均正常，垫片取出后检查该相动触头螺栓紧固情况均正常，该气室恢复安装后各项试验数据合格，设备正常投运。

设备信息：500kV GIS 隔离开关型号为 GWG6-550，GIS 型号为 ZHW-550；投运日期为 2016 年 12 月 26 日。例检及带电测试均未见异常现象。

二、诊断及处理过程

（一）射线检查情况

2020 年 5 月 29 日，进行 50112 隔离开关 C 相气室 X 射线测试过程中，隔离开关气室内部连杆销钉未见异常，销钉端面与拐臂平面距离符合厂家标准，C 相隔离开关动触头屏蔽罩内存在一枚疑似垫片异物。X 光检测图片如图 2-12-1 所示。

现场利用多角度拍摄及背景定位辅助（将扳手固定在气室罐体底部）的方式，确定垫片位于隔离开关动触头屏蔽罩内部，未掉落在气室罐体上。

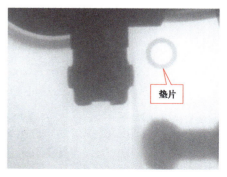

垫片

图 2-12-1　X 光检测图片

（二）现场开盖检查处理情况

（1）气体回收及抽真空。首先，回收相邻的5011断路器C相气室至0.05MPa；后回收50112隔离开关C相气室SF_6气体至零表压；充入氮气至微正压，冲洗隔离开关气室，间隔10min后再次回收气体至零表压，循环清洗气室工序3次。

（2）50112隔离开关C相气室气体开盖检查。确认各气室气体已回收至要求压力，作业现场天气晴朗且湿度小于80%，符合开盖解体作业要求。打开50112隔离开关C相吸附剂盖板，开盖后人员离开现场30min进行排气，再利用吸尘器对气室进行抽气20min，清理内部残留的SF_6气体后进罐体检查。

（3）隔离开关动侧屏蔽罩及梅花触头拆除。气室内部抽气完成后，利用乙炔烘枪通过吸附剂手孔烘烤50112隔离开关动侧屏蔽罩，利用热胀冷缩的原理使动侧屏蔽罩内径扩张，而屏蔽导体未升温，卡槽与屏蔽导体产生缝隙，快速取下动侧屏蔽罩。内部结构剖面图及屏蔽罩如图2-12-2和图2-12-3所示。

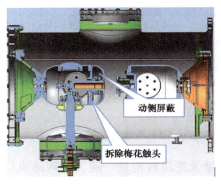

图2-12-2　设备内部结构

图2-12-3　屏蔽罩

动侧屏蔽罩拆除后，进一步拆除梅花触头。梅花触头位置较深，需作业人员从排气孔钻入，拆除过程中工器具、零部件登记管控，确保原拆原装。梅花触头如图2-12-4所示。

（4）异物清理及动侧装配检查。拆除梅花触头后，可见屏蔽导体内部情况，现场结合内窥镜及手机摄像的方式，确认垫片确处于屏蔽导体底部位置，接地开关固定板后侧，具体位置如图2-12-5（d）所示红色标记位置。同时检查发现垫片及屏蔽导体内部未见放电痕迹，并且表面光滑无灼烧痕迹，垫片尺寸为$\phi 12mm$。设备内部垫片位置如图2-12-5所示。

图2-12-4　梅花触头

检查隔离开关触头动侧装配内部，确定各销钉、挡圈、垫片、紧定螺钉均正常，未发生丢失、松动，并对屏蔽导体内部所有螺栓进行紧固检查，确定该垫片并非由于各转动部位松动而掉落。

（5）罐体内部清理及回转。检查和清理完成后，利用酒精清洁屏蔽导体内腔，恢复梅花触头装配，手动分合隔离开关，确定安装正确。更换全新的动侧屏蔽罩，检查屏蔽罩外观无磕碰、划伤、损坏，用酒精清洗动侧屏蔽罩，用乙炔烘烤屏蔽罩，烘烤过程保持受热均匀，确保屏蔽罩不发生变形损坏，将烘烤完成的屏蔽罩安装在原位置。

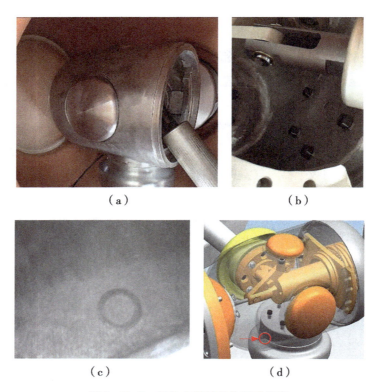

（a）　　　　　　　　　（b）

（c）　　　　　　　　　（d）

图 2-12-5　设备内部垫片位置示意图

（a）示意 1；（b）示意 2；（c）示意 3；（d）示意 4

手动分合隔离开关 5 次，用酒精及吸尘器将罐体内壁及绝缘件清理一遍。清理结束后，检查罐内无遗漏物品；测量主回路电阻，与开盖前的测试数据及历史数据对比无明显差异，确认隔离开关动触头装配到位。

（6）吸附剂更换及盖板恢复。拆除吸附剂网后，更换气室吸附剂，吸附剂在空气中暴露时间不超过 10 min，吸附剂网固定后，更换气室密封圈，恢复吸附剂盖板，根据要求螺栓打 160N·m 力矩，并利用密封胶对密封面进行密封。

（7）抽真空、充气。50112 隔离开关 C 相及相邻降压后的 5011 断路器 C 相气室，抽真空后充入 SF$_6$ 气体至额定气压值。

（8）包扎检漏、气体测试、隔离开关例行试验。用塑料布包扎盖板部位，包括其 O 形密封圈位置，并用胶带密封。将所有 O 形密封圈位置都包在内；静置 24h 后进行包扎捡漏，如果探测器显示包扎袋内存在 SF$_6$ 气体，则涂肥皂水仔细检查漏点位置，以精确查找漏点。现场利用检漏装置检查密封塑料布内部，未发现 SF$_6$ 气体存在。

确认无渗漏后进行气体纯度、分解物、微水测试，50112 隔离开关 C 相气室、5011 断路器 C 相气室均合格。进行 50112 隔离开关 C 相回路电阻测试工作，试验数据合格；测试隔离开关分合闸时间数据合格，符合技术要求。

（9）交流耐压试验及超声检测。各项试验数据合格后进行交流耐压试验，检测导体对外壳耐压情况。

三、总结分析

（1）由上述检查情况分析，初步判断 50112 隔离开关 C 相在厂内装配环节存在疏忽，厂内装配员工质量意识松懈，责任感缺失，在进行装配时，作业不仔细导致将垫片掉落在屏蔽导体内腔中，由于该部位为封闭内腔，后续二次清理检查等工序也未能发现多余垫片存在。

（2）对其他电站在运同型号 GIS 运行评估，明确是否开展 X 射线或其他方式的带电检测。

（3）加强厂内监造，提升厂内装配关键部位管控措施。

（4）加强带电检测技术应用，利用无损检测技术提早发现设备隐患。

案例 2-13

500kV HGIS 隔离开关有齿套管松动导致合闸不到位分析及处理

一、缺陷概述

2017 年 6 月 21 日，某 500kV 变电站设备启动送电过程中，发现某线路 A 相电压 51.54kV，电流 0A。检查发现是由于该线路 500kV 50232 隔离开关因齿套管松动导致隔离开关未合上导致。

设备基本情况：500kV HGIS 隔离开关型号为 ZF16-550 型，出厂日期为 2015 年 11 月 1 日，投运日期为 2017 年 6 月 30 日。

二、诊断及处理过程

设备停电后，检修人员对 5023 断路器及两侧的隔离开关进行外观检查和电阻测量，发现 50232 隔离开关未合闸到位。该隔离开关结构如图 2-13-1 所示，检修人员拆开隔离开关机械传动部分进行检查，发现有齿套管在传动轴套中松动，如图 2-13-2、图 2-13-3 所示，造成 50232 隔离开关未能合闸到位。隔离开关动触头一直保持在分闸位置，操作过程中未导致隔离开关内部放电。

三、总结分析

有齿套管松动原因应是安装过程中力矩未打足，在运输和安装过程中从传动轴套中松脱。

在另一座 500kV 变电站启动过程中，另一厂家类似结构的 HGIS 隔离开关也曾出现齿套管与内传动轴之间松脱，导致未合闸到位。有齿套管是在厂内组装完毕整件运输，现场无法对其检查和测试。为防范该类缺陷的发生，需加强厂内监造力度，必要时开展厂内抽检，确保安装质量。

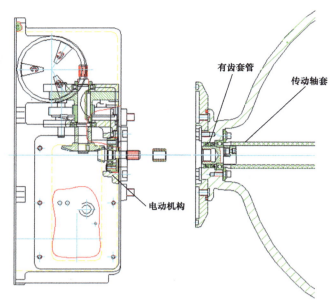

图 2-13-1 传动结构示意图

图 2-13-2 传动轴套内部情况

图 2-13-3 有齿套管旋出情况

案例 2-14

500kV HGIS 接地开关操动机构缓冲器密封圈失效导致漏油原因分析及处理

一、缺陷概述

2017 年 4 月 12 日，检修人员进行某 500kV 变电站隐患排查，发现某 500kV HGIS 接地开关操动机构箱内有油渍，该接地开关机构缓冲器漏油严重。检修人员更换缓冲器后，"分—合"操作 6 次未发现油渍，设备恢复正常。

设备信息：500kV HGIS 隔离开关型号为 ZHW-550。

二、诊断及处理过程

检修人员打开检查接地开关操动机构，发现缓冲器漏油严重，缓冲器内油基本漏完。更换接地开关操动机构缓冲器过程如下：

（1）释放接地开关操动机构弹簧储能。

（2）打开机构箱顶盖，用热风枪烘热缓冲器与开关连杆连接的固定螺栓，软化厌氧胶。

（3）拆下固定螺栓后，取出固定销，拆下旧的缓冲器，如图 2-14-1 所示。

（4）通过调整螺栓调整新的缓冲器，将新的缓冲器按原位置安装好即可。

图 2-14-1　拆解过程

三、总结分析

（一）原因分析

为查找该缓冲器故障原因，检修人员对缓冲器进行了解体检查，该缓冲器的结构如图 2-14-2 所示。根据拆解情况，检修人员分析认为缓冲器密封圈失效，导致缓冲器严重漏油。

（二）防范措施

快速接地开关缓冲器的作用是：吸收合闸或分闸结束时可动部分的剩余动能，保护机构避免受到太大的冲击，减小分闸弹振，防止合闸过度，同时使分合闸曲线较为平缓。缓冲器的漏油严重影响到接地开关的动作性能，从缓冲器的结构可知，其密封圈的质量及安装工艺是缓冲器密封效果的关键。

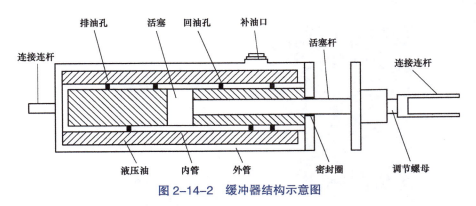

图 2-14-2　缓冲器结构示意图

为防范该类缺陷的发生，建议采取以下措施：

（1）加强管控该型号接地开关机构缓冲器密封圈的质量，同时严格控制组装工艺。

（2）运行维护时，加强检查接地开关机构箱内外部是否存在油渍。

（3）例检时，严格执行机构检查卡，若发现缓冲器渗漏油，应及时进行处理。

案例 2-15

500kV GIS 隔离开关电机绕组故障导致分合动作异常情况分析及处理

一、缺陷概述

某 1000kV 变电站 500kV GIS 50422 隔离开关于 2020 年 11 月 23 日送电过程中，发现该隔离开关 B 相合闸至中间位置时无法合闸，随后运维人员进行手动分闸，更换电机后，缺陷消除。

设备信息：500kV GIS 50422 隔离开关型号为 ZF15-550 TV3，于 2014 年 11 月投运。

二、诊断及处理过程

2020 年 11 月 23 日接到危急缺陷通知后，立即对 50422 隔离开关 B 相进行检查处理，检查发现该隔离开关机构箱内部有强烈的绝缘材料烧煳的刺鼻气味，该机构电机励磁绕组有明显的烧灼痕迹，电机导线外绝缘存在烧灼破损的情况。

对该隔离开关机构传动部分进行进一步检查，发现该电机输出轴尾端闭锁挡块两侧均有明显的撞击痕迹，其中一侧的撞痕较为明显，且挡块的棱角已经不完整。电机励磁绕组烧蚀严重，直接导致隔离开关无法电动。

同时，该电机输出轴尾端挡块与闭锁电磁铁的铁芯驱动的顶杆有明显的撞击痕迹，说明该电机启动或停止时，可能与闭锁电磁铁顶杆时间配合存在一定偏差，或者闭锁电磁铁存在卡涩，无法正常驱动顶杆至正常的位置。如图 2-15-1 和图 2-15-2 所示。

图 2-15-1　电机励磁绕组烧蚀　　图 2-15-2　电机输出轴闭锁挡块

50422 隔离开关控制原理图（ZF15–550）如图 2-15-3 所示，无论分闸操作还是合闸操作，电枢绕组导通都需要闭锁线圈 Y1 励磁→S7（动合触点）闭合→M1；由此可见，无论合、分闸操作，由闭锁线圈 Y1 驱动的微动开关 S7，都对电机电枢绕组的启动时刻至关重要。闭锁线圈 Y1 或微动开关 S7 故障，都有可能导致电机启动时间发生变化。微动开关 S7 如图 2-15-4 所示。

对该电机及闭锁电磁铁单元进行更换，进行电动试分合多次，操作正常，缺陷消除。

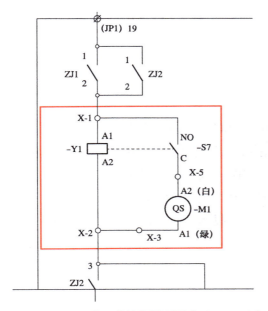

图 2-15-3 隔离开关控制原理图（ZF15–550）

图 2-15-4 微动开关 S7

三、总结分析

（一）原因分析

造成 50422 隔离开关动作异常的可能原因如下：

（1）该隔离开关电机质量不佳，电枢绕组及励磁绕组均发生烧蚀现象。

（2）该隔离开关闭锁电磁铁顶杆与电机闭锁挡块配合存在问题，导致电机启动后发生金属撞击。

（3）该隔离开关闭锁电磁铁质量欠佳，或内部存在卡涩，隔离开关闭锁顶杆行程不足，造成与电机闭锁挡块撞击。

（4）该隔离开关闭锁电磁铁及与之驱动的微动开关，与电枢绕组的配合存在问题，导致闭锁顶杆尚未到位时电枢绕组已经开始转动，从而导致金属撞击。

（二）防范措施

（1）结合例检对闭锁电磁铁的阻值和动作情况进行检查，避免因线圈卡涩或匝间故障导致电磁铁动作异常。

（2）结合例检对微动开关 S7 进行检查，确认是否连接良好，确认其动作灵敏到位。

（3）结合例检对电机电枢绕组 DS 两端接线进行检查，确认是否连接良好，电机线圈阻值是否存在异常。

案例 2-16

500kV GIS 接地开关急停功能未接入控制回路缺陷分析及处理

一、缺陷概述

2021 年 5 月 25 日检修人员发现某 500kV 变电站 500kV Ⅱ 段母线 5227 接地开关在 B 相汇控箱对接地开关进行就地操作时，停止按钮只能停止 B 相接地开关的动作，无法停止 A、C 相接地开关的动作，就地操作存在安全隐患。检修人员通过查询图纸，确定是急停按钮未接入三相公共回路，对 5227 接地开关 B 相接地开关汇控操作的控制回路进行了整改，成功消除该隐患。

设备信息：500kV GIS 接地开关型号为 JW3-550I；投运日期为 2015 年 7 月 7 日。

二、诊断及处理过程

（一）诊断过程

检修人员在汇控箱操作中发现停止按钮无法停止 A、C 相动作时，立刻查询了 5227 接地开关的操作回路图纸，B 相的操作回路如图 2-16-1 所示。从图 2-16-2 中可以看出 B 相的停止按钮 SB1 是有串联在 B 相的控制回路中，而从实际操作中可以知道，SB1 无法停止 A、C 相动作，说明 SB1 未串联在 A、C 两相的控制回路。通过分析可以知道，只需要改变 SB1 的接入位置，使 SB1 可以同时断开 A、B、C 三相的控制回路即可满足要求。

在操作过程中发现，当断开 5227 接地开关 B 相机构箱的控制电源空气断路器 QF2 时，5227 接地开关三相均无法操作，5227 接地开关的 B 相的控制电源空气断路器 QF2 是在 A、B、C 三相控制回路的公共部分，因此只需要将停止按钮 SB1 与控制电源空气断路器 QF2 串联，即可满足要求。

根据上述思路，检修人员查找图 2-16-1 的 5227 接地开关 B 相控制回路图，发现 QF2 后端串联了一个备用的外部连锁触点 23、24，该触点在控制回路图中为短路状态，未实际使用，因此只需要将 SB1 两端分别接到 23、24 触点，并解开 23、24 触点的短接线即可实现停止按钮 SB1 停止三相接地开关操作的功能。具体整改方案如图 2-16-3 所示。

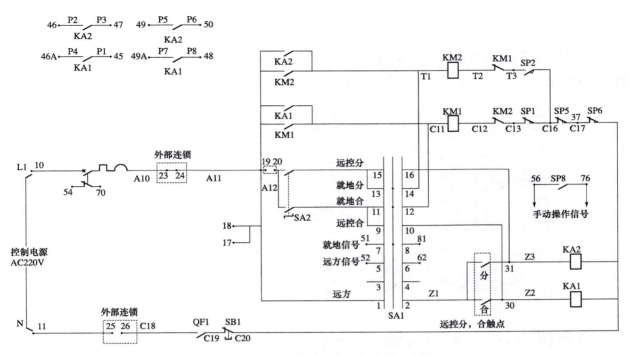

图 2-16-1 5227 接地开关 B 相控制回路图

图 2-16-2 5227 接地开关 B 相急停按钮 SB1 细节图

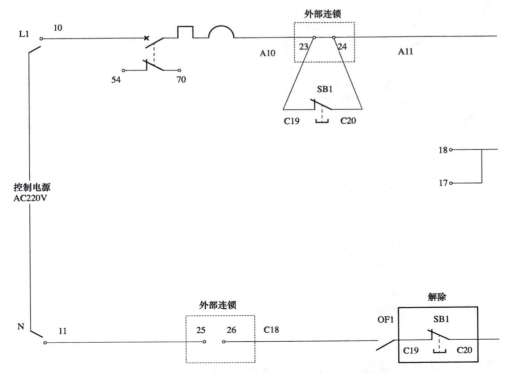

图 2-16-3 改造后 5227 接地开关 B 相控制回路图

（二）处理过程

对现场实际勘查可知急停按钮 SB1 的 11、12 端子分别接 C19 和 C20，与图纸相符，如图 2-16-4 所示，XT1 的 23、24 触点通过短接片进行短接，也与图纸相符，如图 2-16-5 所示。

图 2-16-4　现场 SB1 接线

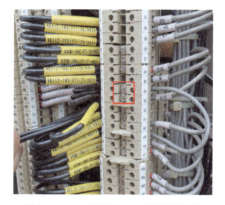

图 2-16-5　现场 XT1 端子排接线

（1）将 SB1 的 11、12 触点两端线解开，将 QF1 中 44 触点上与 SB1 相连的 C19 端子解开，此时 C19 回路两端均解开，可以将 C19 回路拆除。

（2）将 XT1 端子排上 23、24 触点的短接片解开，并用额外利用两个短接线将 XT1 的 23、24 与分别 SB1 的 11、12 相连，如图 2-16-6 ～图 2-16-8 所示。

图 2-16-6　SB1 两端的接线

图 2-16-7　SB1 和 XT1 电缆连接示意图

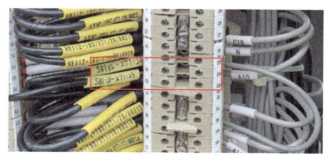

图 2-16-8　整改后 XT1 端子排 23、24 及触点的接线

（3）最后再将 SB1 中 12 接线端子的 C20 直接接入 QF1 的 44 触点即可将原本位置的 SB1 两端短

接，如图 2-16-9 所示。

图 2-16-9 整改后 QF1 44 触点的接线

整改完成后，在机构箱上进行汇控操作，发现 SB1 已经可以将 A、C 两相隔离开关停止，满足了要求。

三、总结分析

（1）检修人员在 5227 接地开关的实际操作中发现了接地开关控制回路设计中存在的隐患，立即根据图纸及现场情况确定了整改方案并进行整改，消除了汇控箱无法急停三相接地开关的隐患，减少了带电误合接地开关的可能性。

（2）该缺陷属于基建遗留问题，应加强基建验收工作，严格执行验收标准，在设备投运前消除隐患。

（3）在对各设备回路进行改动或者消缺发生回路变更时，应做好相关异动工作和交底工作，便于后续检修工作的开展。

案例 2-17

500kV GIS 电流互感器进水受潮导致绝缘体缺陷分析及处理

一、缺陷概述

2015 年 7 月 27 日，某 500kV 变电站 5043 断路器 TA2 C 相例行检修时，检修人员发现二次接线盒存在积水，且各二次绕组对地绝缘电阻均不合格。经检修人员吊装线圈、通风干燥、绝缘包裹、涂抹防水胶等处理后，设备恢复正常。

设备信息：500kV GIS 电流互感器，GIS 型号为 ZF15-550，其电流互感器型号为 LRBT6-550，出厂日期为 2014 年 5 月 1 日，投产日期为 2014 年 11 月 4 日。

二、诊断及处理过程

（一）诊断过程

检修人员检查发现 5043 断路器 TA2 C 相接线盒存在明显受潮痕迹，将 TA 本体接线盒暴露于空气中，用电吹风烘干处理，绝缘有一定改善，但仍不合格。

进一步检查拆解 TA：先记录并解除 TA 二次接线盒接线，再拆除罐体上连接片及抱箍等部件，如图 2-17-1 和图 2-17-2 所示。

图 2-17-1　拆除二次接线盒

图 2-17-2　拆除抱箍

检查 5043 断路器 TA2 C 相本体，发现内部存在浸水痕迹，其底部存在明显水迹，罐体壁水迹虽已晒干，但存在明显霉点，如图 2-17-3 所示。同时，塑料包扎纸内存在水迹，绕组内部水汽仍未蒸发，如图 2-17-4 所示。测试 TA 本体三个二次绕组对地绝缘电阻，其值分别为 11、12、1MΩ，不合格。

（二）处理过程

具体处理过程如下：

（1）将 TA 绕组开盖吊起检查。利用线圈紧固工装将 TA 线圈固定，用 2 根吊绳和 2 个手动葫芦将上两层绕组吊起，如图 2-17-5 所示，吊起后留出足够空隙，将最底层线圈抬起，并用绝缘垫块将最底层线圈垫高，绝缘垫外翻后发现大量水珠，如图 2-17-6 所示。

（2）对线圈底部绝缘垫及内筒壁绝缘垫进行通风干燥处理。将 TA 线圈内壁筒状绝缘垫外翻并固定，再用电吹风和风扇对绝缘垫进行通风干燥处理，同时，用多块绝缘垫块将绕组垫高以提高绕组与底座之间的绝缘水平。再次测量本体二次绕组对地绝缘电阻，均约为 15MΩ，按照《电气装置安装工程 电气设备交接设备交试验标准》（GB 50150—2016）10.0.3 规定"二次绕组之间及地的绝缘电阻 > 1000MΩ"，因此绝缘仍不合格。

（3）在 TA 线圈内壁筒状绝缘垫与 TA 线圈间加装绝缘板。因底层 TA 绕组抬升高度有限，内壁筒状绝缘垫的通风干燥受到了限制，通风干燥后，TA 二次绕组对地绝缘电阻仍不合格，怀疑内壁绝缘垫与内壁之间的绝缘仍然较差。为了加强绝缘，在绝缘垫与绕组之间增加了环状绝缘板后进行绝缘测试，如图 2-17-7 所示，绝缘电阻为 50MΩ，二次绕组对地绝缘仍不合格。

（4）绝缘材料包裹 TA 线圈。对 TA 绕组各部位分段测试绝缘电阻：二次绕组引出线线芯与表皮之间的绝缘电阻值为 4000MΩ；二次绕组底部垫块与底座之间的绝缘电阻为 3000MΩ；通风干燥之后的内壁筒状绝缘垫与内壁之间的绝缘电阻值为 7000MΩ，绝缘均良好。

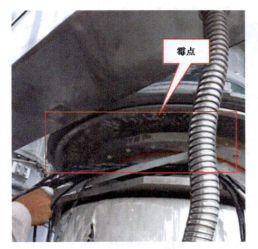

图 2-17-3 存在霉点

图 2-17-4 线圈塑料膜水迹

图 2-17-5 吊起 TA2 上两层绕组

图 2-17-6 绝缘垫内壁受潮明显

图 2-17-7 在线圈内壁筒状绝缘垫与线圈间加装绝缘板

将底部 TA 绕组整体用聚乙烯薄膜包裹后进行绝缘测试，TA 二次绕组引出线对地绝缘电阻值为 1200MΩ，绝缘正常；初步判断是 TA 绕组外绝缘上部内侧弧面处存在薄弱点。检修人员采用绝缘热缩管将绕组进行整体包裹以增加绝缘强度，包裹过程如图 2-17-8 所示，处理后测试二次绕组引出线与地之间绝缘电阻，阻值为 9000MΩ，合格。最后，回装 5043 断路器 TA2，并在罐体可能进水受潮部位涂抹密封胶，处理工作结束。

图 2-17-8　采用绝缘热缩管对绕组进行整体包裹

三、总结分析

（一）原因分析

处理后第五天，复查 TA 绝缘情况，发现绝缘仍不合格，且罐体内仍有积水，相关人员现场讨论，具体分析情况如下：

（1）5043 断路器 TA 前期已处理完毕，内部干燥，总体情况正常。

（2）顶部透气孔防雨罩内虽有水珠，但下方线圈压板表面并无水迹，排除从顶部大量进水的可能。

（3）二次电缆穿管处已涂胶，接线盒内无积水，电缆表皮无水渍，排除从二次接线盒内大量进水的可能。

（4）前期已对顶部气室防雨螺栓和顶部透气孔螺栓进行 12h 红墨水浸泡试验，未发现明显渗水痕迹，排除这两处进水可能。

（5）排除了各种可能后，怀疑罐体积水是由底部抱箍与外壳夹缝处经底部密封胶空腔或密封胶接头处倒流至罐体内。

（二）试验论证

为验证以上推断，采取如下措施：

（1）沿 TA 罐体底部抱箍粘贴一圈透明胶，形成积水槽，然后往水槽内倒入红墨水。

（2）从底部通风孔处插入一段白色吸水纸条作为引流。

（3）约 5min 后，密封胶接缝处有红墨水滴出，如图 2-17-9 所示，白色吸水纸条出现变色，拔出纸条，内部已全部变红，如图 2-17-10 所示，说明 TA 罐体内部进水正是由底部抱箍与外壳夹缝处经底部密封胶空腔或密封胶接头处倒流至罐体内，由于内、外部环境温差变化的作用，在罐体顶部、二次接线盒等处形成凝露。

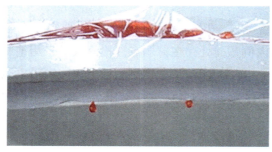

图 2-17-9　往抱箍水槽内倒红墨水

图 2-17-10　白色吸水纸条变色

其进水路径示意图如图 2-17-11 所示。

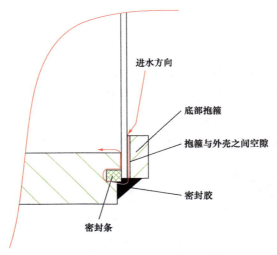

图 2-17-11　进水路径示意图

（三）防范措施

为防范此类缺陷的发生，建议采取如下措施：

（1）结合停电对该站同批次所有 TA 进行排查、处理，具体步骤如下：

1）清理底部积水，吹干二次线圈，测量二次绝缘并重新做相关试验；

2）对底部抱箍上边沿涂抹密封胶，防止抱箍与外壳间形成空隙积水；

3）对顶部通气小孔、顶部透气孔螺栓密封圈处、二次接线穿缆处涂抹密封胶防止进水。

（2）在不停电情况下，对其他站同型号 TA 通过底部透气孔检查内部进水情况，如正常则结合停电对底部进行打胶处理；如发现积水则安排停电处理。

（3）督促厂家提交产品问题报告，提出厂内后续解决措施，改进厂内安装工艺，更换外壳密封圈材质等。

案例 2-18

500kV HGIS SF$_6$ 气体密度继电器金属腐蚀导致漏气缺陷分析及处理

一、缺陷概述

2018 年 12 月 9 日，运维人员进行某 500kV 变电站巡视过程中发现 500kV　50632 隔离开关 B 相气室 SF$_6$ 压力降至 0.47MPa，低于 0.5MPa 额定压力，查阅 11 月 3 日压力值为 0.49MPa。

二、诊断及处理过程

（一）诊断过程

12月11日，检修人员使用SF_6红外检漏仪发现50632隔离开关B相气室SF_6气体密度继电器的压力监测模块与导气管法兰面之间漏气较为严重，SF_6气体密度继电器如图2-18-1所示。在线压力监测模块为铝质合金材料，导气管的材质为铜质，两者接触面一条明显的缝隙，如图2-18-2所示，且密封胶已脆化开裂。检修人员初步判断可能是由于压力监测模块与导气管法兰面之间发生电化学腐蚀。

图2-18-1　50632隔离开关SF_6气体密度继电器　　　图2-18-2　接触面缝隙

该隔离开关气室SF_6气体密度继电器仅一对报警触点，信号节点为接线式，并非航空插头，报警触点为动合触点。检修人员解除其中一根信号线，并做好绝缘包扎避免出现误报信号。

（二）处理过程

50632隔离开关气室SF_6压力表共有充气阀与补气阀两个阀门，如图2-18-3所示。充气阀控制表计与罐体间气路的通断，补气阀控制补气口的通断，运行过程中充气阀打开，补气阀关闭。缺陷处理需拆除充气管道以上部分，因此将充气阀门关闭并打开补气阀，如图2-18-4所示，待表计显示压力降至0MPa后，检漏无SF_6气体渗漏，验证充气阀关闭良好。

图2-18-3　阀示意图　　　　　　图2-18-4　打开补气阀检验

将 SF$_6$ 气体密度继电器及压力监测模块拆除，压力监测模块表面发现严重腐蚀。打开补气阀验证充气阀关闭良好，表面有灰白色铝氧化物，需进行打磨处理。处理前做好遮盖。打开补气阀验证充气阀关闭良好，防止杂质落入导气孔洞中。使用酒精及百洁布打磨清理灰白色氧化物后，可见压力监控模块铝表面大片细小砂眼。打磨过程如图 2-18-5 所示。

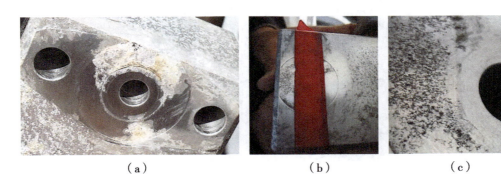

（a） （b） （c）

图 2-18-5　压力监测模块打磨处理

（a）表面压力监测模块表面腐蚀严重；（b）遮盖充气孔洞；（c）清理后表面砂眼

导气管法兰面也可见灰白色氧化物，如图 2-18-6 所示，因为电化学腐蚀产生的金属氧化物附着在作为正极的铜质法兰面上，用百洁布与酒精清理后可见法兰面并未被腐蚀，较平整光亮。

待清洁完毕后进行回装，为保证密封效果，将两个密封圈均进行了更换。更换过程按照要求先在凹槽内打少量密封胶，如图 2-18-7 所示。更换辅助密封及固定密封圈，如图 2-18-8 所示。回装完成后，开启部分充气阀门进行检漏无漏气，如图 2-18-9 所示。

图 2-18-6　表面氧化物　　　　图 2-18-7　密封圈凹槽打胶示意

图 2-18-8　压力监测模块密封圈

图 2-18-9　接触面检漏

　　检漏测试确定无漏气后，对密封面施加密封胶，隔绝空气水分，减缓电化学腐蚀，如图 2-18-10 所示。密封胶采用了日本信越的密封 RTV 硅胶，对于金属有较强的黏结力，同时具备有很好的耐候性，户外淋雨、暴晒、长期使用性能稳定（寿命达 30 年）并具有一定的耐酸、碱、盐、润滑油的腐蚀能力。

图 2-18-10　接触面密封

三、总结分析

　　分析该 SF_6 气体密度继电器漏气原因，主要有以下几个方面：

　　（1）根据《国家电网有限公司十八项电网重大反事故措施（2018 年修订版）及编制说明》，GIS 充气口保护封盖的材质应与充气口材质相同，防止电化学腐蚀。在本起缺陷中，铝比铜活泼，铝的电极电势为 1.662V，铜的电极电势为 0.337V，铜铝在潮湿空气中直接接触会发生电化学腐蚀。在空气中水分、二氧化碳和其他杂质形成弱酸性电解液，铝作为负极、铜作为正极形成原电池。铝失电子产生电化学腐蚀，形成铝的各种氧化物，附着在两个接触面之间，逐渐扩大间隙。

（2）SF$_6$气体密度继电器及防雨罩的接地不良，由于500kV变电站感应电较大，SF$_6$气体密度继电器及防雨罩间存在悬浮电位，由于铜、铝的弹性模型和膨胀系数相差很大，在运行过程中温度变化加速了氧化还原反应，逐渐加大了两个接触面之间的缝隙，最终导致了SF$_6$气体的泄漏。

案例 2-19

500kV HGIS TV 单元智能控制柜空调频繁启停缺陷分析及处理

一、缺陷概述

2019年1月12日，某500kV变电站报出多起TV单元智能控制柜机柜空调频繁告警缺陷。检修人员经过排查，发现均是空调主板及内风机故障导致，经更换主板及内风机后缺陷消除。

二、诊断及处理过程

检修人员对空调工作环境进行模拟，将空调的感温探头加热至空调制冷启动设定温度35℃，发现压缩机、冷凝机器风机正常工作，蒸发器风机不运转，液晶面板仅显示待机，未显示故障，后台显示空调告警，7s后复归。

根据以上检查情况咨询厂家，答复为空调主板故障，导致液晶面板不能正确告警，以及后台频繁误报。打开空调箱（如图2-19-1所示）检查空调主板有腐蚀痕迹（如图2-19-2所示），可以确定主板受潮导致主板元器件损坏，需要更换。

该空调主板芯片采用基于ARM构架的STM32F051，具备封装闪存和AD转换。由于主板航空插头较多，更换时要在主板线头、插座上做好标记，串行排线插头插紧后需用热熔胶加强固定，接线整理后需进行检查。

更换新主板后，检修人员重新对空调工作状态进行模拟，发现空调依旧无法正常工作。达到空调启动温度后，空调压缩机功能正常，压缩机和冷凝机风机（外风机）工作正常，蒸发器风机（内风机）未运转。液晶屏报警功能恢复正常，液晶面板显示"蒸发器冻结、系统有故障"，后台显示空调告警，7s后复归。

检查主板上内风机底座，在达到运行温度后有220V电压输出。测量电机两端无法正常测得电阻，检修人员判断蒸发器风机（内风机）损坏，柜内的热循环效率大大减慢，蒸发器低温与柜内热空气未充分热交换，蒸发器表面水蒸气凝结，使得空调频繁启动、停止，导致现场报系统故障、后台频繁告警复归。

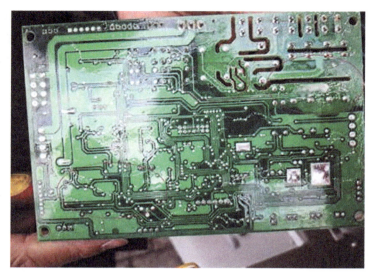

图 2-19-1　空调整体结构　　　　　　　图 2-19-2　主板受潮腐蚀

检修人员更换蒸发器风机后，该空调能够正常制冷，缺陷消除。

三、总结分析

检查现场液晶主板的参数设置发现该空调启动湿度设置为 0%，即在任何调节下内风机均长期运行。而长时间不间断运行极易造成风机损坏。根据检查结果，重新核对调整空调参数后，空调恢复正常。

案例 2-20

220kV GIS 断路器控制回路绝缘低缺陷分析及处理

一、缺陷概述

2020 年 9 月 8 日，某 500kV 变电站 261 断路器在两组控制回路之间出现绝缘电阻不合格的情况。测量所得绝缘电阻为 $1M\Omega$，与《变电站设备验收规范　第 2 部分：断路器》（Q/GDW 11651.2—2017）所要求的 $10M\Omega$ 相差甚远。通过排查发现是断路器 SF_6 表计本体接点绝缘低而导致压力低，闭锁 1、2 回路之间绝缘薄弱，更换表计后，缺陷消除。

设备信息：220kV GIS 断路器，型号为 ZFW20-252（L）-CB；操动机构方式为弹簧；2013 年 2 月 20 日出厂，2013 年 9 月 14 日投运。

二、诊断及处理过程

（一）诊断过程

检修人员断开断路器两路直流控制电源空气断路器，对现场两组控制回路之间的可能绝缘薄弱点进行了逐一排查。断路器控制回路如图 2-20-1 所示。

（1）测量 X8-10（+k201）与 X1-102（+k101）之间和 X8-14（-k202）与 X1-115（-k102）之间的绝缘电阻，绝缘电阻不合格，即缺陷存在于两组电源所接的回路之间。

（2）对位于汇控箱内距离较近的元件分别摇测绝缘。

1）测量 X1-3 与 X1-27 之间（A相）；X2-3 与 X2-27 之间（B相）；X3-3 与 X3-27 之间（C相）绝缘电阻合格，排除了线圈故障的可能性，如图 2-20-1 和图 2-20-2 所示。

2）测量两组分闸回路中三相辅助触点各个接点（F1A、F1B、F1C）之间的绝缘电阻合格，排除了辅助开关和继电器故障的可能性。

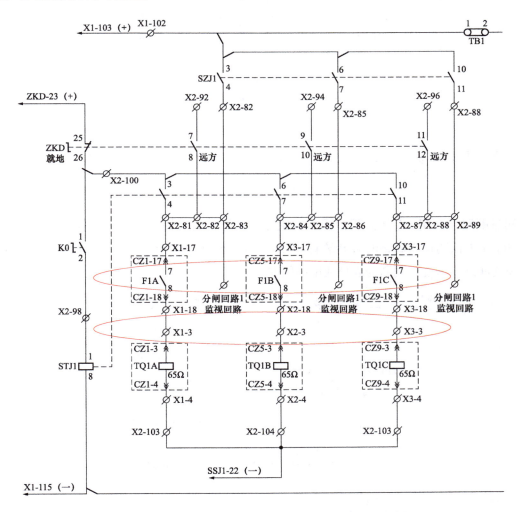

图 2-20-1　断路器分闸 1 及防非全相控制回路（弹簧）

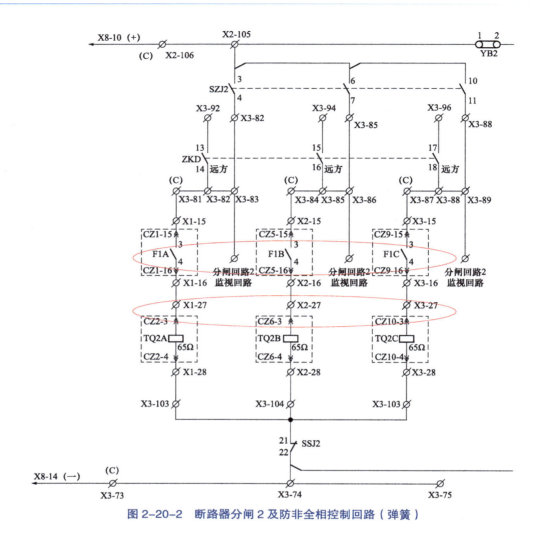

图 2-20-2　断路器分闸 2 及防非全相控制回路（弹簧）

（3）测量断路器两组 SF_6 压力闭锁回路的绝缘，其绝缘电阻偏低。对两路闭锁进行逐段排查，解开断路器 SF_6 压力低闭锁 1 回路的 A 相表计接点：X8-136 和 X8-145，如图 2-20-3 所示，测量发现两个控制回路之间绝缘恢复，判断为表计或电缆问题。

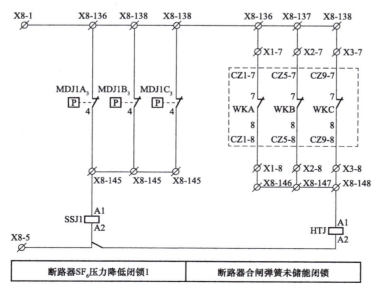

图 2-20-3　SF_6 气体密度监视回路

为确定具体故障位置，检修人员将 SF₆ 表计上的航空插头拔下，在未隔离汇控箱端子的情况下测试两组控制回路之间绝缘电阻恢复，故判断电缆无异常，绝缘薄弱点存在于表计本体上。

（二）处理过程

检修人员将 261 断路器 A 相气室 SF₆ 表计电缆插头拔下处理，发现表计本体的端子出现了明显的氧化锈蚀的现象，如图 2-20-4 所示。

表计内有 3 副触点和 1 个接地端子，共 7 个接线端子。经绝缘电阻表测量得到故障端子确为 4 号端子和 6 号端子之间，端子表面附着大量铜绿。清除表面铜绿后，再次测量绝缘未恢复，绝缘故障应存在于表计内部，检修人员决定更换表计。更换表计后进行绝缘电阻的复测，复测结果合格，绝缘恢复，完成本次绝缘低处理工作。

图 2-20-4　SF₆ 表计航空插头氧化锈蚀现象

三、总结分析

本次两组控制回路之间绝缘低的现象主要原因在于表计本体氧化腐蚀，SF₆ 表计节点之间出现绝缘低的情况，会导致控制回路整体绝缘低。建议对 SF₆ 表计电缆插头后盖进行打胶处理，提高整体密封性能。在开关回路出现两路电源之间绝缘不合格的问题时，除了排查控制回路外，闭锁回路也是分两路，同时 SF₆ 表计也是容易出现绝缘类故障的地方，因此对闭锁回路的排查也是很有必要的。

案例 2-21

220kV HGIS 断路器液压压力低缺陷分析及处理

一、缺陷概述

2019 年 2 月 18 日，某 500kV 变电站监控后台报 220kV 255 断路器 B 相液压压力低和 220kV 256 断路器 B 相液压压力低缺陷。经检查是行程开关打压动作、终止整定值偏低，经调整后缺陷消除。

设备信息：220kV HGIS 断路器型号为 300SR-K1 型断路器，2013 年 7 月投运。

二、诊断及处理过程

检修人员现场查看开关液压压力，255 断路器液压压力为 32.2 MPa，256 断路器液压压力为 32.5MPa，均低于 33.0MPa，而打压电机未正常启动。255 断路器、256 断路器油泵额定压力为

（36.0±0.6）MPa，油泵开始动作压力为（34.0±0.6）MPa。

查阅断路器油泵启停回路图，如图 2-21-1 和图 2-21-2 所示，油泵打压时间由 KT3 控制。KT3 是断电延时继电器，继电器得电动作，断电后触头保持工作状态 ts，ts 后恢复为初始状态。行程触点 63QBB 导通后，KT3 动作，接触器 KM13 得电动作，电机打压。

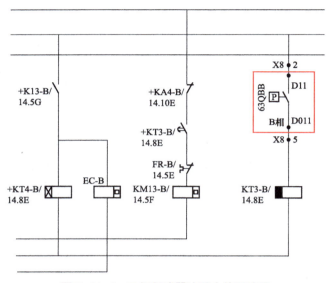

图 2-21-1　B 相断路器油泵启停回路图

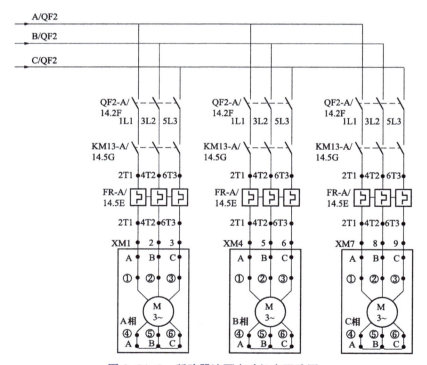

图 2-21-2　断路器油泵电动机主回路图

断开油泵打压电源空气断路器，检修人员使用万用表检查发现继电器 KT3、接触器 KM13 均未吸合，逐一检查回路发现 X8：2 与 X8：5 未导通。排查发现行程触点 63QBB 的 1、2 触点接触不良，如图 2-21-3 所示。

图 2-21-3　行程触点 63QBB 的 1、2 触点接触不良

检修人员对触点 1、2 进行紧固处理。处理后进行打压，电机停止打压后，检修人员发现压力仍低于 35MPa[额定压力值（36±0.6）MPa]，即行程开关打压动作、终止整定值偏低，需调整行程开关打压动作整定值与断电延时继电器 KT3 的配合。

调高行程开关打压动作整定值，需对行程开关 1、2 对应的波纹管行程进行调节。行程开关波纹管内部充高压油，在开关液压偏低时，波纹管恢复形变碰触微动开关，从而启动电机打压。检修人员解除波纹管定位螺母，顺时针向内调整螺杆以调高整定值。

油泵电动机长时间打压报警与恢复回路图如图 2-21-4 所示，KT4 是通电延时继电器设置在 18min，即打压超过 18min 时，通电延时继电器 KT4 动作，KA4 继电器自保持报警，SB1 是恢复按钮。255 断路器、256 断路器接触器 KM13 未吸合，导致延时继电器 KT4 不动作，因此后台未报 "打压超时报警" 信号。

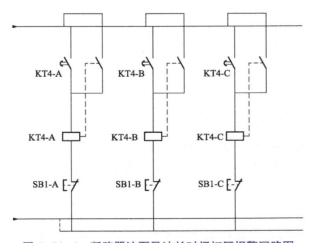

图 2-21-4　断路器油泵马达长时间打压报警回路图

三、总结分析

为防范该型号断路器油泵不打压问题的发生，建议采取以下措施：

（1）加强基建、技改验收质量管控。在验收过程，加强对断路器的接触器、继电器、行程触点整定、端子松紧度、热偶继电器等元器件的试验及检查。

（2）分析断路器检修短板，提升检修工艺。梳理断路器常见问题，列入断路器例检项目，加强断路器接触器、继电器、行程触点整定、端子松紧度、热偶继电器等元器件试验及检查维护，并将此类易忽视的维护项目列入作业卡。

（3）加强预控措施及备品储备。提前采购该型号断路器的易损元器件，结合例检工作，根据现场元器件工况，必要时进行更换。

案例 2-22

220kV HGIS 断路器电机过电流超时报警缺陷分析及处理

一、缺陷概述

2018 年 1 月 23 日，某 500kV 变电站 220kV 244 断路器报 "244 断路器电机过流超时" 报警。检修人员分析为 88MB 接触器异常，现场处理时发现该间隔多个接触器和继电器存在卡涩，导致断路器出现部分报警功能缺失和控制回路断线等异常，经处理后设备恢复正常运行。

设备基本情况：220kV HGIS 断路器型号为 LWG9-252 型，出厂日期为 2008 年 6 月 24 日，投运日期为 2009 年 10 月 27 日。

二、诊断及处理过程

（一）诊断过程

检修人员抵达现场后，首先检查汇控柜内光字牌，B 相过电流超时灯亮，初步确定 244 断路器 B 相异常。在现场汇控柜复归约 90s 后，光字牌重新报警。打开开关 B 相机构箱，观察机构箱内元器件动作情况：按下复归后，88MB 接触器动作，延时继电器 48T 吸合，约 90s，49MX 动作，88MB 接触器失电，报电机过电流超时。

根据现象分析：

（1）244 断路器 B 相压力降低，油压开关启泵节点导通，电机控制回路导通，如图 2-22-1 所示，88MB 得电吸合。

（2）88MB 得电吸合后，正常情况下油泵电机动力应导通，如图 2-22-2 红色部分所示，但是电机不打压，回路中存在异常。

（3）90s 后 48T 动作，49MX 得电吸合，如图 2-22-3 所示。

（4）49MX 动作后辅助节点切换，图 2-22-1 中 88MB 失电；汇控柜灯亮，报过电流超时。

通过以上分析不难得出，电机控制回路、延时报警回路正常，电机动力回路可能存在问题：①电机回路电源异常；②88MB 接触器动合触点 "1-2" "3-4" 异常；③热偶继电器的 "L1-T1" "L2-T2" 断开；④电机整流器异常；⑤电机烧毁。

检修人员使用万用表对以上问题逐一检查，发现 88MB 接触器得电后动合触点 "1-2" 未导通，计划更换 88MB 接触器。

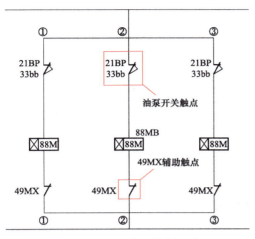

图 2-22-1 电机控制回路

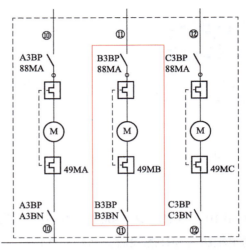

图 2-22-2 电机动力回路

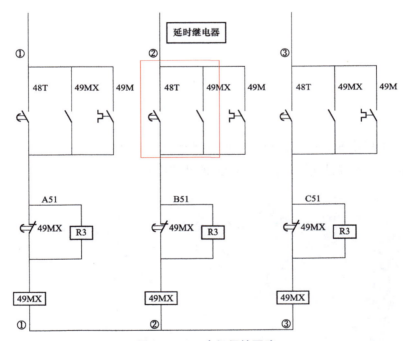

图 2-22-3 电机保护回路

（二）处理过程

检修人员更换 88MB 接触器和 49MB 继电器。同时检查 A、C 相 88M、48T、49M 外观无异常，功能正常。恢复接线检查无误后，对三相液压机构手动泄压后，电机能够正常重新打压无异常信号。

三、总结分析

总结本次 244 断路器的缺陷为接触器或继电器节点卡涩导致，因此在例检过程中应加强该型开关机构的继电器和接触器的检查，并加强开关机构箱的密封和防潮，避免二次元器件受潮锈蚀。

案例 2-23

220kV GIS 传动杆连接法兰螺栓断裂造成断路器无法分闸缺陷分析及处理

一、缺陷概述

2016 年 10 月 9 日，某 500kV 变电站 251 断路器 B 相无法分闸到位。检修人员更换本体绝缘拉杆与机构输出轴法兰连接螺栓后，断路器动作正常。

设备信息：220kV GIS 断路器型号为 300SR，出厂日期为 2012 年 5 月 7 日，投运日期为 2013 年 7 月 19 日。

二、诊断及处理过程

（一）诊断过程

检修人员检查 251 断路器 B 相机构箱，发现底部有三颗断裂螺栓，进一步拆解机构，该相本体绝缘拉杆与机构输出轴法兰连接已松脱，初步判断为该处螺栓断裂导致对接分离，如图 2-23-1 所示。

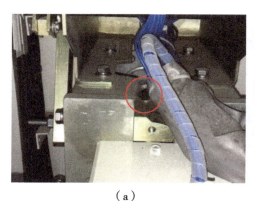 

（a）　　　　　　　　　　　　　　　（b）

图 2-23-1　251 断路器 B 相法兰盘螺栓松脱、断裂

（a）法兰盘螺栓松脱、断裂图 1；（b）法兰盘螺栓松脱、断裂图 2

（二）处理过程

检修人员处理过程如下：

（1）进行 251 断路器三相 SF_6 气体测试，数据正常，排除断路器气室放电可能。

（2）拆除 251 断路器 B 相机构箱顶盖，移动端子排。

（3）更换本体绝缘拉杆与机构输出轴法兰连接螺栓，该处螺栓由 M10×60 更换为 M10×75，并按标准力矩紧固螺栓，且做好紧固标记。

（4）依次回装 B 相机构。

（5）同样方法检查 A、C 相，发现 A 相固定螺栓 6 颗均已松动但未脱出，C 相正常，更换 A、C 相螺栓，并按标准力矩紧固螺栓，且做好标记，如图 2-23-2 和图 2-23-3 所示。

（6）分别检测 251 断路器三相回路电阻测试和机械特性测试，试验数据均合格。

图 2-23-2　A 相更换前

图 2-23-3　A 相更换后

三、总结分析

该缺陷为断路器本体绝缘拉杆与机构输出轴法兰连接螺栓松脱而引起拒动的故障，属于厂家设计缺陷，为防范该类缺陷的发生，建议采取以下措施：

（1）停电检查处理同型号断路器，本体绝缘拉杆与机构输出轴法兰连接螺栓由 M10×60 更换为 M10×75，并按标准力矩紧固螺栓，且做好标记。

（2）在验收环节认真把控断路器机构传动连接部位螺栓的尺寸和材质。

案例 2-24

220kV GIS 断路器合闸弹簧能量不足导致断路器半分合缺陷分析及处理

一、缺陷概述

2017 年 3 月 1 日，某 500kV 变电站 232 断路器转充电运行操作中 C 相合闸未到位，监控后台报

"弹簧未储能""控制回路断线""电机打压超时"告警，线路带电装置显示有电，遥测电流三相正常。检修人员紧固断路器棘轮螺栓和调整合闸弹簧后，断路器恢复正常。

设备信息：220kV GIS断路器型号为 ZFW20-252 型，出厂日期为 2013 年 6 月 1 日，投运日期为 2016 年 9 月 3 日。

二、诊断及处理过程

（一）诊断过程

检修人员检查 232 断路器机构，A、B 相机构正常，C 相机构存在异常，具体情况如下：

（1）断路器处在半分半合位置，凸轮与拐臂滚轮无间隙。

（2）断路器机构储能棘爪未带动储能盘转动，合闸弹簧储能未到位，且电机储能超时。

（3）固定断路器机构连杆与本体输出轴拐臂之间的两个 M8 定位螺栓松动，但定位片与轴销未脱出，如图 2-24-1 所示。

（4）主轴上固定棘轮的 M16 螺栓存在松动，如图 2-24-2 所示。

（5）检查断路器合闸回路、分闸回路和三相不一致回路均未导通。

图 2-24-1　定位螺栓松动　　　　　　　图 2-24-2　主轴上固定棘轮的螺栓松

（二）处理过程

232 断路器 C 相半分半合缺陷处理过程如下：

（1）调整合闸弹簧螺杆垂直后，用 160N·m 的力矩紧固涂有厌氧胶的棘轮螺栓。

（2）使用枕木推动拐臂直至机构合闸到位，如图 2-24-3 所示，断路器控制回路导通，电机储能正常。

（3）压缩合闸弹簧，如图 2-24-4 所示，但须确保压缩后的螺杆露出长度不大于 70mm，防止合闸弹簧并簧。

（4）检测 232 断路器本体气体、回路电阻、线圈阻值、低电压和机械特性。三相微水、纯度、回路电阻均合格，C 相分解产物超标，C 相分闸最低动作电压偏大，C 相合闸速度和分闸速度均偏低。

（5）压缩分闸弹簧使断路器分闸速度达到 8.0 ～ 8.8m/s，再压缩合闸弹簧使合闸速度满足

3.0 ～ 3.6m/s 的要求。

图 2-24-3　使用枕木敲击拐臂

图 2-24-4　压缩合闸弹簧

232 断路器 C 相气室分解产物超标处理过程如下：

（1）回收 232 断路器 C 相气室气体。

（2）充氮清洗后打开吸附剂盖板，发现内部有少量粉末，静弧触头、触指和动主触头有略微烧损，喷口、静触头、拉杆等其他部件无烧损和变形，如图 2-24-5 所示。

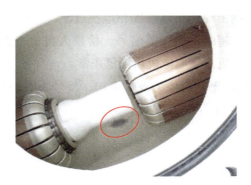

图 2-24-5　罐体表面附着少量粉末

（3）用吸尘器和蘸有酒精的无毛纸清洁罐体。

（4）清洁维护触头，修整清洁烧损部件，保证触头表面清洁光滑。

（5）更换密封圈和吸附剂。

（6）相邻气室降半压后对该断路器气室抽真空，注入合格六氟化硫气体。

（7）气体静置后检漏、测试、耐压试验。

三、总结分析

从以上检查处理情况分析，造成 232 断路器 C 相半分半合的原因如下：

（1）合闸弹簧压缩量不足，引起出力力值偏小，导致凸轮无法撞击拐臂到位。

（2）固定棘轮的螺栓松动，引起主轴水平偏移，导致储能拉杆倾斜，使得合闸储能弹簧与筒壁内侧严重摩擦，阻力明显增大，输出能量减小，造成凸轮难以撞开拐臂，合闸无法到位。

为防范该类缺陷的发生，建议采取以下措施：

（1）排查该型号断路器机构内储能部件和传动部件的螺栓及螺帽紧固情况。

（2）分、合闸弹簧使用前，应先用弹力测试仪测试和筛选弹簧，以免因弹簧本身质量不佳而导致弹力不足。

（3）验收时，应按规程测试断路器各项数据，检查各螺栓紧固情况。

（4）维护时，应重点检查机构内传动部件磨损情况，涂抹润滑脂。

案例 2-25

220kV HGIS 液簧机构储能电机损坏缺陷分析及处理

一、缺陷概述

2010 年 12 月 19 日，某 500kV 变电站 220kV 母线倒母操作过程中，合上 II－IV 母分 250 断路器的控制电源空气断路器后，后台相继出现"断路器 A 相电机过流、超时报警""断路器 B 相电机过流、超时报警""断路器 C 相电机过流、超时报警"等信号。检修人员检查发现，A 相储能电机内部匝间短路，造成液簧机构无法正常储能，更换储能电机后恢复正常。

设备信息：220kV HGIS 断路器操动机构为液簧机构，型号为 CYA3-II，出厂日期为 2006 年 5 月 31 日，投运日期为 2007 年 4 月 15 日。

二、诊断及处理过程

（一）诊断过程

缺陷发生时，设备状态如下：

（1）断路器控制电源空气断路器均合上。

（2）断路器储能回路热继电器未动作。

（3）断路器三相储能均未能储能完成。

（4）断路器储能电机电源处于断开状态。

报警信号如图 2-25-1 所示。

图 2-25-1　报警信号

复归 250 断路器"电机过流、过时"现场报警信号，间隔 60s 后，三相断路器再次出现"断路器电机过流、过时报警"，由于断路器电机电源处于断开状态，可以确定是断路器的过时报警动作。

将断路器储能电机电源合上后，再次复归"断路器电机过流、过时报警"信号，此时断路器的储能电机电源空气断路器直接跳闸，打压时间继电器三相均动作，再次间隔 60s 时间后，出现"断路器电机过流、过时报警"信号。

检查储能电机电源空气断路器正常，排除空气断路器损坏可能性，空气断路器额定电流为 10A，判断电机回路中有超过 10A 的大电流。储能电机回路如图 2-25-2 所示，当 88MA（B/C）接触器动作时，接触器上的延时头 48T 开始计时，电机回路虽然一直导通，但因储能电机电源空气断路器跳闸，导致断路器未储能，48T 达到整定时间后，其延时触点 67-68 闭合，49MX 时间继电器动作，切断 88MA（B/C）控制回路，使电机回路断开，同时 49MX 自保持并向后台发出"电机过流、过时"的报警信号。

电机回路短路，导致储能电源空气断路器直接跳闸，因此断路器电机回路的热继电器未动作。

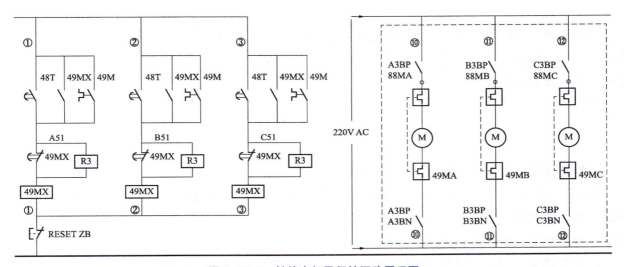

图 2-25-2　储能电机及保护回路原理图

查找电机回路短路部分，即图 2-25-2 中右半部分。检修人员采用分相排除法排除故障原因，先解开 A 相电机交流电源进线端，即图 2-25-3 中的交流电源线，再合上储能电机电源空气断路器，复归"电机过流、过时"的报警信号，此时储能电机电源空气断路器未跳闸，B、C 相断路器储能电机均开始运转，A 相储能时间继电器吸合，约间隔 60s 后，后台显示"断路器 A 相电机过流、过时"报警，时间继电器正确动作，确定为断路器 A 相储能回路中存在故障。

检查整流模块，当输入交流 220V 时，输出端测得直流 200V，整流模块正常，测量该直流电机的电阻为 8.2Ω，合格直流电机的电阻为 700～800Ω，分别测量直流电机对地绝缘电阻均合格，说明电机内部存在匝间短路的可能性。

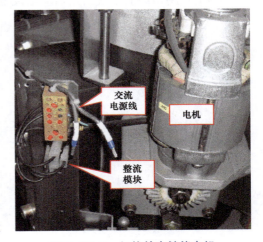

图 2-25-3　机构箱内储能电机

（二）处理过程

储能电机由 220V 直流电源控制，底部为内六角螺栓固定，拆除电机底部内六角螺栓，即可取下电机，将电机端部的齿轮拆除安装至新电机后固定新电机。

储能电机结构及端部齿轮如图 2-25-4 所示。

图 2-25-4　储能电机结构及端部齿轮

该储能电机采用直流电源，必须认真核实电源正负端。检查正确后，合上电机储能电源空气断路器，复归"断路器 A 相电机过流、过时"的报警信号后，断路器 A 相储能也恢复正常，多次手动释放能量，断路器均能正常储能。

三、总结分析

为防范该缺陷的发生，建议采取以下措施：

（1）该型号液簧机构断路器的储能回路应增设电机运转信号至监控后台，以便实时监控断路器的储能状况，监视储能电机启停状况，在断路器出现频繁打压、储能模块内泄或者弹簧释能情况下，监控人员能及时了解报警信息，做出应对措施。

（2）断路器合闸前，应确认断路器储能情况、空气断路器位置等基本状态，保证无异常情况下，方可操作断路器。

（3）断路器储能空气断路器应增设辅助触点，实现空气断路器位置信息报警。

案例 2-26

220kV GIS 弹簧机构断路器因储能机构卡涩无法储能缺陷分析及处理

一、缺陷概述

2020 年 2 月 25 日，在进行某 500kV 变电站 232 断路器 A 相低电压动作试验过程中，发现机构储能有异响，随即将储能空气断路器断开，检查机构，未发现异常，再次合上储能空气断路器，热偶继电器动作。通过排查是储能机构卡涩导致，更换棘爪轴后，缺陷消除。

设备信息：220kV GIS 断路器型号为 TA30 弹簧机构，投运日期为 2013 年 5 月，生产日期为 2012 年 6 月。

二、诊断及处理过程

（一）诊断过程

为查清故障来源，首先在储能过程的分析基础上，图 2-26-1 所示为电机储能过程。

（1）TA30 弹簧机构储能过程。图 2-26-1 所示状态为断路器处于合闸位置，合闸弹簧释放（分闸弹簧已储能）。断路器合闸操作后，与棘轮相连的凸轮板使储能限位开关闭合，储能继电器带电，接通电动机回路，使储能电机启动，通过一对锥齿轮传动至与一对棘爪相连的偏心轮上，偏心轮的转动使这一对棘爪交替蹬踏棘轮，使棘轮逆时针转动，棘轮与单向离合器相连（储能中间过程，能量由单向离合器保持）。带动合闸弹簧储能，合闸弹簧储能到位后由合闸弹簧储能保持掣子将其锁定。同时凸轮板使储能限位开关切断电动机回路。合闸弹簧储能过程结束。图 2-26-1 中转动部分棘爪轴连接伞齿轮，电机能量由该伞齿轮传递至棘爪；转动部分 a 的另一端连接单向离合器。

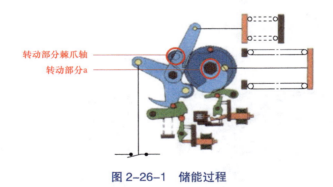

转动部分棘爪轴

转动部分 a

图 2-26-1　储能过程

（2）故障查找。

1）为排除电机故障，将故障相 A 相与正常相 C 相调换，A 相储能异响仍未消除，而正常相 C 相能正常储能，故排除电机故障。

2）为进一步明确故障点，采用手动储能（手动储能位置如图 2-26-2 所示），过程异常卡涩，储能过程发现棘爪传动轴的支架端保护盖帽脱落，该盖帽用于保护传动轴末端。检查传动轴支架末端，发现垫片有磨损痕迹，且在上部有长约 2cm 的金属丝。怀疑为滚针轴承内部挤压磨损的金属滚针保持架，可以判断棘爪轴承存在卡涩。卡涩的棘爪轴如图 2-26-2 所示（红色圈住的为伞齿轮，卡涩部位即为伞齿轮连接的棘爪轴；伞齿轮处也可进行手动储能），如图 2-26-3 所示（红色方框及为内部的棘爪轴）。

（二）处理过程

查找到故障点后，对棘爪轴拆除更换。下面阐述棘爪轴更换步骤及注意事项。

（1）棘爪轴拆除。棘爪轴的拆除按以下步骤进行：

1）合闸弹簧能量释放：在故障情况下，机构的合闸储能弹簧一般是处于半储能状态，若开关处于合闸状态，可以手动分闸将分闸弹簧能量释放；若开关处于分闸状态，分闸弹簧无能量。将专用工件，安装于合闸弹簧储能缸顶端，压紧上部储能顶盖，使储能弹簧进一步压缩，储能杆将不受力，结构如图 2-26-4 所示。可以手动摇晃传动杆来判断（储能杆在受力的情况下，与单向转盘连接牢固无晃动）并且两个棘爪均能与齿轮盘脱离而不受力。

2）拆除电机模块（由四个 M12 的螺栓固定）。

3）拆除传动拉杆以及辅助开关拉杆。拆除传动拉杆目的是为棘爪轴的拆除提供更多的操作空间。拆除拉杆前应对各螺栓做好定位标记，便于复装时核对，如图 2-26-5 所示。

图 2-26-2　机构侧面　　　　　图 2-26-3　机构正面

图 2-26-4　合闸弹簧储能筒和合闸弹簧能量释放　　　图 2-26-5　拆除传动拉杆

4）拆除棘爪轴支架端开口销及垫片。

5）拉紧棘爪受力弹簧，因棘爪固定于棘爪轴，目的是使棘爪轴不受弹簧的压力，便于抽出。可以采用硬铁丝钩住两个棘爪弹簧，另一端固定在机构箱上的方式，拉紧弹簧，如图 2-26-6 所示。

6）棘爪轴拆除：防止复装的时错装、漏装（尤其涉及轴承配合以及内部垫片），整个过程对拆除的各零部件做好记录并拍照。因空间狭窄、轴承本身卡涩、轴承自身带有开口键固定、轴承与轴配合紧密等原因，轴承的抽出为难点。可以采用喷涂除锈润滑液；在不断转动棘爪轴的同时敲击支架端；在支架端安装适当尺寸的螺杆螺母，螺杆螺母一端贴近相邻铸铝件，另一端压紧棘爪轴末端，靠旋转螺母，在丝杆的作用力下，纵向推动棘爪轴；在棘爪轴伞齿轮侧均匀撬动等方式，抽出棘爪轴。拆除棘爪轴过程中发现棘爪轴上两个滚针轴承均有损坏。靠电机伞齿轮侧的轴承外圈有裂纹；靠凸轮侧棘爪轴承末端支架处的轴承外圈、保持架及滚子挤压变形严重，有断裂现象，碎片有锈迹。拆除后棘爪轴如图2-26-7所示，红圈标注的为两处破损的轴承位置，破损细节分别如图2-26-8和图2-26-9所示。

靠近伞齿轮处轴承破损　　棘爪轴末端支架轴承破损

图 2-26-6　拉紧棘爪受力弹簧　　　　图 2-26-7　拆除的棘爪轴

图 2-26-8　伞齿轮处轴承　　　　图 2-26-9　轴承滚针、内外套破损

（2）棘爪轴安装。棘爪轴安装与拆除步骤相反，对棘爪轴、各垫圈、棘爪弹簧，传动杆以及电机复装。

安装前注意事项：①比对新旧零部件的尺寸和数量；②检查新部件各轴承转动是否灵活，各滚针是否有破损、保持架是否完整、齿轮及轴承表面是否有裂纹、垫圈是否有变形等；③对各转动部位均匀薄薄涂抹一层二硫化钼锂基脂，并保持作业环境的干净整洁，防止灰层等脏物粘附于各转动部位；④对机构内各轴承铸铝支架及各转动内壁进行打磨清洗，薄薄涂抹一层二硫化钼锂基脂。

安装中注意事项：①核对好各挡圈，垫片的位置和数量；②轴承与铸铝座配合较为紧密，应平整对位，对位后敲击时需发力匀称轻微，防止其跑偏，或受力过大损坏轴承；③有条件的环境尽量使用木槌或橡胶锤，避免损坏金属部件；④拉杆的复装需注意拆除时的标记，将各并帽和紧固螺帽复装到位，防止行程跑位；⑤电机的复装需注意齿轮间隙的配合，尽量使电机的伞齿轮与棘爪轴的伞齿轮斜坡面咬合在一个平面。

安装后注意事项：在电动前，先进行手动储能，确保各部件配合无异常卡涩，手动在伞齿轮处用力矩储能约180°为一个回合（棘爪轴与两个棘爪为凸轮连接，伞齿轮顺时针与逆时针旋转均可储能），在0°～145°储能比较吃力且有回弹的力道，145°～180°伞齿轮会急速带动力矩；正常情况，合闸弹簧储能时间在13s左右，该时间也可作为离合器以及棘爪轴是否卡涩的一个参考。

三、总结分析

本次缺陷可能是靠凸轮的棘爪轴末端支架轴承安装不当、润滑不良、轴承污染或者材质问题等因素导致轴承严重损坏，在储能过程靠电机伞齿轮侧轴承受力不均产生裂纹，整根棘爪轴被轴承的碎片及断裂的滚子卡住，最终导致储能失败。

针对此次发生的棘爪轴卡涩的情况，做好备品储备，有条件的情况还可以加工储能弹簧释压工件进行备用；加强对该机构的结构了解、运行维护的知识，加强机构箱的维护，防止粉尘进入轴承；在后续新出厂的设备应加强厂内监造。

案例 2-27

220kV GIS 断路器弹簧机构合闸不到位导致拒分原因分析及处理

一、缺陷概述

2014 年 9 月 18 日，某 500kV 变电站 220kV GIS 断路器无法分闸操作。检修人员检查是由于 B 相断路器灭弧室拉杆外露尺寸超标，分、合闸弹簧操作功不匹配，造成断路器合闸未到位，从而导致断路器拒分。经更换整个机构，设备恢复正常。

设备信息：220kV GIS 断路器型号为 LW24-252。

二、诊断及处理过程

检修人员检查断路器操动机构外观，未发现异常状况。接着对开关进行机构间隙尺寸检查等，检查情况见表 2-27-1。

表 2-27-1　　　　　　　　　机构更换前的检查记录

断路器机构间隙尺寸（更换前）

检查部位	检查内容	技术要求	现场测量数据		
合闸线圈	电磁铁行程 C（mm）	5.0 ~ 5.5	A：5.3	B：5.3	C：5.3
	脱扣间隙 D（mm）	2.0 ~ 2.5	A：2.1	B：2.1	C：2.1
	触发器与防跳杆间隙 E（mm）	1.0 ~ 2.0	A：1.5	B：1.5	C：1.5
分闸线圈	电磁铁行程 F（mm）	3.3 ~ 4.2	A：3.8	B：3.8	C：3.8
	$F-C$（mm）	1.5 ~ 2.4	A：2.05	B：2.0	C：2.0
凸轮	凸轮间隙（mm）	1.4 ± 0.3	A：1.8	B：1.75	C：1.4

现场检查发现 A、B、C 相机构凸轮与拐臂滚轮间隙超出标准，检修人员分析认为分、合闸弹簧尺寸调整不当使得合闸操作功降低，导致断路器合闸不到位。检修人员更换了开关三相的弹簧机构，更换后的弹簧机构机械特性试验合格，消除缺陷。

三、总结分析

该型号 GIS 断路器在合闸过程中，为保证机构的运动，合闸弹簧释放的功与克服所有阻力所做的功的差值必须大于零。当主触头刚接触时，虽然此时本体具有最大的阻力，但机构及本体此时具有很高的速度（动能），剩余功仍然较大。当输出拐臂行程为 230mm 时，因缓冲器的缓冲作用，此时的剩余功最小。若合闸弹簧压缩量小或与分闸弹簧不匹配，此位置的剩余功会较小，此时弹簧机构的裕度也较小，可能会出现开关合闸操作过程由于阻力的偶然增大，出现合闸不到位的情况。综上分析，可判断为分、合闸弹簧操作功不匹配调节不当造成合闸未到位，从而导致断路器拒分。

案例 2-28

220kV HGIS 时间继电器故障导致电机无法打压缺陷分析及处理

一、缺陷概述

2015 年 2 月 9 日，某 500kV 变电站 244 断路器停电操作时出现 A、B、C 相电机过电流超时报警，且无法手动复归信号，A、B 相储能未到位。检修人员润滑 49MX 保护继电器、更换时间继电器后，断路器恢复正常。

设备信息：244 断路器间隔 HGIS 设备断路器型号为 LWG9-252，操动机构为 CYA3-Ⅱ型液簧机构，出厂日期为 2008 年 6 月，投运日期为 2008 年 10 月。

二、诊断及处理过程

检修人员在 244 断路器转冷备用的情况下，断开 244 断路器控制电源、电机电源，查看 244 断路器汇控柜故障屏上 A、B、C 三相电机过电流过时报警信号，对其复位仍无法消除，初步判断是 244 断路器机构箱内信号继电器卡涩造成信号发出。检修人员检查机构箱过程如下：

（1）检查机构箱内二次元器件，发现 C 相继电器 49MX 卡涩未复位，随后手动复位该继电器，同时点喷 WD-40 润滑，后台信号消失。机构箱内部结构及元器件如图 2-28-1～图 2-28-4 所示。

（2）A、B 相机构箱内各继电器复位，但储能未到位。

（3）逐一排查 A、B 相电机主回路及其控制回路，回路图如图 2-28-5、图 2-28-6 所示。首先检查电机主回路，三相热继电器 49M 未动作，触点通断正常，打压继电器 88M 各触点通断正常，手动吸合时打压触点 1-2、3-4 正常闭合；接着检查电机控制回路，液压微动开关触点 33hb 闭合未断开，继电器 49MX 的触点 31-32 正常闭合；电机保护回路中各继电器复位且触点通断正常。

图 2-28-1　打开机构箱后门

图 2-28-2　断路器机构结构

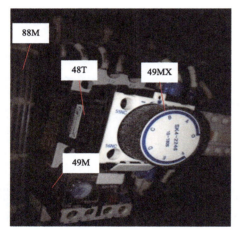

图 2-28-3　机构箱内元器件

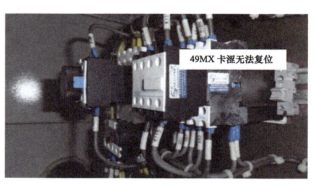

图 2-28-4　C 相继电器 49MX 卡涩未复位

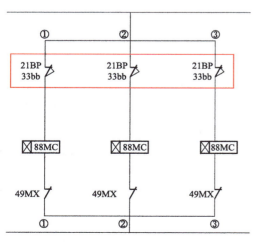

图 2-28-5　电动机控制回路

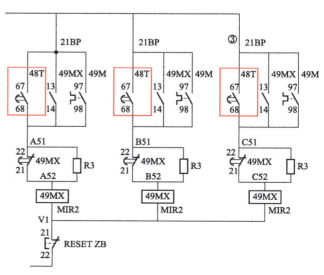

图 2-28-6　电动机保护回路

（4）合上控制电源，发现 A、B 相打压接触器未吸合，继电器 49MX 吸合，并发出过电流超时信号，查看保护回路图，热继电器或延时继电器动作均会使 49MX 吸合。

（5）进一步排查 49MX 吸合的原因，断开控制电源后检查三相热继电器，触点 97-98 断开，正常；检查时间继电器，手动吸合继电器，发现其触点 67-68 瞬间接通，未有延时效果。判断出现该缺陷原因为时间继电器在控制电源送上后立即动作，触点 67-68 导通，使继电器 49MX 动作，切断打压回路，导致无法打压。

（6）更换三相时间继电器，断路器打压正常。

该型号断路器电机保护回路使用的时间继电器为 SK4-224d 型气囊式时间继电器，作为辅助继电器安装在打压接触器 88M 上，当打压接触器动作时，其延时触点在达到整定时间后动作，起到保护电机作用。当断路器停电操作时，机构振动，导致时间继电器失灵，未到达整定值即动作，切断储能回路，造成 A、B 相储能未到位，而 C 相继电器 49MX 因动作后卡涩无法复位，造成过电流超时信号无法复归。

为防止此类缺陷发生，对 Sk4-224d 型号时间继电器排查，该站共 16 组 48 个继电器，发现这些继电器的时间整定无固定标准，在 60 ～ 180s 范围，甚至存在设置在空白位置的情况。如 24B 的设置三相存在明显差异，如图 2-28-7 所示。

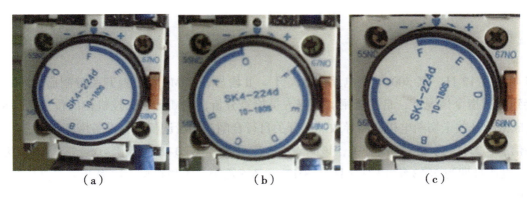

图 2-28-7　24B 断路器储能时间继电器的设置

（a）24B A 相 180s；（b）24B B 相空白；（c）24B A 相 170s

检修人员对排查存在问题的时间继电器进行了整治，更换已损坏的继电器，调整试验所有继电器整定值在合格范围内。

在整治过程中发现原型号（Sk4-224d）继电器有以下缺点，存在严重安全隐患：

（1）整定值为非线性，需要人为测定才能明确整定时间，运行中根本无法确定具体值。

（2）重复性差，整定值波动较大，个别继电器在同一位置的反应值偏差多达 50s。

（3）稳定性差，采用旋钮式，该站的 220kV HGIS 储能时间继电器安装在断路器机构箱内部，在断路器分合操作时，容易因机构振动引起储能时间继电器旋钮偏移，造成整定值偏差。

（4）可靠性差，该变电站拆下来的继电器，未调整调整情况下，试验 300s，继电器未动作，试验 5 个均是如此，另一个站同理试验 300s，试验 4 个，也均未动作。在调整定值后又能动作，说明 Sk4-224d 继电器经过一定运行时间后动作可靠性变低，甚至不会动作。

（5）故障率高，在检查的 Sk4-224d 型号储能时间继电器中，该站 48 个中高达 27 个损坏，故障率高达 56.25%；另一个站 12 个中 5 个损坏，故障率为 41.67%。

三、总结分析

储能时间继电器的作用是判断电机运转过长而切断电机回路，其时间设置应大于零起打压时间并留有一定裕度。它虽是一个不起眼的小元件，但对断路器储能回路起到保护、报警作用，其动作及运行可靠性，直接影响断路器储能功能，尤其是对液簧、液压机构储能回路，时间继电器的动作值需综合考虑，保证既不影响断路器正常情况下的储能功能，也能保护断路器储能回路，对储能超时等异常情况及时报警，及时发现液压系统故障，保证设备可靠安全运行。

案例 2-29

220kV GIS 位置闭锁板无法复位导致隔离开关自行合闸缺陷分析及处理

一、缺陷概述

2015 年 6 月 12 日，某 500kV 变电站 220kV Ⅰ – Ⅱ段母联 23M6 乙接地开关分闸后，23M2 隔离开关在未接到合闸指令情况下，自行合闸。检修人员检查分析，判断为三工位机构内位置闭锁板卡涩无法复位造成微动开关未切断电机回路导致隔离开关自行合闸，润滑调整后，设备恢复正常。

设备信息：23M2 为 GIS 隔离开关，该间隔 GIS 型号为 ZFW20–252（L）–DS，出厂日期为 2013 年 6 月 1 日，投产日期为 2013 年 12 月 7 日，23M2、23M6 乙为三工位机构，隔离开关与接地开关共用一个操动机构。

二、诊断及处理过程

检修人员检查机构及控制回路，未发现异常状况，后将隔离开关分闸，合上接地开关，再分开接地开关，未再出现隔离开关自行合闸现象。因异常现象消失，具体原因无法查明，初步判断可能为行程开关在接地开关分闸到位后，未切断电机电源，导致三工位机构电机未失电，继续运转，合上隔离开关。

检修人员拆除机构箱盖板及侧面手摇孔盖板，如图 2-29-1 所示，检查发现位置闭锁板上存在锈迹，复位弹簧及闭锁板间隙未涂抹润滑脂；机构内部存在受潮痕迹，闭锁板顶杆附着白色霉点，如图 2-29-2 所示，进一步检查长投加热器工作正常。

三工位机构是隔离开关与接地开关共用一个操动机构，可实现接地开关合闸、隔离开关分闸；接地开关分闸、隔离开关分闸；接地开关分闸、隔离开关合闸共三种工作位置。

其原理为通过控制电机转动，带动连杆转动，传递到 GIS 内部的一根垂直导体，电机的正反转将转换成垂直导体的上下运动。当垂直导体运动到最下方时，导体与接地触头连接，实现接地开关合闸、隔离开关分闸；当垂直导体开始向上运动一定距离时，导体与接地触头脱离，此时为接地开关分闸、隔离开关分闸状态；当垂直导体继续向上运动一定距离时，导体与上方隔离开关静触头接触后，即实现接地开关分闸、隔离开关合闸。

图 2-29-1　侧面机构整体图

图 2-29-2　元件细节图

该三工位机构控制原理如图 2-29-3 所示。

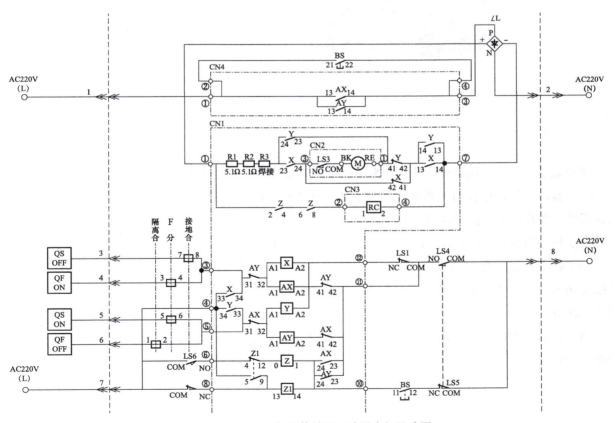

图 2-29-3　三工位机构控制回路及电机回路图

正常情况下，接地开关分闸到位后，位置闭锁板在复位弹簧作用力下，复位卡住转盘，并切断电机回路行程开关 LS1，电机停止转动，并保持在接地开关分闸、隔离开关分闸的状态，如图 2-29-4 所示。但由于该位置闭锁板受潮生锈，且间隙未涂抹润滑剂，导致在接地开关操作到位后，位置闭锁板无法正确复位，如图 2-29-5 所示，未能卡住转盘并切断电机回路，电机继续得电转动，带动隔离开关合闸，在隔离开关到位后，闭锁板复位起作用，切断回路并卡住转盘，设备又恢复正常。

检修人员使用 WD-40 润滑剂对闭锁板间隙除锈润滑，并调整间隙，保证位置闭锁板在转动中不出现卡涩问题。

随后，多次试分合试验该接地开关，均未再出现接地开关分闸，隔离开关自行合闸的现象。

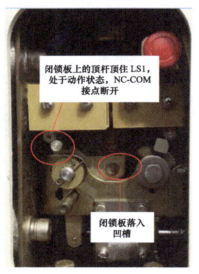 

图 2-29-4　正常情况　　　　图 2-29-5　异常情况模拟图

三、总结分析

该缺陷是三工位机构的典型缺陷，为防范该类缺陷的发生，建议采取以下措施：

（1）验收、年检中需打开侧面手摇孔盖板，检查位置闭锁板间隙大小，复位弹簧弹性好坏，并对闭锁板等元器件间隙涂抹润滑剂。

（2）检查机构箱密封情况，防雨罩安装情况，防止进水受潮。

（3）检查长投加热器的工作情况，防止因加热器损坏，导致机构内部受潮，损坏元器件，该机构长投加热器功率为 15W，平常可在汇控柜内通过测量电压、电阻来判断加热器工作情况，正常阻值应约为 3.2kΩ。

（4）检修试验时，禁止断路器合位，进行接地开关分闸操作，尤其是母联、母分等两侧均是三工位机构的间隔。

案例 2-30

220kV GIS 断路器储能轴离合器故障导致凸轮与内拐臂撞击缺陷分析及处理

一、缺陷概述

2015 年 8 月 13 日，某 500kV 变电站 220kV 255 断路器间隔首检期间，检修人员发现 C 相机构箱内拐臂附件存在撞击痕迹，A、B 相均正常。经检修人员更换储能轴离合器，设备恢复正常。

设备信息：255 断路器型号为 ZFW20-252 型，出厂日期为 2013 年 6 月 1 日，投运日期为 2013 年 12 月 7 日。

二、诊断及处理过程

（一）诊断过程

检修人员目测拐臂附件的撞痕左侧深度 1～2mm，右侧深度 3～4mm，具体如图 2-30-1 和图 2-30-2 所示。

进一步检查断路器机构，发现 C 相机构凸轮与内拐臂间隙明显偏小，约 1～2mm，存在撞击痕迹，而 A、B 相间隙约 8～10mm，且无撞击痕迹，间隙对比如图 2-30-3 和图 2-30-4 所示，初步判断为储能轴离合器故障，导致凸轮与内拐臂间隙变小。

（二）处理过程

检修人员更换 255 断路器 C 相储能轴离合器过程如下：

（1）断开断路器控制电源及储能电机电源，合分断路器释放储能弹簧能量。

（2）在合闸弹簧筒上方安装防误动工装，并插上防合闸插销，如图 2-30-5 所示。

（3）依次拆除储能电机行程开关、分合位置辅助开关拉杆、断路器主拐臂固定销、离合器固定螺栓及平面轴承，如图 2-30-6～图 2-30-8 所示。

图 2-30-1　255 断路器机构箱

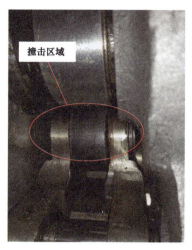

图 2-30-2　拐臂附件撞击部位

图 2-30-3　正常凸轮与内拐臂距离

图 2-30-4　C 相凸轮与内拐臂距离

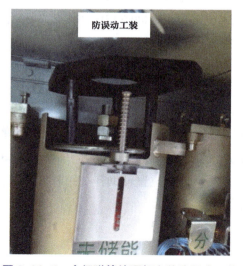

图 2-30-5　合闸弹簧筒顶部安装防误动工装

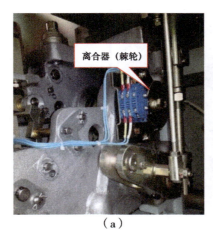 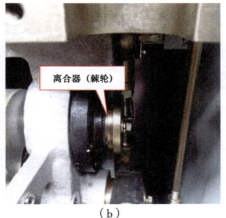

（a）　　　　　　　　　　　　　　　　　（b）

图 2-30-6　离合器及储能轴位置

（a）离合器及储能轴位置 1；（b）离合器及储能轴位置 2

图 2-30-7　离合器　　　　　　　　　　图 2-30-8　储能轴

（4）更换离合器后，依次回装各部件，并按标准力矩紧固。

（5）检查凸轮与内拐臂间隙，断路器电气试验结果均正常。

三、总结分析

该型号断路器合闸未储能时，储能轴离合器故障造成储能凸轮与内拐臂间隙偏小的原因如下：

（1）若储能轴相连接的离合器单向转动阻力过大，将导致断路器合闸时储能凸轮行程不足，使得内拐臂与储能凸轮间隙偏小。

（2）若储能轴相连接的离合器单向转动失效，在断路器合闸过程中发生反向位移，将导致储能凸轮发生小幅度反向转动，造成与内拐臂间隙过小。

为防范该类缺陷的发生，建议采取以下措施：

（1）加强管控该型号断路器机构箱内部关键传动部件的材质和加工工艺。

（2）验收年检时，在断路器合闸未储能情况下，注意检查凸轮与内拐臂间隙，以及是否存在撞击痕迹，若间隙过小发生碰撞，应及时进行处理。

案例 2-31

220kV GIS 丝杆滑块导向杆断裂导致隔离开关拒动缺陷分析及处理

一、缺陷概述

2016 年 8 月 25 日，某 500kV 变电站在 220kV Ⅳ 段母线由检修转运行操作过程中 220kV Ⅲ / Ⅳ 母联 22M1 隔离开关无法合闸。检修人员检查发现 22M1 隔离开关丝杆滑块导向杆断裂导致机构卡死，更换 22M1 隔离开关机构箱后隔离开关恢复正常。

设备信息：22M1 隔离开关型号为 SSDES01 型 GIS 三工位隔离接地开关，机构箱型号为 SSCJ30，出厂编号为 F13041DES39，生产日期为 2014 年 4 月 1 日，投运日期为 2014 年 9 月 29 日。

二、诊断及处理过程

2016 年 8 月 25 日，检修人员检查 22M1 隔离开关机构箱内操动机构和二次元器件，发现 22M1 隔离开关电机烧毁，内侧的丝杆滑块导向杆断裂，如图 2-31-1 ～图 2-31-3 所示。

图 2-31-1　22M1 机构整体

图 2-31-2　22M1 隔离开关烧毁的电机

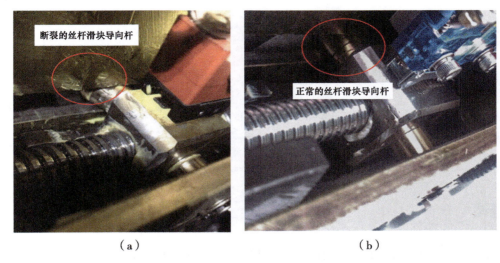

图 2-31-3　隔离开关丝杆滑块导向杆

（a）断裂的丝杆滑块导向杆；（b）正常的丝杆滑块导向杆

丝杆滑块导向杆起到丝杆滑块导向作用，同时通过传动连杆和伞齿驱动辅助开关、位置指示器。滑块断裂将影响辅助开关的切换、隔离开关的位置信号指示及五防闭锁、位置指示器的动作。

2016 年 8 月 27 日，检修人员更换 22M1 隔离开关丝杆滑块导向杆后，试分合 22M1 隔离开关正常，后台信号正确，缺陷消除。

三、总结分析

2016 年 8 月 23～25 日，220kV Ⅲ／Ⅳ母联 22M 开关在停电、试验、遥控过程中多次试分合。检修人员怀疑 22M6 甲接地开关操动机构频繁振动，导致故障的 22M6 甲接地隔离开关丝杆滑块产生位移，卡住 22M1 隔离开关操动机构传动部件，导致 22M1 隔离开关无法合闸，丝杆滑块导向杆产生断裂，22M1 隔离开关电机烧毁。

为防范该类缺陷的发生，建议采取以下措施：

（1）加强隔离开关电气控制回路的设计、审核工作，健全电气控制回路的功能，操动机构电机应有完善可靠的电机保护装置，在机构卡死情况下能够及时切断电机电源。

（2）在进行隔离、接地开关操作后应确认其实际位置，若发现异常，应查明原因后再进行操作。对于 GIS 难以直接确认隔离、接地开关是否到位的情况，应通过机构箱内部传动部件位置来确认是否到位。

案例 2-32

220kV GIS 隔离开关因机构齿轮老化无法动作缺陷分析及处理

一、缺陷概述

2020 年 9 月 17 ～ 19 日，调试人员在进行 220kV GIS 26C1 隔离开关及 26C 丙接地开关调试时，发现两把隔离开关皆无法进行电动分合，手动分合也存在明显卡涩。现场更换机构后，缺陷恢复。

设备信息：26C1 型号为 ZFW20-252（L）-DS，26C 丙型号为 ZFW20-252（L）-ES，投运日期为 2020 年 10 月 28 日。

二、诊断及处理过程

现场对两个隔离开关机构箱拆除后进行开箱检查发现，26C1 隔离开关分合闸限位挡板开裂，26C 丙接地开关机构传动齿轮开裂，且电路板电阻烧毁破碎，如图 2-32-1 ～图 2-32-4 所示。

图 2-32-1 限位挡板裂痕

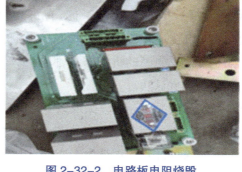

图 2-32-2 电路板电阻烧毁

图 2-32-3 限位挡板开裂

图 2-32-4 齿轮破裂

通过现场检查发现：26C1 合闸微动开关接触不良，故造成电机未及时切断，合闸过位置导致转动轴继续对限位挡板施加机械压力，造成破裂。

26C 丙接地开关微动开关功能正常，分析判断是由于机构齿轮老化，分合闸时脱落，齿轮与电动机齿轮无法正常咬合，造成电机长时间处于励磁工作状态，电路板烧毁。

更换备品备件后的机械特性，回路电阻试验均合格，缺陷消除。

三、总结分析

（1）检修人员在验收过程中，应加强对隔离开关、开关机构内部二次元器件的检查，继电器动作正常，检查元器件确实有 3C 认证。同时应检查机构内限位开关功能正常，机械限位强度可靠。

（2）该厂家的 220kV GIS 隔离开关齿轮箱曾出现多次故障，多是由于设计存在缺漏导致隔离开关齿轮箱存在密封结构上的缺陷。例行检查工作应对齿轮箱内轴承进行润滑处理，检查密封性能，做好胶封工作。

案例 2-33

220kV GIS 隔离开关齿轮箱锈蚀导致无法分闸缺陷分析及处理

一、缺陷概述

2016 年 6 月 15 日，某 500kV 变电站 2351 隔离开关电动操作时，电机启动后立即停止，隔离开关机械指示位置在合位，后台指示也在合位，无法手动操作。检修人员更换机构箱内电路板、润滑齿轮箱后，隔离开关工作正常。

设备信息：2351 隔离开关型号为 ZFW20-252（L）-DS，出厂编号为 201208，出厂日期为 2012 年 9 月 1 日，投运日期为 2013 年 2 月 8 日。

二、诊断及处理过程

（一）诊断过程

检修人员检查过程如下：

（1）检测 2351 隔离开关气室 SF_6 气体纯度及分解物含量均合格，试验数据合格如表 2-33-1 所示，气室内部无放电。

表 2-33-1　　　　　　　　　　　　　　　　　气室气体测试数据

气室名称	SF₆ 气体纯度（体积占比 %）	微水（μL/L）	H₂S（μL/L）	SO₂（μL/L）
220kV 2351 隔离开关气室	99.8	70	0	0

（2）检查发现机构箱内电路板上电机保护电阻 R1 熔断。

（3）手动试分合隔离开关，操作费劲，判断 2351 隔离开关机构存在卡涩。

（4）解除相间连杆，分别手动操作三相，A 相灵活，B、C 相费劲。

（5）检查 B、C 相隔离开关齿轮箱，两相齿轮箱均积水严重，两个传动伞齿轮均锈蚀严重。现场检查情况如图 2-33-1～图 2-33-4 所示。

图 2-33-1　机构箱内部图

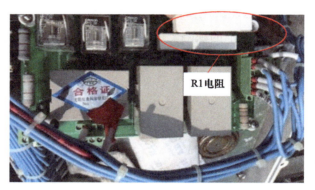

图 2-33-2　电路板及 R1 电阻

图 2-33-3　连杆结构

图 2-33-4　齿轮机构箱锈蚀积水

（二）处理过程

检修人员处理过程如下：

（1）更换机构箱内电路板上电阻 R1，隔离开关电机回路测试正常。

（2）清洁隔离开关齿轮箱，除锈润滑伞齿轮，刷涂防锈油。

（3）手动、电动试分合隔离开关，动作正常。

（4）涂抹密封胶防水，加装防雨罩，如图 2-33-5 所示。

图 2-33-5　防雨罩加装

三、总结分析

2351 隔离开关齿轮箱密封不严导致伞齿轮严重锈蚀卡涩，是造成隔离开关无法分闸的主要原因，而隔离开关动作卡涩引起电机保护电阻 R1 烧毁，导致隔离开关无法电动操作。

为防范此类缺陷的发生，建议采取以下措施：

（1）排查该型号隔离开关，重点检查传动齿轮箱内部进水、锈蚀情况。

（2）润滑处理该型号隔离开关传动齿轮箱，涂抹密封胶防水，并加装防雨罩。

案例 2-34

220kV HGIS 接地开关接触器、电机损坏导致无法电动操作缺陷分析及处理

一、缺陷概述

2017 年 5 月 9 日，某 500kV 变电站 2566 甲接地开关分闸操作过程中三相位置不一致，其中 A、B 相在合位，C 相在分位。检修人员再次合闸操作 2566 甲接地开关，A、B 相未动作，C 相先由分闸位置运动至合闸位置，但是一到合闸位置后立刻运动至分闸位置，接着分闸操作三相，A、B、C 三相均未动作。检修人员更换接触器和电机后，隔离开关动作正常。

设备信息：2566 甲接地开关型号为 JWG2-252（Ⅱ），出厂编号为 122，出厂日期为 2005 年 11 月 1 日，投运日期为 2006 年 11 月 23 日。

二、诊断及处理过程

检修人员测量 C 相分闸接触器，发现接触器上用于自保持的动合触点 5L3—6T2 上端、下端电压一致，如图 2-34-1 所示，确认该触点粘合，因此，C 相合闸操作后，自保持回路导通导致合闸后立刻分

闸。检修人员更换 C 相分闸接触器后，C 相恢复正常。

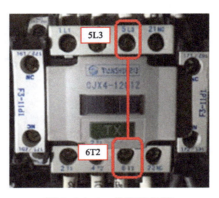

图 2-34-1　分闸接触器

　　B 相在分闸操作过程中，其分闸接触器 TX 始终未吸合，初步判断为继电器线圈损坏。用万用表测量 B 相分闸接触器 TX 的线圈，阻值无穷大，而合格线圈电阻为 5.4kΩ，确认为该线圈损坏。检修人员更换分闸接触器 TX 后，B 相恢复正常。

　　2566 甲接地开关控制回路图如图 2-34-2 所示。A 相在分闸操作过程中，其分闸接触器 TX 一直保持吸合，但电机未启动。检修人员进一步检查电机回路，该电机有 3 对 6 根引出线，其中 BP3—D1 和 D4—D5 为定子励磁线圈，D2—D3 为转子励磁线圈，分别测量三对端子，其中 BP3—D1 电阻测量结果为 6.5Ω，D4—D5 电阻测量结果为 6.6Ω，均为正常值，而转子线圈电阻 D2—D3 为无穷大，而合格电机电阻约为 12Ω，确认为 A 相电机损坏。检修人员更换电机后，A 相恢复正常。

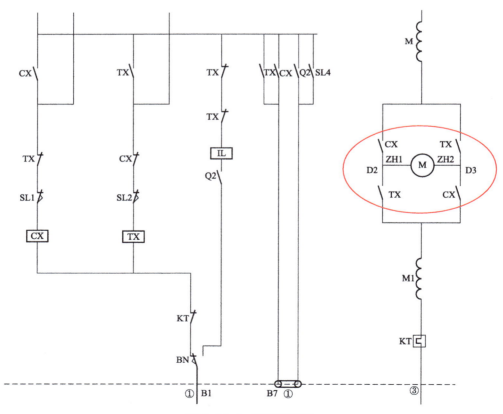

图 2-34-2　控制回路图

三、总结分析

该变电站 220kV HGIS 中隔离开关设备使用的分合闸接触器质量较差，且设备投运时间较长，多数分合闸接触器使用寿命已经到期。因此，需密切关注该批次接触器和电机，结合停电更换，防止频繁出现该类缺陷。

倒闸操作过程中，隔离开关动作异常较为常见，运维人员在操作过程中应密切关注隔离开关电机状态，异常情况应立即断开控制回路空气断路器，防止故障扩大。检修人员在例行检修中应加强对电机、接触器等元器件的检查维护，确保设备正常。

案例 2-35

220kV GIS 隔离开关微动开关接点粘连无法分闸缺陷分析及处理

一、缺陷概述

11 月 8 日，运行在进行某 500kV 变电站 2361 隔离开关分闸顺控操作时，发现 2361 隔离开关无法正常分闸，检修人员陪同运行人员一同至现场检查，发现现场分闸线圈未吸合，经检查发现是二次回路中微动开关损坏，更换后可以正常动作。

设备信息：型号为 ZFW20-252（L）-DS，投运日期为 2018 年 2 月 7 日。靠近 I 段母线的两工位隔离开关。

二、诊断及处理过程

检修人员首先分析了隔离开关的二次回路，其中二次元件的名称及功能如表 2-35-1 所示。

表 2-35-1   隔离开关二次元件名称功能表

元件符号	名称	功能
AX	辅助继电器	在隔离开关前次合闸后失电
AY	辅助继电器	在隔离开关前次分闸后失电
LS1，LS2	微动开关	受 RC 线圈，闭锁板控制
LS3，LS4，LS5	微动开关	手动操作时动作
LS6	微动开关	受电机回路控制
X	接触器	合闸线圈
Y	接触器	分闸线圈

（1）分闸信号 OFF 接通后：AC 220V（L）→ OFF → 6 →隔离合→节点⑤→ AX:31-32 → AY:A1-

A2 → AX:41–42 → LS4:NO–COM → 8 → AC 220V（N），AY 得电，如图 2–35–1 所示。

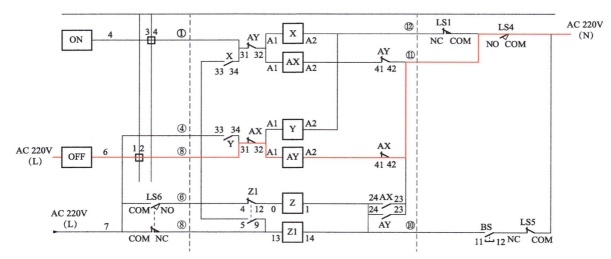

图 2–35–1 控制回路图 1

（2）AC 220V（L）→ 7 → LS6：COM–NO → 节点⑥→ Z1：4–12 → Z:0–1 → AY:24–23 → 节点⑪ → LS4:NO–COM → 8 → AC 220V（N），Z 得电，如图 2–35–2 所示。

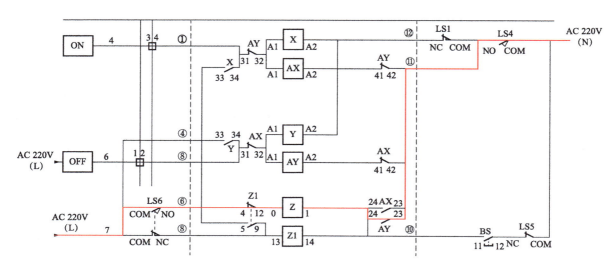

图 2–35–2 控制回路图 2

（3）AC 220V（L）→ 1 → 节点①→ AY:13–14 → 节点③→ ZL:P–N → 2 → AC 220V（N），整流模块 ZL 得电，如图 2–35–3 所示。

（4）ZL:+ → 节点①→ Z：2–4 → Z：6–8 → 节点②→ RC 模块→④→节点⑦→ ZL:–，RC 模块得电，微动开关 LS1 动作，如图 2–35–4 所示。

（5）OFF → 6 →隔离开关合→节点⑤→ AX：31–32 → Y:A1–A2 →节点⑫→ LS1：NC–COM → LS4：NO–COM → 8 → AC 220V（N），Y 得电，如图 2–35–5 所示。

（6）AC 220V（L）→ 7 →节点④→ Y：34–33 → AX：31–32 → Y:A1–A2：→节点⑫→ LS1：NC–COM → LS4：NO–COM → 8 → AC 220V（N），Y 自保持回路，如图 2–35–6 所示。

（7）ZL:+ → 节点①→ R1 → R2 → R3 → Y:24–23 → 节点①→ 电机 M → LS3：NO–COM →节点③→ X:42–41 → Y:14–13 →节点⑦→ ZL:–，如图 2–35–7 所示。电机运转，微动开关 LS6 动作，Z 失

电，RC 失电。当隔离开关转至分闸位置时，闭锁板复位，LS1 恢复原状态，Y 失电，电机停转，隔离开关处于分闸位置。

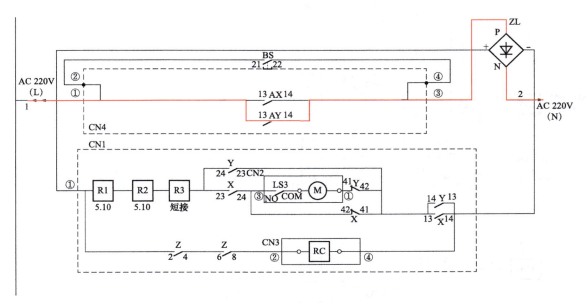

图 2-35-3　整流模块及电极回路 1

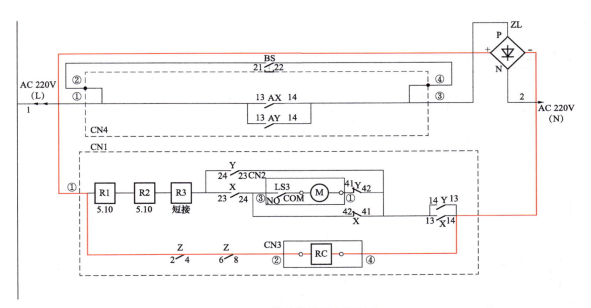

图 2-35-4　整流模块及电极回路 2

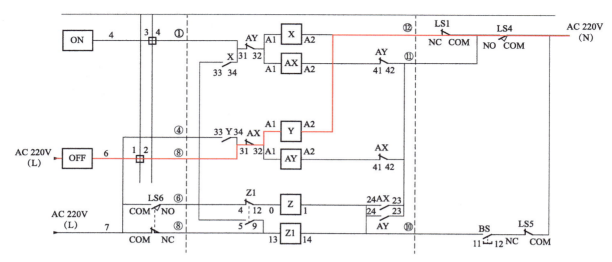

图 2-35-5 控制回路图 3

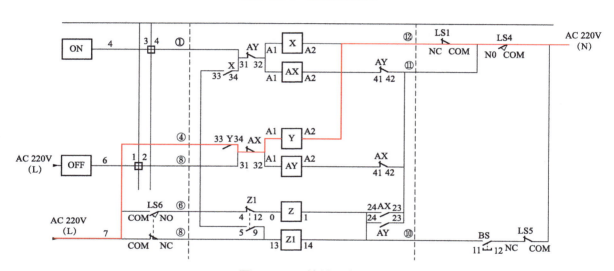

图 2-35-6 控制回路图 4

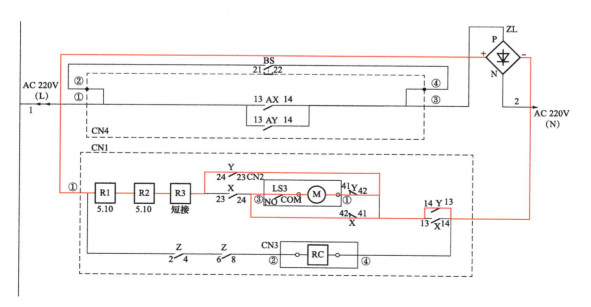

图 2-35-7 整流模块及电极回路 3

检查发现 LS4：NO-COM 不通，节点粘合，导致图 2-35-1 回路不通，AY 无法得电，现场将黏连连的微动开关取下清扫后，LS4：NO-COM 恢复为动断触点。

该机构极其紧凑，拆除前必须确认机构内所有电源均已断开，包括控制电源、动力电源、信号电源以及加热器电源。

三、总结分析

（1）该类型隔离开关微动开关较多且易黏连，建议提前准备备品，在该隔离开关机构箱开盖后，注意做好密封措施。

（2）如果是由于齿轮箱密封不严引起的隔离开关无法分合闸，线圈长时间吸合容易烧毁，建议提前准备备品分合闸线圈和电路板。

（3）在进行该类型隔离开关年检时，应开盖检查齿轮箱锈蚀情况、微动开关动作是否正常、RC 线圈、分合闸线圈。

案例 2-36

220kV HGIS 带电显示装置故障导致线路接地开关无法分合缺陷分析及处理

一、缺陷概述

2010 年 4 月 20 日，某 500kV 变电站 220kV 2476 甲接地开关故障，无论近控、远控均无法电动合闸。检修人员检查发现带电显示装置故障导致电气闭锁，更换带电显示装置后，缺陷消除。

设备信息：该 HGIS 型号为 ZFW9-252，出厂日期为 2006 年 5 月 31 日，投运日期为 2007 年 5 月 2 日。

二、诊断及处理过程

检修人员检查发现 C 相带电显示装置显示有电，闭锁控制回路，造成接地开关无法电动操作。检查线路为无电状态，A、B 相带电显示装置均显示无电，而 C 相带电显示装置显示有电。检修人员尝试调整带电显示装置的灵敏度调节旋钮，装置仍显示有电，判断该带电显示装置损坏，需更换。

247 线路三相带电显示装置的闭锁触点，经端子排串联在 2476 甲接地开关的控制回路上，如图 2-36-1 红框内所示，当线路带电时闭锁触点常开，当线路无电时闭锁触点闭合，只有当三相带电显示装置均显示无电，控制回路才导通，总闭锁原理如图 2-36-2 所示。

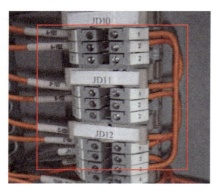

图 2-36-1　闭锁触点串联图

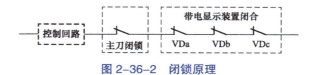

图 2-36-2　闭锁原理

三、总结分析

总结本次缺陷处理经验如下：

（1）该型号高压带电显示装置故障时红灯闪烁，与高压有电显示的红灯持续亮起较为接近，建议更改为灯灭、后台信号或声音报警。

（2）该站的线路侧接地开关均受到高压带电显示装置的闭锁，任意一相高压带电显示装置发生故障，都将导致线路侧接地开关无法电动分合。该型号带电显示装置已发生多次故障，建议进行集中排除，必要时予以更换。

案例 2-37

220kV HGIS 隔离开关辅助触点氧化导致后台指示与实际不符缺陷分析及处理

一、缺陷概述

2015 年 3 月 24 日，某 500kV 变电站 220kV Ⅰ－Ⅱ母第一套 BPSB 母差保护开入变位动作，现场检查发现 220kV Ⅰ－Ⅱ母第一套母差屏显示 2442 隔离开关为分位（实际为合位），且信号无法复归。检修人员润滑辅助开关触点后，隔离开关后台位置恢复正常，且信号稳定。

设备信息：2442 隔离开关 HGIS 设备型号为 GWG5-252，出厂日期为 2008 年 6 月，投运日期为 2008 年 10 月。

二、诊断及处理过程

检修人员到站后，220kV Ⅰ－Ⅱ母第一套 BPSB 母差保护开入变位自动复归，且不再动作。随后，检修人员对 2442 隔离开关内部辅助开关触点及其引出至 244 单元汇控柜内端子排上的接点进行排查，并对相关接线端子进行——紧固处理。

（一）2442 隔离开关辅助开关触点排查

2442 隔离开关辅助开关共有六对动合触点（直流），可供外部接线用。其中 L3-L4 用于后台合闸信号输出；L5-L6、L9-L10 为备用触点，接至 244 单元汇控柜端子排上后无引出；L11-L12、L13-L14 分别用于 220kV Ⅰ-Ⅱ母第一、二套母差保护的隔离开关位置信号判别。

现场检查 2442 隔离开关 L11-L12 辅助触点，测得 A、B、C 三相阻值分别为 0.2、0.2、0.3Ω，与隔离开关在合位时对应的辅助开关触点状态一致。但鉴于该辅助触点存在接触时好时坏的不稳定状况，检修人员之后又对 2442 隔离开关两对备用辅助触点 L5-L6、L9-L10 进行检查（便于后期如再出现 L11-L12 接触不良时，可直接用此两对备用触点替代），检查结果为：L5-L6 辅助触点正常，可以使用；C 相辅助开关的 L9-L10 触点接触不良，触点氧化无法正常导通，不可使用。

（二）244 单元汇控柜内端子排上相应端子排查

2442 隔离开关三相辅助开关的 L11-L12 触点引至 244 单元汇控柜端子排上的接线端子三相阻值分别为 0.2、0.2、0.3Ω，与实际隔离开关位置对应的状态一致；L5-L6 触点分别引至 244 单元汇控柜端子排上的阻值测试结果分别为 0.2、0.2、0.2Ω，触点正常可以使用。

因 220kV Ⅰ-Ⅱ母第一套 BPSB 母差保护开入变位自动复归，且不再动作，检修人员将其改用 L5-L6 辅助触点替代，提高可靠性。

三、总结分析

造成 220kV Ⅰ-Ⅱ母第一套母差屏显示 2442 隔离开关为分位（实际为合位），信号无法复归缺陷的原因如下：隔离开关机构箱内部受潮严重，其辅助开关触点严重氧化，现场用于 220kV Ⅰ-Ⅱ母第一套母差保护隔离开关位置信号判别的辅助触点（L11-L12），在隔离开关位于合位时本该处于导通状态，却因为触点氧化造成接触不良，回路时通时断。

为防范该类缺陷的发生，建议常投隔离开关机构箱内机构箱内加热器。

案例 2-38

220kV GIS 密封圈损伤导致漏气缺陷分析及处理

一、缺陷概述

2014 年 3 月 17 日，某 500kV 变电站运维人员巡视时发现 220kV GIS 的 2623 隔离开关、线路侧 TA

气室压力降至 0.59MPa（额定值 0.6MPa）。随后跟踪发现，约一个月该气室需补气一次。2014 年 12 月 23 日，开盖检查发现法兰面密封圈存在异物压伤导致漏气，更换密封圈后，缺陷消除。

设备信息：2623 隔离开关为 262 断路器单元间隔 GIS 的隔离开关，型号为 ZFW20–252，出厂日期为 2012 年 9 月 1 日，投产日期为 2013 年 9 月 14 日。

二、诊断及处理过程

检修人员采用在线监测、包扎检漏等手段确认漏气部位，诊断过程如下：

（1）在线监测压力趋势显示如图 2–38–1 所示。

（2）采用包扎法对该间隔各气室进行检漏，如图 2–38–2 所示，发现 A 相断路器与线路侧 TA 之间的盆式绝缘子处存在明显 SF_6 渗漏现象，用涂抹肥皂水方法辅助判断，验证该结论。

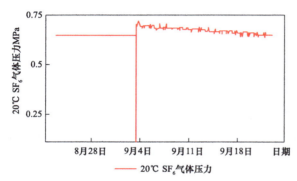

图 2–38–1 气室压力在线监测变化趋势图

图 2–38–2 包扎检漏发现的漏气位置

检修人员开盖检查处理，具体过程如下：

（1）2014 年 12 月 23 日至 2015 年 1 月 1 日，检修人员更换了线路侧 TA 与 A 相断路器绝缘盆处密封圈，并加强盆式绝缘子的密封，但仍存在漏气现象。检修人员判断是 TA 外侧罐体与 TA 法兰面之间出现漏气，沿着螺栓孔，渗漏到其他部位，具体如图 2–38–3 所示。因此，需再次处理并更换 TA 外层罐体、TA 法兰、盆式绝缘子及其相关密封圈。

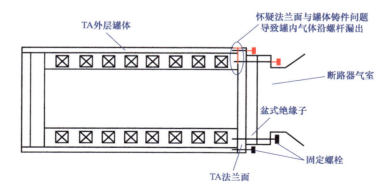

红色标记位置为检漏仪检测出的明显漏点

图 2–38–3 泄漏部位示意图

（2）检查 TA 法兰及其密封圈，存在明显的异物压痕，如图 2–38–4 所示，更换后，再次检漏恢复正常。

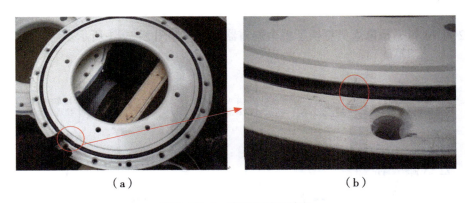

（a）　　　　　　　　　　　　　　　　（b）

图 2-38-4　密封圈破损情况

（a）密封圈破损位置；（b）密封圈破损情况

三、总结分析

该间隔 A 相线路侧开关 TA 气室 SF_6 泄漏是由于法兰与密封圈之间存在压痕，导致密封不严，造成 SF_6 气体沿螺栓渗漏。吊装检查时未发现造成压痕的异物，且该部分是整体运输至现场安装，因此判断该压痕是在生产过程中产生，厂内安装时未仔细检查造成泄漏隐患。

GIS/HGIS 各气室的连接面较多，采用传统的包扎法和肥皂水方法进行检漏，常常难以准确判断漏点。为准确查找 SF_6 漏点，应积极采用 SF_6 红外检漏等新技术进行可视化方法查找 SF_6 漏点，以便于指导后期的处理。

案例 2-39

220kV HGIS 避雷器气室法兰漏气缺陷分析及处理

一、缺陷概述

某 500kV 变电站 220kV Ⅱ 段母线避雷器 B 相存在漏气现象，补气间隔小于半年。2010 年 10 月 30 日，通过检漏仪确认该漏气点位于避雷器底座外壳与法兰连接面后，检修人员更换整个避雷器气室，设备恢复正常。

设备信息：220kV Ⅱ 段母线避雷器型号为 Y10WF5-200/496 型，出厂日期为 2006 年 5 月，投产日期为 2007 年 4 月。

二、诊断及处理过程

2010 年 12 月 18 日，检修人员更换了整个避雷器气室，如图 2-39-1 所示。

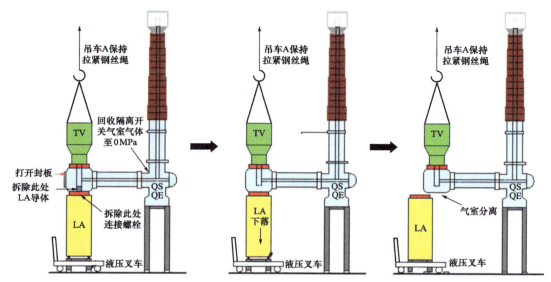

图 2-39-1　避雷器更换步骤示意图

具体的更换步骤如下，部分现场安装图如图 2-39-2 ～图 2-39-4 所示：

图 2-39-2　安装避雷器导体

图 2-39-3　避雷器与隔离开关连接部分

（1）回收电压互感器气室气体、避雷器气室气体至 0.2MPa。

（2）回收隔离开关气室气体，回收至 0MPa，并充氮清洗。

（3）使用吊车 A 吊住电压互感器气室及隔离开关气室，吊绳挂在电压互感器气室与隔离开关气室的连接部位上，并拉紧吊绳，防止其下垂。

（4）使用吊车 B 吊住避雷器气室，保证避雷器水平，且防止两部吊车间吊绳相互打结，吊车 B 的吊钩在避雷器中心点上。

（5）拆除旧避雷器至空地。

（6）拆除旧避雷器导体，再安装到新避雷器上，因其导体为热套，需热烘后拆下再立即装上。

（7）同样方法，使用吊车 B 吊住新避雷器气室，移动到安装位置下方，清洗后再与原气室连接。

图 2-39-4　避雷器安装

（8）补充隔离开关气室压力至 0.2MPa。

（9）避雷器气室抽真空 0.5h 后进行保压。

（10）相关气室充气至额定压力。

（11）静置 24h 进行气室相关试验。

三、总结分析

总结此缺陷处理经验如下：

（1）时间应把握准确，因停电时间有限，更换过程需在一天内完成，即完成所有充气工作应在一个白天内完成，保证静置 24h 后气体试验。

（2）充气工艺应符合要求，回收装置性能及操作应较熟悉，因气瓶向外充气是液态变为气态，为吸收能量过程，气瓶上较容易结冰，通过回收装置充气，需要打开回收装置蒸发机和压缩机功能，才能保证气体顺利充入气室。

（3）在对 HGIS 抽真空过程中，133Pa 是绝缘最低点，根据巴申定律，此点前后的绝缘都比此点高较多，禁止使用万用表和绝缘电阻表进行任何测试，避免绝缘击穿的可能。

（4）对于此类吊装工作，吊绳的选择和缠绕方向均要合理，应充分考虑吊绳长度、起吊角度、吊车位置等。

案例 2-40

220kV HGIS TA 接线盒凝露缺陷分析及处理

一、缺陷概述

某 500kV 变电站 220kV HGIS 设备 TA 在例行检修时，检修人员发现其接线盒内部存在不同程度的凝露问题。检修人员采取通过增加呼吸孔、改进密封性等措施改造接线盒，有效防止凝露产生。

设备信息：该 HGIS 的 TA 型号为 LMZH-252，出厂日期为 2006 年 6 月 15 日，投运日期为 2007 年 4 月 15 日。

二、诊断及处理过程

检修人员检查 TA 接线盒凝露情况如图 2-40-1 所示。

内壁及导线上大量水珠

图 2-40-1　TA 接线盒内存在大量凝露

该站 220kV HGIS 设备 TA 接线盒内凝露主要是空气通风不畅导致，需改善端子箱内部通风条件：

（1）在接线盒侧面钻通气孔，以改善盒内空气对流情况，并为其设计制作防雨罩避免雨水侵入。

（2）在下盖板原有排水孔对侧钻通气孔，使接线盒内外空气形成对流。

为减少凝露发生，除了改善接线盒内空气对流情况之外，还需从减少潮气、雨水进入盒内着手，采取以下措施：

（1）各结构结合处，如 TA 外壳法兰与接线盒结合处、接线盒与底部盖板结合处，周围均匀涂抹防水胶，如图 2-40-2 所示。

（2）TA 外壳法兰上用于紧固密封端子的螺孔上部应用防水胶填充，共四处，如图 2-40-3 所示。

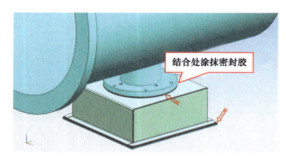

结合处涂抹密封胶

图 2-40-2　结合处涂抹防水胶

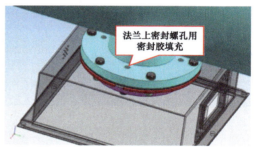

法兰上密封螺孔用密封胶填充

图 2-40-3　顶部螺孔用防水胶填充

现场在结合处及螺孔均涂抹玻璃胶，并在侧面和底部钻孔，通气孔内部固定滤网以防止小动物进入，通气孔位置如图 2-40-4 所示。

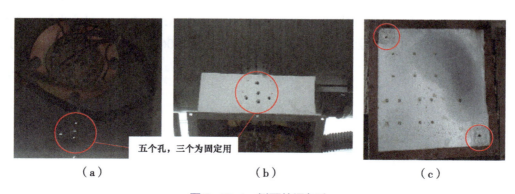

五个孔，三个为固定用

（a）　　　　　　　　　　（b）　　　　　　　　　　（c）

图 2-40-4　侧面的通气孔

（a）侧面的通气孔内部图；（b）侧面的通气孔外部图；（c）底部通气孔及滤网

三、总结分析

TA 接线盒虽是一个小箱体，但其内有二次接线，凝露将降低接线板绝缘，对接线柱、导线等造成腐蚀，危害设备安全运行，因此需针对性治理凝露问题。

端子箱内凝露的原因可归为：空气湿度大，箱内柜体或元件温度低，达到露点温度，在柜体顶部、边沿等温度较低部位形成凝露，该现象多发生在多雨及昼夜温差大的季节，湿度大的空气主要来源于箱体自然气体循环及电缆沟封堵。因此可从凝露条件及危害采取针对性措施，如提高箱体抗凝露性能，降低凝露造成的危害；提高箱内温度，使之无法达到露点温度；减少高湿空气进入，使之无法达到凝露湿度。

案例 2-41

220kV HGIS SF₆ 气体密度继电器绝缘低导致直流电互串缺陷分析及处理

一、缺陷概述

2018 年 6 月 7 日，在对某 500kV 变电站 220kV 25M 断路器例行检修过程中，检修人员发现 25M 断路器 A 相 SF₆ 气体密度继电器节点间绝缘低，导致直流电串入开关控制回路。

设备信息：25M 断路器型号为 LWG9-252，出厂日期为 2005 年 11 月 1 日，投运日期为 2006 年 11 月 23 日。25M 断路器 SF₆ 气体密度继电器为 M1.18-14 型号的表计，其中 1-2 节点为开关告警节点，压力值 0.45MPa；3-4 节点为开关闭锁节点，压力值为 0.40MPa。

二、诊断及处理过程

（一）诊断过程

检修人员在 25M 断路器例行检修过程中，发现 25M 断路器控制电源小空气开关 4K1、4K2 断开时，开关分闸 1 控制回路中还存在直流电。

25M 断路器合闸及分闸 1 控制回路、闭锁及电动机保护回路如图 2-41-1 所示，电源来自 K101、K102。报警回路电源用于断路器气室 SF₆ 气体压力降低报警、接地开关电机过电流、过时报警、非开关气室 SF₆ 气体压力降低报警，以及汇控柜就地报警灯告警显示。该报警电源有两个作用：一是驱动报警回路继电器，二是用于汇控柜就地报警灯告警显示。

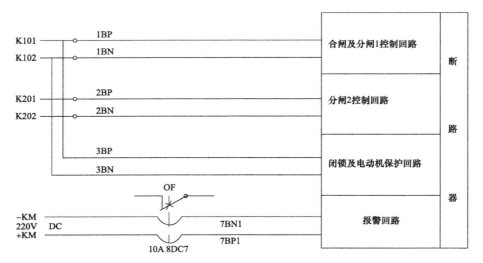

图 2-41-1　25M 断路器直流电源回路图

　　检修人员逐一断开各直流电源空气开关，在断开 25M 断路器单元汇控柜的报警电源空气开关 8DC7 后，分闸 1 控制回路中直流电消失。检修人员判断该报警电源直流电串入分闸 1 控制回路。

　　通过排除法逐一解除报警回路的支线，并测量控制回路中有无电压来找出故障的支线。通过多次的尝试，检修人员解除开关气室 SF_6 气体压力降低报警回路后，分闸 1 控制回路的直流电消失。因此可确定分闸 1 控制回路的直流电来源于告警回路中的开关气室 SF_6 气体压力降低报警支路。

　　开关气室 SF_6 气体压力降低报警回路中，存在一个 SF_6 气体密度继电器的报警节点，而且该表计的一对闭锁节点经 SF_6 气体压力降低闭锁回路，与分闸 1 控制回路连接，据此检修人员初步判断为 SF_6 气体密度继电器内部节点间绝缘低导致了直流电互串。

（二）处理过程

　　检修人员拆除 25M 断路器 A、B、C 三相 SF_6 气体密度继电器的航空插头，逐一进行表计 1-2（SF_6 压力低报警节点）与 3-4 节点（SF_6 压力低闭锁节点）之间进行绝缘测试，表计 A 相 1-2 节点与 3-4 节点之间的绝缘电阻为 500kΩ，B、C 相都大于 10MΩ，可以判定 25M 断路器 SF_6 气体密度继电器节点之间绝缘低导致节点之间直流电互串，导致告警回路的直流电串到闭锁及电动机保护回路、分闸 1 控制回路如图 2-41-2 所示。更换新的 SF_6 气体密度继电器后，直流电互串现象消失，该缺陷成功消除。

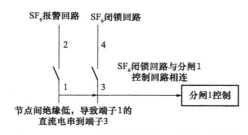

图 2-41-2　25M 断路器直流电互串示意图

三、总结分析

　　在二次系统上工作即使上级空气开关断开后，也应在工作前用万用表测量二次电缆电压。检修人员对工作中碰到的异常电压应进行仔细检查，及时发现设备不良状态。

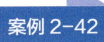

案例 2-42

220kV GIS 直流失地缺陷分析及处理

一、缺陷概述

变电站在暴雨之后，常常频报"直流失地"的异常信号。直流接地故障危害较大，可能造成接地短路，造成继电保护、信号、自动装置误动或拒动，或造成直流险熔丝熔断，使保护、自动装置、控制回路失去电源。以下主要介绍 GIS 的 5 个典型直流失地处理方案。

二、诊断及处理过程

案例一：某变电站运行人员在监控后台发现：220V 直流 II 段母线正负极对地电压差变化比较大，在天气晴朗时，正负极电压差在 20V 以内，当天气潮湿，雷雨天气过后，天气放晴时，正负极电压差变化最大达到 80V 以上。该直流失地信号是由于 5043 断路器电缆绝缘低引起，经更换电缆后信号恢复。经检查电缆外绝缘材质不合格是电缆绝缘低的原因。

案例二：某 500kV 变电站报出 220V 直流系统 1 号充电机"母线接地""直流系统故障缺陷"，主变压器及 35kV 保护小室 220V1 号直流分屏绝缘检测系统报"01 段 18 路负接地"，220V I 段母线电压为"+148V，−72V"。检修人员在 220V 1 号直流分屏上找出"01 段 18 路"为 4 号主变压器非电量保护支路，通过"拉路法"断开"4 号主变压器保护柜 C 非电量保护电源"后，信号复归。经检查是主变压器非电量保护二次电缆绝缘低，更换备用电缆后，缺陷消除。

案例三：某 500kV 变电站报出"220V 直流系统主变压器小室 1 号直流主屏接地告警、主变压器小室 1 号直流分屏接地告警、220kV 保护小室一 1 号直流分屏接地告警、220kV 保护小室二 1 号直流分屏接地告警、500kV 保护小室一 1 号直流分屏接地告警"信号。现场将 220kV 保护小室（一）（19J）220kV 线路测控屏（二）上"1K1 模拟 II 路测控装置遥信电源空开"断开隔离，220V 直流 I 段母线正接地信号全部复归。由于正接地告警信号来自 220kV 模拟 II 路 256 断路器间隔，检修人员检测发现 256 断路器端子箱内 220kV 模拟 II 路的测控信号回路接点绝缘低。更换备用电缆后缺陷消除。

案例四：某 500kV 变电站 2 号直流充电机系统故障 / 直流故障、2 号直流充电机绝缘故障。现场查看 220kV 保护小室，发现 220V 2 号直流分屏 220V 2 号直流主屏正母对地电压：171.8V，负母对地电压：58V。经检查是由于 220kV I 段母线 TV A 相气室 SF_6 表计航空插头二次电缆最高点略高于表计本体，下雨时雨水会流向航空插头，导致航空插头内部潮气较重，表计本体节点锈蚀产生铜绿。将表计二次电缆往下调整，防止雨水顺着电缆流入航空插头，缺陷消除。

案例五：某变电站 1 号站用变压器、2 号站用变压器相继因为有载调压开关压力释放阀、本体压力释放阀、非电量信号节点对地绝缘低引起直流失地缺陷。经检查是由于非电量继电器结构小型化、二次接线盒空间有限，导致二次接线防潮措施难以做到位，同时防雨罩不规范，未能保护二次电缆不受雨淋，导致直流失地。检修人员通过用热熔胶保护非电量保护元件内部二次接线，并改造防雨罩，消除消缺。

三、总结分析

（一）原因分析

直流失地查找方法："一看二拉三摇"。

"一看"就是指仔细检查。①看天气，在雨天，雨水渗入未密封严实的户外二次接线盒，使接线端子与外壳导通，引起接地。例如，TA二次接线盒密封不严且底部无滴水孔，当积水淹没接线柱，直流信号电源会发生接地故障，报出直流失地信号。在持续阴雨天气下，潮湿的空气也会使电缆芯破损处或绝缘胶布包扎处绝缘大大降低，引发直流失地。②看封堵。二次接线盒密封不好，有小动物进入，易造成失地，电缆外皮被老鼠咬破，也容易引起直流失地。③看接线松动，断路器机构内部的二次接线若未紧固，在断路器多次分合时容易滑出，搭在外壳上引起接地。

"二拉"就是拉路法。直流回路数量多、分布广，接地点很难定位，相对有效、快速的方法即为拉路法，即分别对直流系统每路空气开关拉闸停电，若拉闸后直流失地现象消失，说明接地点在本空气开关控制的下级回路中。采用拉路法时，应以先信号部分后操作部分、先室外部分后室内部分的原则进行，并且需要两人以上进行，经调度同意，时间不超过3s，防止失去保护电源及重合闸电源的时间过长。

"三摇"就是指摇绝缘，通过拉路法将接地点限定在某个空气开关控制的直流回路中后，再通过解电缆芯，层层分解、段段排除，将接地点进一步限定在几根导线或几个端子上，据统计，变电站出现的直流失地点绝大部分是在室外，通过测量导线或端子的绝缘，将接地点确定在具体的间隔、具体回路中。再前往对应间隔，对端子箱及二次端子盒进行检查，确定是否存在受潮、进水等现象。处理完毕后，检查绝缘是否恢复正常，失地故障是否消失。

（二）防范措施

（1）所有含有直流信号回路的户外一次设备表计及GIS电缆航空插头需加装防雨罩，并满足遮蔽电缆进线至少50mm、45°向下雨水不能直淋的要求。

（2）加强非电量继电器的检查维护及设备验收。在进行信号核对的同时，还应注意其内部结构是否合理，二次接线是否牢靠，重点关注绝缘及密封情况，尤其是小型结构化的产品，二次接线盒空间有限，更要重点排查是否存在绝缘薄弱点、密封不完全的情况，必要时可进行喷水受潮试验，先模拟喷水，再模拟受热蒸发，验证其绝缘及密封性能。

（3）检修及验收工作时，应打开表计电缆及GIS电缆的航空插头，检查插针有无锈蚀现象，插头是否安装牢固。要求表计电缆、航空插头进线电缆缝隙、护套管管扣、插头与表计本体、插头接缝应用密封胶密封堵。

案例 2-43

110kV GIS 断路器限位开关损坏缺陷分析及处理

一、缺陷概述

2020 年 12 月 19 日 20 时 19 分，某 1000kV 变电站某 110kV 断路器出现操作后无法正常储能现象。更换储能控制回路的储能限位开关后，缺陷消除。

设备信息：型号为 GFBN12A，机构为弹簧，出厂日期为 2014 年 3 月 1 日。

二、诊断及处理过程

对开关进行检查，发现开关合闸后弹簧未储能，正常情况下储能机构应给合闸弹簧储能。打开机构箱，对传动部分、弹簧及电机部分进行检查，无变形、锈蚀、异常。

检修人员在现场将控制电源断开后再次合上，开关可以储能，说明储能回路及储能传动部分正常；但是操作后仍然无法储能，问题可能在储能控制回路。

根据该现象，对照图 2-43-1 进行分析，其中红线为储能回路，蓝线为储能控制回路。

MC 为储能回路电磁接触器，其常开节点 L1/T1、L2/T2、L3/T3 串在储能回路中，当 MC 通电后，储能回路中 MC 的常开节点闭合，储能回路接通，开关开始储能。LS1、LS2-1、LS2-2、LS3 是限位开关，在储能控制回路中控制回路的通断。当 LS2-1 闭合及 TRX 的 11/5 节点闭合，储能回路电磁接触器 MC 可以动作。TRX 为储能回路动力继电器，TR 为负荷开关储能超时时间继电器，TR 整定时间为 0.2s。当 LS3 处于常闭状态，TR 得电，TR 的延时闭合节点 9/11 在经过整定时间 0.2s 后闭合，TRX 回路导通，TRX 通电；此时 TRX 的 2/3 节点闭合，TR 自保持。若 TR 励磁时间不足 0.2s，则 TRX 不动作。

断路器无法储能，且储能回路正常的情况下，说明与 MC 串联的 TRX 常闭节点 5/11 断开，或限位开关 LS2-1 节点断开，继电器 MC 无法得电。MC 无法励磁。分析原因，可能为 MC 损坏无法励磁或限位开关 LS2-1 损坏或 TRX 的 5/11 节点损坏。经检查后，发现 MC 可以正常动作，且 LS2-1 为常闭状态，TRX 的 5/11 节点断开。TRX 的常闭节点 5/11 为断开状态，说明 TRX 处于励磁状态，即 TR 的 9/11 节点处于导通状态。

检修人员通过查找说明书、图纸等，发现继电器 TRX 应当在正常情况下不动作，只有在断路器合分出现故障的情况下，才会动作。在正常合闸与分闸过程中，TR 会短暂动作小于 0.2s，保证 TR 的 9/11 延时闭合节点不会动作，TRX 无法励磁。

由以上分析得出，在可以储能的情况下，MC 应当可以正常得电，即 TRX 应当失电，保持 TRX 的 11/5 为常闭状态。开关在合闸后无法储能的情况，将开关控制电源断开后再次合上，断路器可以正常储能。由此可以判断，无法储能的情况下，TR 持续励磁导致 TRX 保持励磁，使得 MC 回路断开；当控制电源断开后，TR 失电使得 TRX 失电，MC 可以正常励磁，开关可以储能，即 LS3 在正常情况下应当为断开状态，只有在操作的时候会短暂闭合小于 0.2s，在断路器合分出现故障时才会闭合超过 0.2s。

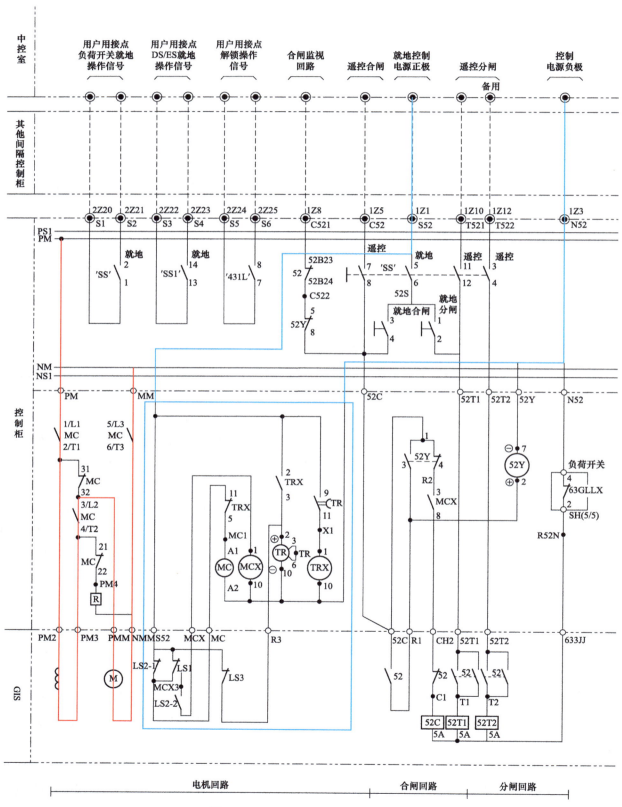

图 2-43-1　开关相关回路二次回路图

根据该情况，对 TR 及 TRX 所在回路进行检查，发现限位开关 LS3 存在异常，如图 2-43-2 所示。

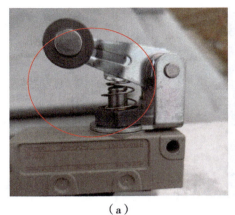 

（a）　　　　　　　　　　　　　（b）

图 2-43-2　限位开关

（a）异常状态的限位开关；（b）正常状态的限位开关

正常情况下，有一金属片卡住弹簧，LS3 被传动杆压下后会迅速弹起，保证限位开关动作时间小于 0.2s。现在限位开关 LS3 出现异常，金属片丢失，无法卡住弹簧，导致限位开关被压下后，弹起时间超过 0.2s，此时 TR 励磁时间超过 0.2s，TRX 动作并保持，使得 MC 回路断开，无法储能。当断开控制电源后，TRX 失电，MC 回路导通，合上控制电源后可以储能。

对 LS3 进行更换后，缺陷消除，开关可以正常储能。

三、总结分析

对同型号限位开关应当结合例检进行检查，防止类似事故再次发生。

故障定位对检修人员的综合素质要求较高，平时要多积累设备一次、二次方面的相关原理、图纸，关键时候才能得心应手。

第三章
断路器

断路器（或称高压开关）它不仅可以切断或闭合高压电路中的空载电流和负荷电流，而且当系统发生故障时通过继电器保护装置的作用，切断过负荷电流和短路电流，它具有相当完善的灭弧结构和足够的断流能力，断路器可分为油断路器（多油断路器、少油断路器）、六氟化硫断路器（SF_6断路器）、压缩空气断路器、真空断路器等。本章归纳总结断路器的缺陷处理经验，包括断路器二次回路排故、断路器机构部件解体更换、断路器漏气渗油消缺等，案例类型丰富。各个案例从缺陷的原因、处理方法、改进建议等展开了详细地介绍，所述内容基本涵盖了常见的断路器缺陷处理经验，供读者参考学习。

案例 3-1

500kV 断路器液压油路堵塞导致无法建压缺陷分析及处理

一、缺陷概述

2016 年 3 月 9 日 18 时 26 分，某 500kV 变电站 5033 断路器储能电机启动，18 时 28 分压力低闭锁重合闸告警，18 时 29 分电机打压超时告警，18 时 30 分油压低闭锁合闸告警，18 时 32 分控制回路 1、2 断线告警。5033 断路器紧急隔离后，检修人员检查判断为液压储能机构故障，更换机构后恢复正常。

设备信息：500kV 断路器型号为 LW10B-550/CYT，出厂编号为 2008.67，出厂日期为 2008 年 12 月 1 日，投运日期为 2009 年 6 月 28 日。

二、诊断及处理过程

（一）液压机构检查

检修人员抵达现场后，进行如下检查工作：

（1）查看 5033 断路器 A、C 两相液压油压力为 32MPa，B 相油压为 26MPa。

（2）断开再合上 5033 断路器 B 相打压电源空气断路器，油泵电机启动，但油压压力并未上升。

（3）解开打压电机及打压油泵，检查主工作缸逆止阀，逆止阀正常。

检修人员初步判断液压储能机构内部工作缸、控制阀及多孔体部位可能存在内漏，须进行更换。

（二）故障液压机构更换

液压储能机构备品运达现场后，检修人员更换了氮气筒、液压油箱、打压电机及油泵、多孔体、贝林格阀及机构信号组件、液压压力表等部件，仅保留原机构的工作缸及二次接线。液压机构更换前后的图片如图 3-1-1 ～图 3-1-4 所示。

（三）新机构检查及断路器修后试验

5033 断路器 B 相机构安装完毕，检修人员进行了如下检查：

（1）断路器的机械试分合操作。

（2）检查液压机构建压后否存在渗漏及内漏的情况。

（3）调整液压压力微动值：油泵打压停止值 32.6MPa，油泵打压启动值 31.6MPa，重合闸闭锁压力值 30.5MPa，合闸闭锁压力值 27.8MPa，分闸闭锁 1、2 压力值 25.8MPa。

（4）检查断路器辅助断路器及位置信号。

图 3-1-1   旧液压机构正面

1—油箱；2—贝林格阀；3—为氮气筒

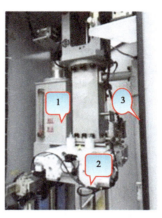

图 3-1-2   更换新液压机构正面

1—油箱；2—贝林格阀；3—为氮气筒

图 3-1-3   旧液压机构反面

1—压力信号组件；2—多孔体；

图 3-1-4   新机构反面

1—压力信号组件；2—多孔体；3—电机及油泵

各项检查结果均正常，随后进行 5033 断路器 B 相机械特性、分合闸线圈电阻及回路电阻值测试，结果均合格。

（四）故障机构解体检查情况

因该相断路器液压机构在 2013 年和 2015 年曾因逆止阀损坏而泄压至零，而此次检查机构逆止阀，并未发现损坏。为找到故障具体原因，检修人员解体分析该断路器机构。

该液压机构油泵是径向双柱塞油泵，结构如图 3-1-5 所示。通过电动机转轴相连的曲轴连接的偏心轮和柱塞的复位弹簧配合，实现柱塞在阀座中的往复运动，改变封闭容积，实现吸油排油过程。转轴转一周，左右柱塞各完成一个吸油—排油—压油的工作循环，直至储压器中油压达到额定工作压力。

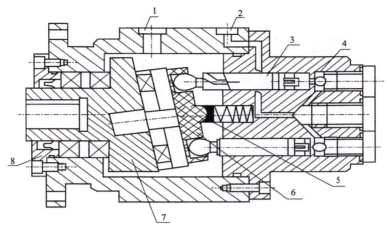

图 3-1-5 油泵的结构

1—进油口；2—出油口；3—柱塞；4—逆止阀；5—固定套筒；6—万向板；7—斜压板；8—盖板

油泵解体过程如图 3-1-6 所示。油泵内部两处可见锈蚀的铁屑，一处位于油泵的油腔，另一处位于油泵的柱塞上。分析两块铁屑大小，铁屑均有可能在油泵的运转以及油流油压的作用下，流动在油泵各阀门、逆止阀处。

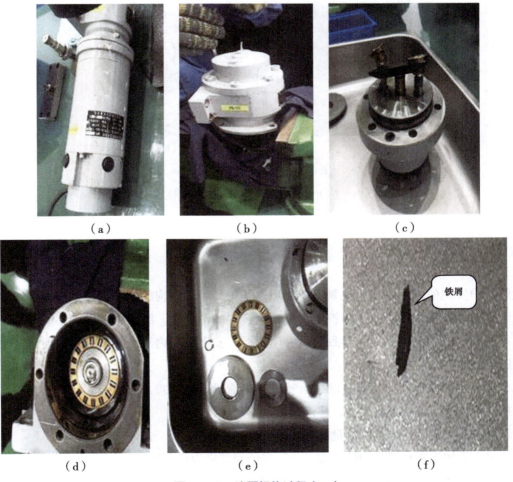

图 3-1-6 油泵解体过程（一）

（a）电机、油泵；（b）油泵的解体；（c）油泵的上盖为柱塞；（d）泵的下盖为油腔；（e）油腔解体发现的铁屑；（f）铁屑

（g）　　　　　　　　　　　（h）

图 3-1-6　油泵解体过程（二）

（g）油泵柱塞；（h）柱塞上的铁屑

解体油泵柱塞的后盖以及油压断路器，在油泵柱塞后盖上发现铁屑碎片，如图 3-1-7 所示。

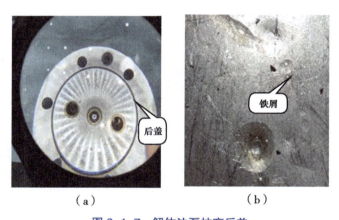

（a）　　　　　　　　　　　（b）

图 3-1-7　解体油泵柱塞后盖

（a）柱塞的后盖；（b）铁屑碎片

三、总结分析

本次解体中发现的铁屑可能是油泵生产加工过程中产生，机构组装前安装人员未仔细检查、清理干净，最终残留在油泵内部。残留的铁屑在高速运转中的油泵中，磨损为颗粒细小的铁屑碎片，流动卡在逆止阀的阀口或油路阀门处，导致阀口关闭不严，发生液压内泄。液压机构内泄后，油泵不断对储压器加压，最终导致油泵损坏。

因此，油泵中的铁屑及铁粉末在油泵运转过程中造成油路堵塞、阀门卡涩，造成机构泄压导致压力无法保持。为防范该类缺陷的发生，建议采取以下措施：

（1）厂家加强机构生产组装的质量把关，改进出厂验收工作。

（2）检修人员加强断路器机构的验收工作，避免问题机构投入运行。

（3）运维人员加强对同型号液压机构巡视排查，记录打压时间、补压时间，着重关注是否存在频繁打压迹象。

（4）检修人员结合停电检修，加强同型号液压机构检查，提前准备备品。

案例 3-2

500kV 断路器密度继电器故障导致两路控制电源互串缺陷分析及处理

一、缺陷概述

2017 年 2 月，某 500kV 变电站 5022、5023 断路器两路控制电源因 SF_6 密度继电器触点粘连造成电源互串，检修人员更换故障 SF_6 密度继电器后缺陷消除。

设备信息：500kV 断路器型号为 3AT2EI-550，出厂日期为 2003 年 1 月 1 日，投运日期为 2004 年 6 月 4 日。

二、诊断及处理过程

（一）缺陷诊断过程

5022、5023 断路器综合自动化改造工作中，检修人员发现两路控制电源互串。在仅合上第一路控制电源空气断路器的情况下，第二路控制电源中 SF_6 闭锁回路触点 X02LA-12 应为零电位，而万用表测量触点对地电压却为 -90V。

断路器控制回路原理图如图 3-2-1 和图 3-2-2 所示，检修人员沿触点 X02LA-12 电缆逐个确认触点 X0LA-62、-X3-9 两端带电情况。-X3-9 接至 -B4LA -31 时电压为 -90V，而另一端不带电，同时触点 -B4LA -31、-B4LA -33 断开，触点 -B4LA -32、-B4LA -33 均无电压，判断第二路控制电源的 -90V 来自触点 -B4LA -31。

触点 -B4LA -31、-B4LA -32、-B4LA -33（简称为 31、32、33）为 SF_6 密度继电器触点。断路器气室 SF_6 压力正常时，在 SF_6 气体压力作用下 SF_6 密度继电器触点 31-33 保持断开状态。若 SF_6 气体压力降低，触点 31-33 导通。5022 断路器使用了 SF_6 密度继电器中的三对触点，如图 3-2-3 和图 3-2-4 所示，分别为信号触点 11-13、第一路控制电源闭锁触点 21-23、第二路控制电源闭锁触点 31-33。SF_6 气体压力降至闭锁阈值时，继电器触点 21-23（31-33）接通，继电器 K5（K105）动作，控制回路断线，断路器闭锁动作。

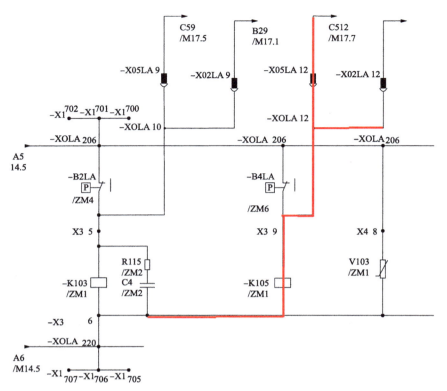

图 3-2-1　第一路控制电源

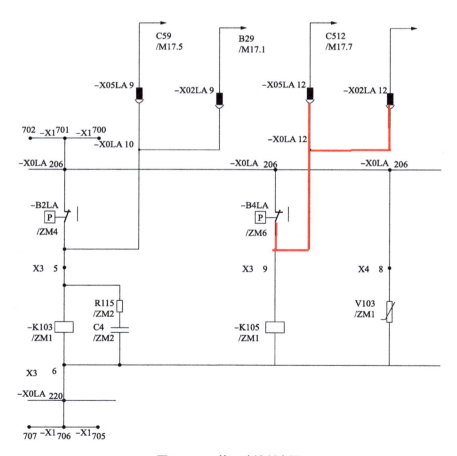

图 3-2-2　第二路控制电源

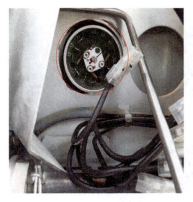

图 3-2-3　SF$_6$ 密度继电器　　　　　图 3-2-4　SF$_6$ 密度继电器触点图

由于 A、B、C 三相密度继电器闭锁触点并接一起，为缩小故障范围，依次解开三相密度继电器触点。解开 B 相触点后，合上第一路控制电源检查第二路控制回路无电压，触点 X02LA-12 电压为零。两路控制电源回路绝缘电阻测试合格，故判断 B 相 SF$_6$ 密度继电器故障。进一步检查发现，B 相密度继电器三对触点中，闭锁触点的 21-23、31-33 处于断开位置，但触点 21、31 异常导通，其中触点 21 位于第一路控制回路中，因此两路控制回路电源在故障的 SF$_6$ 密度继电器两对闭锁触点 21、31 处发生电源互串。

（二）缺陷处理过程

检修人员缺陷处理过程如下：

（1）拆除三通阀带顶针螺母及三通阀上起固定作用的两个螺栓，如图 3-2-5 所示。

（2）拆除 SF$_6$ 密度继电器，如图 3-2-6 所示。

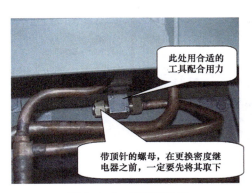

此处用合适的工具配合用力

带顶针的螺母，在更换密度继电器之前，一定要先将其取下

图 3-2-5　三通阀位置　　　　　图 3-2-6　拆除下的故障密度继电器

（3）清洁新的 SF$_6$ 密度继电器，按拆除相反顺序回装，如图 3-2-7 和图 3-2-8 所示。

（4）紧固螺栓后，恢复带顶针螺母，检查触点动作正常。

（5）用检漏仪检查三通阀及密度继电器周围无漏气现象，继电器与机构箱密封处仔细涂抹密封胶，恢复接头。

（6）更换密度继电器后，重新对两路控制电源检查，合上一路，另一路无电压，未发生互串，同时用绝缘摇表检测两路绝缘合格，对地绝缘合格。

图 3-2-7　清洗密封圈位置

图 3-2-8　安装新的密度继电器

三、总结分析

　　此次缺陷主要原因是由于 SF$_6$ 密度继电器故障，分属两条控制回路的触点间发生黏连，导致两路控制电源互串。同时发现拆解故障 SF$_6$ 密度继电器时，部分触点发生拒动问题。若断路器 SF$_6$ 压力下降而密度继电器触点拒动，控制回路未闭锁，分闸时断路器难以熄弧，将可能导致爆炸，对设备及电网安全造成极大风险。

　　为防止此类缺陷的发生，在验收和例行检修过程中要加强 SF$_6$ 密度继电器的验收和试验，确保 SF$_6$ 密度继电器可靠运行。

案例 3-3

500kV 断路器 SF$_6$ 表计航空插头受潮导致误发信号缺陷分析及处理

一、缺陷概述

　　2017 年 6 月 21 日 20 点 56 分，某 500kV 变电站 5032 断路器报 SF$_6$ 气压低总闭锁，控制回路 1、2 断线信号。检修人员检查发现 5032 断路器 A、B 两相密度继电器航空插头受潮导致闭锁触点非正常导通，烘干并进行密封封堵处理后缺陷消除。

　　设备信息：500kV 断路器型号为 LW10B-550/YT4000，出厂日期为 2007 年 8 月 1 日，投运日期为 2009 年 1 月 5 日。

二、诊断及处理过程

（一）缺陷检查诊断

检修人员在现场进行如下检查：

（1）三相断路器气室 SF_6 密度继电器显示压力值均在额定值以上。

（2）检查汇控箱内闭锁回路中闭锁继电器 KB3 处于励磁状态，断路器 SF_6 压力正常而闭锁继电器 KB3 动作，检修人员初步判断 SF_6 密度继电器故障导致断路器闭锁，二次原理图如图 3-3-1 和图 3-3-2 所示。

（3）为查找 SF_6 继电器故障原因，解除闭锁继电器 KB3 的 A1 端接线，断开 SF_6 压力低闭锁回路，操作 5032 断路器至冷备用状态。

（4）解开汇控柜内三相继电器对应接线后，分别测试三相继电器闭锁触点及电缆对地绝缘电阻，ABC 三相结果分别为 0.5、0.4MΩ 和 98MΩ，A、B 两相的对地绝缘电阻不合格。

（5）测试 A、B 相的两对闭锁触点即 KD1 的 3-4（58-61）、KD2 的 3-4（59-61）之间电阻，电阻仅为 0.1MΩ 和 0MΩ，确认 SF_6 密度继电器闭锁触点在断路器压力正常情况下异常导通。

（6）打开 SF_6 密度继电器防雨罩，单独测试密度继电器本体绝缘电阻测试合格。

（7）打开航空插头接线盒，发现航空插头接线柱有受潮锈蚀迹象。

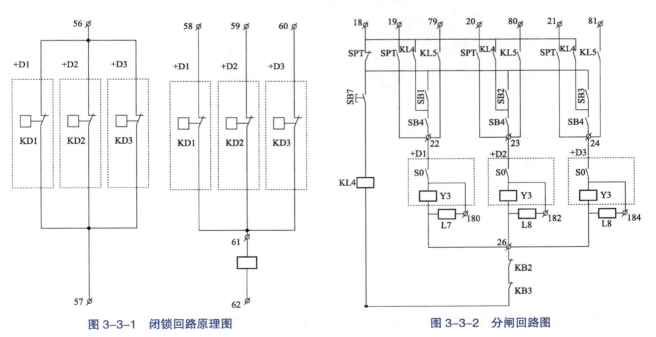

图 3-3-1　闭锁回路原理图　　　　图 3-3-2　分闸回路图

（二）缺陷处理过程

缺陷原因确认后，检修人员打开航空插头，发现航空插头内部锈蚀，航空插头与波纹管间缝隙存在较大缝隙，如图 3-3-3 和图 3-3-4 所示。

图 3-3-3　航空插头内部锈蚀　　　图 3-3-4　航空插头与波纹管间缝隙

检修人员做如下处理：

（1）用酒精将航空插头接线盒内锈蚀的接线柱清洗干净，使用吹风机烘干受潮的航空插头。

（2）航空插头彻底干燥回装后，复测闭锁触点及电缆对地绝缘电阻合格，复测闭锁触点间电阻上升超过 50MΩ，恢复正常。

（3）为防止潮气从波纹管至航空插头之间等处缝隙侵入，对航空插头接线盒、航空插头连接用密封胶密封处理，如图 3-3-5 所示。

（4）合上断路器控制电源，监控后台无异常报警信号。

（a）　　　　　　　　　　　　（b）

图 3-3-5　航空插头密封处理

（a）航空插头出口处打胶封堵；（b）航空插头与表计接缝处打胶处理

三、总结分析

该起 SF_6 压力低误报警缺陷是由于 SF_6 密度继电器航空插头内部因受潮绝缘降低，闭锁触点非正常导通造成的。密度继电器的航空插头进线处存在缝隙，潮气有可能从电缆槽盒进入接线盒内部腐蚀航空插头的接线柱，降低绝缘电阻，造成触点导通。

为避免该类缺陷的发生，建议加强 SF_6 继电器交接验收和例行检修中的密封性排查工作，加强 SF_6 密度继电器航空插头的打胶密封。对受潮锈蚀严重的密度继电器或航空插头进行更换，防止此类事件的再次发生。

案例 3-4

500kV 断路器液压机构频繁打压缺陷分析及处理

一、缺陷概述

2010 年 8 月 8 日，某 500kV 变电站 5042 断路器出现频繁打压缺陷，打压间隔为 20min。检修人员检查发现液压机构泄压阀内泄，更换泄压阀后缺陷消除。

设备信息：500kV 断路器型号为 3AT2EI-550，出厂日期为 2002 年 2 月，投运日期为 2002 年 6 月 30 日。

二、诊断及处理过程

（一）不停电处理

检修人员对 5042 断路器进行不停电油泵排气，未见明显成效。断开打压电源，观察液压系统压力值，经过 1h 压力值从 327bar（1bar=10^{5}Pa）下降至 312bar。再次手动打压至 350bar，合上打压电源空气断路器，观察自泄压到启泵的时间（启泵值为 320bar）需要 2h，平均 1h 油压下降 15bar，判断液压系统存在内泄或液压油严重污染。

（二）停电处理

5042 断路器停电处理步骤如下：

（1）检查液压油发现脏污严重，如图 3-4-1 所示。检修人员更换新油、清洗低压油箱，并对液压系统进行全面排气。进行排油及油循环过程时，发现泄压阀内油品污染最严重，油箱底部的油无法排尽。检修人员判断油箱底部及油泵内部存在死油区，无法彻底循环，更换新油后检查 5042 断路器保压情况，仍然存在内泄。

（2）检查校验油压断路器触点，发现泄压阀存在轻微泄压的声音，启泵压力值偏高判断存在压力内泄。

（3）更换泄压阀内部主元件，如图 3-4-2 所示。更换泄压阀后，断开油泵打压电源，进行保压，压力正常无下降，缺陷消除。对液压系统多次泄压及启泵，增加新泄压阀同监控阀块的配合紧密度，并对死油区进行冲击。

（4）检查油泵补压情况，油泵工作效率偏低，检修人员将时间继电器设定的补压延时时间 3s 调整至 5s 后，断路器每次补压由 7bar 增至 11bar。

图 3-4-1   排出的污油

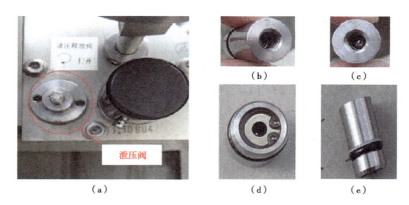

图 3-4-2   泄压阀及其主元件图

（a）泄压阀；（b）泄压阀主元件角度图 1；（c）泄压阀主元件角度图 2；
（d）泄压阀主元件角度图 3；（e）泄压阀主元件角度图 4

三、总结分析

引起断路器液压机构频繁打压的常见原因及相应判读方法如下：

（1）油泵内集气引起的频繁打压。由于断路器长时间运行，液压系统油泵内聚积少量气体，油泵出油效率下降，无法将低压油打至高压油部分，油泵持续运转而油压未升高。判断方法为检查补压时间长于规定值，油泵效率不高且停泵后油压未下降，说明系统的内泄量没有变化。

（2）环境温度骤变引起的频繁打压。储能筒内压力随温度的变化而变化，即温度每变化 1℃，储能筒内压力将变化 1bar。温度骤降将造成储能筒内压力下降，导致液压系统压力下降引起油泵 1h 内多次启动，该频繁打压现象常发生在晚上或凌晨，白天冷空气来袭或降温下雨也可能发生。而温度骤升将造成油压上升至一定值，安全阀动作（动作值范围 365 ～ 412.5bar），由于安全阀内弹簧长期受高压油作用，一旦打开，就需要建立一个新平衡点使其完全关闭（弹簧复归），且此平衡状态并不稳定，易被波动的油压所破坏，在此过程中油泵将发生频繁启动。判断方法：发生在环境温度急剧变化的时间，补压间隔时间不断增加，最终恢复正常状态。

（3）油质污染或有杂物导致内泄引起的频繁打压。液压油内存在渣滓，断路器操作后，渣滓进入主阀块系统从而引起频繁打压。判断方法：断路器操作后才出现此现象，再次操作或多次操作后故障可能消失或改善或更严重。

（4）监控阀体存在内泄引起的频繁打压。泄压阀在泄压过程中，由于液压油的冲击使得球阀与阀座密封面结合不紧密，导致频繁打压。判断方法：断路器泄压后才出现此现象，泄压阀或安全阀内有泄压声音，再次打压泄压后故障可能消失或改善或更严重。

案例 3-5

500kV 断路器分闸缓冲器螺栓断裂及渗油缺陷分析及处理

一、缺陷概述

事件一：2010 年 4 月 9 日，检修人员在对某 500kV 变电站进行专业巡视时，发现 5022 断路器 A 相机构箱内分闸缓冲器止钉螺栓断裂，更换新连接环及止钉螺栓，缺陷消除。

事件二：2017 年 11 月 1 日，检修人员对某 500kV 变电站 5022 断路器进行例行检修时，发现 5022 断路器 C 相分闸缓冲器漏油，检修人员更换分闸缓冲器，并对该断路器三相分合闸速度进行了测量及调整后，复测合格。

设备信息：500kV 断路器型号为 HPL550B2。

二、诊断及处理过程

（一）事件一处理过程

2010 年 4 月 12 日，检修人员更换新的连接环及止钉螺栓，如图 3-5-1 ～图 3-5-4 所示。

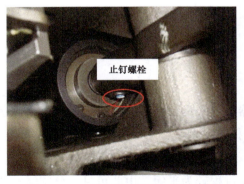
图 3-5-1　分闸缓冲器止钉螺栓断裂

图 3-5-2　断裂的止钉螺栓

图 3-5-3　更换新止钉螺栓　　　　　　图 3-5-4　更换并安装好后的图片

（二）事件二处理过程

检修人员检查缓冲器工况，发现 5022 断路器分闸缓冲器顶部卡圈变形脱出，顶部可见漏油痕迹，如图 3-5-5 和图 3-5-6 所示。检修人员确认断路器已完全释放能量，拆下分闸掣子后更换了漏油的分闸缓冲器。对 5022 断路器三相分合闸速度进行了测量及调整后，复测合格。

图 3-5-5　分闸缓冲检查位置　　　　　　图 3-5-6　合闸缓冲检查位置

三、总结分析

分析止钉螺栓断裂的原因：①分闸缓冲器止钉螺母锁紧时力矩过大造成损伤，运行过程中断路器分合振动引起螺栓断裂；②该螺栓强度不符合标准要求。

分闸缓冲器是为了在断路器分闸结束时，可以吸收断路器分闸弹簧的剩余能量，保护机构免受太大冲击，减小分闸弹振，同时可以使分闸曲线过程较为平缓。由此可见，分闸缓冲器是高压断路器弹簧操动机构中必不可少的部件，其功能正常与否直接影响高压断路器的安全稳定运行。常见的缓冲器主要有油缓冲器、弹簧缓冲器、气体缓冲器及橡胶缓冲器。本案例中的为油缓冲器，当高速运动的部件撞击到缓冲器上面的撞杆后，里面的活塞会和运动的部件一起向下运动，因为油基本不能压缩，因此活塞下的油只能以高速通过活塞与油缸之间的窄缝流到活塞的上方，油流过窄缝隙时需要克服很大的黏性摩擦力，对活塞底部产生压力，阻碍活塞向下运动，以形成对运动部件的缓冲。油缓冲器常会发生渗漏油现象，因此，在检修维护中，需加强对该部件的检查。

案例 3-6

500kV 断路器联锁臂变形缺陷分析及处理

一、缺陷概述

2010 年 4 月 9 日，检修人员在对某 500kV 变电站 500kV 5022 断路器进行例行检修时，发现断路器 C 相联锁臂变形严重，更换联锁臂后缺陷消除。

设备信息：500kV 断路器型号为 HPL550B2，出厂日期为 2009 年 1 月，投运日期为 2009 年 7 月 21 日。

二、诊断及处理过程

检修人员现场检查 5022 断路器 C 相联锁臂变形情况，如图 3-6-1 和图 3-6-2 所示，A、B 两相完好。

图 3-6-1　联锁臂变形图　　　　　　图 3-6-2　联锁臂拆下图

检修人员更换新的联锁臂后进行断路器合分试验，未发现联锁臂与联锁盘刮擦碰撞的现象，缺陷消除，如图 3-6-3 所示。

图 3-6-3　更换后恢复正常的联锁臂

三、总结分析

分析该型断路器联锁臂变形的原因如下：

（1）合闸弹簧在储能未结束时断路器合闸，造成联锁臂未完全抬起与联锁盘撞击。

（2）合闸掣子在合闸状态下异常脱扣，断路器误动作造成联锁臂与联锁盘直接撞击。

（3）联锁臂与联锁盘出厂间隙不满足要求，造成合闸时两者配合不佳而互相撞击。

案例 3-7

500kV 断路器弹簧机构分闸线圈动作电压过低缺陷分析及处理

一、缺陷概述

2011 年 6 月 18 日，检修人员在对某 500kV 变电站 500kV 5042 断路器例行试验时，发现断路器 C 相分闸 2 线圈最低动作电压不合格。检修人员更换并调整断路器分闸掣子后，缺陷消除。

设备信息：500kV 断路器型号为 HPL550B2，出厂日期为 2005 年 9 月，投运日期为 2006 年 4 月 5 日。

二、诊断及处理过程

5042 断路器试验数据中，C 相分闸 2 线圈动作电压为 64V，低于额定电压的 30%（66V），该数据不合格，其余数据均合格。

检修人员更换 5042 断路器 C 相机构分闸掣子，步骤如下：

（1）确认断路器在分闸、未储能状态，将储能空气断路器 F1、F2 置于 OFF 位置，位置选择断路器置于隔离位置，如图 3-7-1 和图 3-7-2 所示。

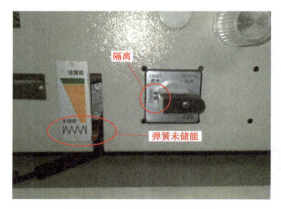

图 3-7-1　断路器储能指示

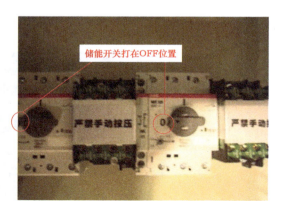

图 3-7-2　断路器储能开关

（2）手动／电动断路器置于手动位置，如图 3-7-3 所示，用螺丝刀和摇把将机构泄能，泄能时应将摇把顺时针转动，如图 3-7-4 所示。

图 3-7-3　断路器手动位置　　　　　　　图 3-7-4　断路器手动泄能

（3）拆除机构箱内分闸掣子线圈引线，拆除分闸掣子固定螺栓，如图 3-7-5 所示。

图 3-7-5　分闸掣子固定螺栓

（4）更换新分闸掣子。用力矩扳手与固定扳手固定螺栓，紧固力矩值为 79N·m；按线圈标识，将线圈引线接至原来位置，如图 3-7-6 所示。

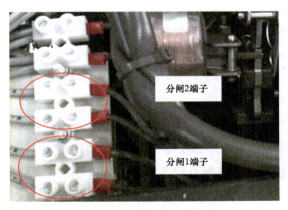

图 3-7-6　分闸掣子接线端

（5）更换分闸掣子后，通过调节分闸掣子下方舌片位置来调整分闸时间，如图 3-7-7 所示，分闸时间过长将舌片往下调节，时间过短则往上调节。调节舌片位置会改变分闸的动作电压，因此需要反复多次微调并测试确保动作电压和时间均在合格范围内。经调整后试验数据合格。

图 3-7-7　分闸掣子调整方法

三、总结分析

HPL550（T）B2 型 SF_6 断路器采用弹簧操动机构，该型断路器机械特性试验动作电压不合格通常是由于合闸、分闸掣子老化造成的。更换新的合闸、分闸掣子时需要注意，掣子间隙的改变会影响合闸、分闸时间，可通过调节掣子舌片的位置进行调整，但不宜调整过大，否则易造成舌片断裂。若更换并调节掣子仍无法达到标准要求，则需要调整储能弹簧。

案例 3-8

500kV 断路器 SF_6 表计漏气缺陷分析及处理

一、缺陷概述

2011 年 4 月 10 日，某 500kV 变电站 5052、5053 断路器出现 SF_6 压力低缺陷。检修人员对 5052、5053 断路器进行了 SF_6 气体检漏，确认漏点位于断路器 SF_6 密度继电器处，更换新密度继电器并补气后缺陷消除。

设备信息：500kV 断路器型号为 HPL550B2。

二、诊断及处理过程

检修人员现场检漏如图 3-8-1 和图 3-8-2 所示，发现 5053 断路器 C 相及 5052 断路器 B 相 SF$_6$ 密度继电器出现泄漏，SF$_6$ 压力值分别降至 0.64、0.68MPa，低于额定压力 0.7MPa，照片中红圈所示部位为 SF$_6$ 泄漏点。

图 3-8-1　5053 断路器 C 相泄漏点　　　　图 3-8-2　5052 断路器 B 相泄漏点

检修人员对站内配置相同型号密度继电器的 27 台断路器进行排查，发现 5052 断路器 A、C 相 SF$_6$ 密度继电器也存在不同程度的泄漏。根据检修记录，该变电站因 AKM SF$_6$ 继电器漏气缺陷更换表计已有 7 块。

为查找 AKM 的 SF$_6$ 密度继电器频繁漏气原因，检修人员对更换下的 SF$_6$ 密度继电器进行解体检查和分析。图 3-8-3 所示为 AKM SF$_6$ 密度继电器内部结构图，红圈部分的细铜管为 SF$_6$ 气管。SF$_6$ 密度继电器通过细铜管连接断路器 SF$_6$ 气室，从而实现对断路器 SF$_6$ 压力的监视。检修人员对更换下的密度继电器进行充气试验，用 SF$_6$ 检漏仪对细铜管的首尾两端进行检漏，发现 SF$_6$ 气体泄漏部位为铜管首端接头部位。

图 3-8-3　SF$_6$ 密度继电器内部结构

三、总结分析

由 AKM SF$_6$ 密度继电器多次缺陷处理和解体检查经验判断，该型号 SF$_6$ 密度继电器内部制造焊接工艺存在缺陷，内部的 SF$_6$ 铜管在长时间运行后因热胀冷缩在焊接处出现细微裂缝，造成 SF$_6$ 气体泄漏。

针对 AKM 该型号 SF$_6$ 密度继电器存在的工艺缺陷和漏气隐患，建议进行技改，并在处理前采取如下措施：

（1）将该型号 SF$_6$ 密度继电器列为重点巡视设备，运维人员加强巡视和检查，按期记录 SF$_6$ 压力。

（2）发现断路器 SF$_6$ 压力下降时，应及时对 AKM SF$_6$ 密度继电器进行 SF$_6$ 气体检漏。

案例 3-9

500kV 断路器电机轴销断裂造成储能异常的隐患分析及处理

一、缺陷概述

2020 年 5 月 10 日，某 500kV 变电站 5011 断路器例检中发现电机轴销断裂，检修人员更换电机轴销后，隐患消除。

设备信息：500kV 断路器型号为 3AP2 FI，出厂日期为 2014 年 8 月 19 日。

二、缺陷处理过程

（一）诊断过程

为防止机构储存的能量造成机械伤害，工作前应释放掉机构能量。

（1）断开电机储能电源空气断路器。

（2）用尖嘴钳拔出储能电机上的电源线。

（3）用合闸掣子合闸，释放合闸弹簧的能量。

（4）用分闸掣子分闸，释放分闸弹簧的能量。

取出电机轴销的步骤为：

（1）用 10 号内六角扳手拆除 3 个螺栓及防松垫片并取下减速电机。

（2）用 8 号内六角扳手拆除 2 个螺栓取下减速机构，减速机构如图 3-9-1 所示。

图 3-9-1 减速机构

（3）用工装固定好储能电机。

（4）锤出电机轴销，电机轴销如图3-9-2所示。

（a）　　　　　　　　　　　　　（b）

图3-9-2　电机轴销图

（a）旧（左）、新（右）轴销；（b）断的轴销

（二）处理过程

安装轴销及恢复机构：

（1）锤入新的电机轴销（安装轴销如图3-9-3和图3-9-4所示）。

（2）用二硫化钼锂基润滑脂润滑减速机构的齿轮。

（3）用20N·m力矩回装减速机构。

（4）回装储能电机。

（5）恢复储能电机出线端子上的电源线。

（6）合上电机储能电源。

图3-9-3　轴销对位　　　　　　　图3-9-4　锤入轴销

三、分析总结

电机轴销是负责将储能电机的传动轴与齿轮固定的零件，它如果断裂将导致储能电机空转，使得

储能电机无法对合闸弹簧储能。断路器机构振动较大，今后应加强对断路器机构内部检查，检查螺栓是否紧固良好，是否做好紧标识示，轴销、螺栓等金属部件是否有裂纹、是否断裂，通过详细检查及早发现隐患，防止隐患扩大造成电网事故。

案例 3-10

220kV 断路器储能电机损坏造成弹簧未储能缺陷分析及处理

一、缺陷概述

2017 年 2 月 3 日，某 500kV 变电站 220kV 某线路 275 断路器合闸后报"A 相弹簧未储能"，现场检查 275 断路器 A 相储能电机未启动，储能指示位置为最小值，B、C 相储能指示正常。检修人员采取手动储能方式暂时满足运行要求，后结合停电，更换储能电机，设备恢复正常。

设备信息：220kV 断路器型号为 LTB245E1，操动机构型号为 BLK222 卷簧机构，出厂日期为 2007 年 4 月 1 日，投运日期为 2009 年 8 月 12 日。

二、诊断及处理过程

断路器的储能电机回路如图 3-10-1 所示，检修人员测得电机回路中 450、460 端子电压为交流 220V，检查发现电机控制回路中"未储能继电器 K12"得电吸合，"已储能继电器 K13"失电复位，"储能限位断路器 BW1、BW2"的 Q3、Q4 触点处在断开位置，"手动 / 电动储能断路器 Y7"的 13-14 触点在闭合位置，接触器 Q1、Q2 得电励磁，触点正常导通，可见控制回路已启动储能功能。进一步检查电机 M1 两端 X0-54、X0-55 存在交流 220V 电压差，但电机无法启动，初步判断电机 M1 异常。将电机电源断开，解开 X0-54、X0-55 端子的进线端，测量电机 M1 的线圈电阻为 18MΩ。同样的方法测得正常相 B 相的电机线圈电阻为 6.8Ω，对比 A 相阻值确定 A 相储能电机损坏。

因不具备更换储能电机条件，采用手动储能方式对 A 相进行储能，使其暂时满足设备运行要求。手动储能步骤如下：

（1）断开电机电源，打开机构箱下盖，如图 3-10-2 所示。

（2）组装储能手柄，一般手柄存放在机构箱后柜门上，注意区分储能端和释能端，如图 3-10-3 所示。

（3）将手柄储能端插入机构底部手动操作孔，如图 3-10-4 所示，按储能方向转动手柄进行储能，如遇空间限制可使用加长杆和棘轮手柄代替，如图 3-10-5 所示。

（4）转动手柄至完全储能：储能指示到达 MAX 位置、"未储能继电器 K12"失电复位、"已储能继电器 K13"得电吸合。

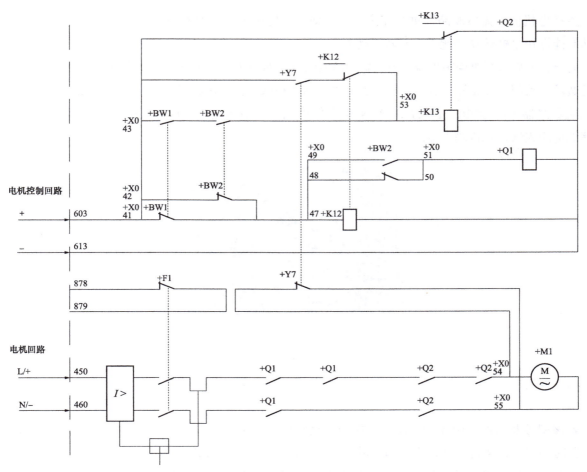

图 3-10-1　电机控制回路二次图

图 3-10-2　机构箱下盖

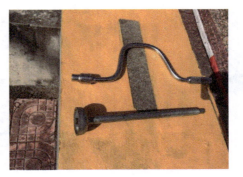

图 3-10-3　储能手柄

图 3-10-4　手动操作孔位置

图 3-10-5　操作位置

更换电机前，需对断路器进行完全释能，即断开电机电源后对断路器进行一次合分操作，并使用手动储能操作手柄转动释能，直至转不动为止。

完全释能后打开机构箱顶盖，更换新的储能电机，如图 3-10-6 所示，测量新电机线圈电阻合格，检查卷簧及传动部分确无异常后，恢复下盖，进行储能和试分合操作。当下盖处于打开状态时，"手动 / 电动储能断路器 Y7"弹起，Y7 的 21-22 触点会使得电机电源短路，造成电机电源空气断路器跳闸，所以储能前应先恢复机构箱下盖。

图 3-10-6　储能电机

三、总结分析

若该型号断路器合闸弹簧未储能，在确认是电机、限位断路器等元件损坏后，可采取手动储能方式，暂时满足设备运行要求。手动储能需缓慢进行，并时刻关注储能是否到位。

在具备更换故障元件条件时，更换前应进行释能，如机构正常可先进行分合操作，后再转动操作手柄达到完全释能的目的，保证作业人员安全。

案例 3-11

220kV 断路器弹簧机构分合闸速度不合格分析及处理

一、缺陷概述

2010 年 5 月 17 日，检修人员对某 500kV 变电站 220kV 274 断路器进行例行试验时，发现 274 断路器机械特性试验不合格。检修人员调整断路器弹簧压缩量后，复测合格。

设备信息：220kV 断路器型号为 HPL245B1。

二、诊断及处理过程

（一）处理过程

检修人员进行 274 断路器例行试验时，发现分合闸线圈电阻、动作电压试验结果均无异常，但存在以下问题：三相合闸速度不合格，如表 3-11-1 所示；"合—分"试验中，断路器仅进行了合闸操作，未进行分闸操作，行程曲线如图 3-11-1 所示。

表 3-11-1　　　　　　　　　　　　　　　274 断路器特性试验数据

274 断路器		合闸	分闸 1	分闸 2	合—分	标准
速度测试（m/s）	A 相	5.5	9.9	—	—	合闸 5.8 ~ 6.1m/s，分闸 9.9 ~ 10.2m/s
	B 相	5.6	10.1	—	—	
	C 相	5.5	9.9	—	—	
时间测试（ms）	A 相	62.3	16.5	—	未成功	合闸时间小于 65ms，分闸时间 17±2ms，合—分时间小于 45ms
	B 相	61.9	16.0	—	未成功	
	C 相	62.2	16.7	—	未成功	

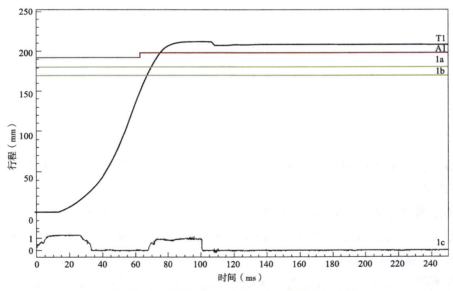

图 3-11-1　274 断路器"合—分"试验行程曲线

检修人员经过多次调整 274 断路器 A、B、C 相合闸弹簧，A 相弹簧高度由初始 285mm 调至 321mm，B 相弹簧高度由初始 285mm 调至 305mm，C 相弹簧高度由初始 274mm 调至 304mm。对弹簧调整后的 274 断路器机械特性进行复测，合闸试验数据合格，如表 3-11-2 所示。"合—分"试验断路器能够正常动作，行程曲线如图 3-11-2 所示。

表 3-11-2 274 断路器弹簧调整后特性试验数据

274 断路器		合闸	分闸 1	分闸 2	合—分	标准
速度测试（m/s）	A 相	5.9	9.9	9.9	—	合闸 5.8～6.1m/s，分闸 9.9～10.2m/s
	B 相	5.9	9.9	10	—	
	C 相	5.9	9.9	9.9	—	
时间测试（ms）	A 相	59	16.3	17.1	40.1	合闸时间小于 65ms，分闸时间 17±2ms，合—分时间小于 45ms
	B 相	58.8	16	16.8	39.4	
	C 相	58.9	16.6	16.7	42.4	

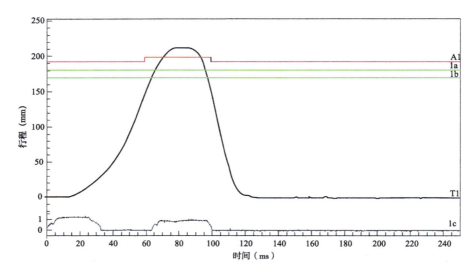

图 3-11-2　274 断路器 A 相弹簧调整后"合—分"试验行程曲线

（二）弹簧机构断路器调速

影响断路器分合闸速度的原因：①分合闸线圈铁芯的行程；②弹簧机构、连杆等传动部件的情况；③分合闸弹簧的情况。

常用调整断路器分合闸速度的方法：①调整线圈铁芯的行程，调整范围有限；②调整分合闸弹簧的压缩量，调整范围较大，但过度调整会造成机构无法分合闸甚至扭轴情况。因此要根据实际情况、试验数据等，选择合适的调整方法。

通过调整弹簧的压缩量来调整分合闸速度是主要的方法，由于合闸弹簧释放能量时不仅提供合闸操作功，还会对分闸弹簧进行储能，而分闸弹簧释放能量时仅提供分闸操作功，因此调整分闸弹簧会影响分闸速度及合闸速度，调整合闸弹簧仅影响合闸速度。检修人员在进行现场调速过程中，应先调整分闸弹簧再调整合闸弹簧，调整时应保证多次少量，防止分闸弹簧压缩量调整过度导致合闸速度过慢，引起断路器慢分扭轴，每次调整后需重新进行试验测试。

ABB 断路器配 BLG1002A 型弹簧操动机构的速度调整步骤如下：

（1）检查断路器应在分闸位置，断开电机回路和控制电源，并释放能量。

（2）断路器分闸位置调整拉杆。先将分合闸机械指示位置的盖板取下，如图 3-11-3 所示，正常情况下断路器在分闸位置，用销钉（直径 D=6mm）可顺畅插入拐臂检查孔（拐臂检查孔与机构箱上预留孔对齐时），如图 3-11-4 所示，此时拉杆达到合适的位置。当销钉插入卡涩时，可通过调整可调连杆的长度，直至销钉插入无卡涩时即可。

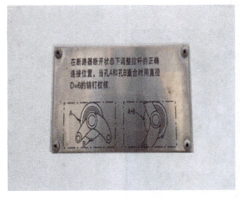

图 3-11-3 机械位置指示

图 3-11-4 拉杆调整示意图

（3）安装专用的速度传感器，保持对位正确，如图 3-11-5 所示。

（4）调整分闸弹簧：当存在分闸速度不合格时，应先调整分闸弹簧的压缩量，增加分闸弹簧压缩量会提高分闸速度，同时降低合闸速度。打开分闸弹簧筒，用专用内六角套筒扳手进行调节，如图 3-11-6 和图 3-11-7 所示，根据经验总结调整原则如下：当分闸弹簧往上旋紧 1 圈，压缩量提高 0.2mm，对应其分闸速度提高 0.1m/s，合闸速度降低 0.1m/s。

图 3-11-5 速度传感器安装图

图 3-11-6 分闸弹簧筒

图 3-11-7 专用内六角套筒扳手

（5）调整合闸弹簧：当合闸速度不合格时，增加合闸弹簧预压缩长度时会提高合闸速度。合闸弹簧调整前应先测量合闸弹簧长度，如图3-11-8所示，确定在允许范围内（制造厂要求不超过350mm），避免因合闸弹簧调整超过允许的范围而导致其性能被破坏。

图 3-11-8　合闸弹簧调整示意

检修人员开始调整前应先做好防护措施，用专用机械千斤顶将合闸弹簧顶住以免造成机械伤害（如图3-11-9所示），再将弹簧两侧上端螺帽松开（如图3-11-10所示），然后将下端螺帽松开旋至需要调整的位置，最后通过均匀旋紧两侧上端螺帽来对合闸弹簧压缩，进而提高合闸速度。根据经验总结调整原则如下：当合闸弹簧往下旋紧1圈时，压缩量增加0.15mm，压缩量每增加10mm，对应合闸速度提高0.2m/s。

图 3-11-9　专用机械千斤顶

图 3-11-10　合闸弹簧调整位置

三、总结分析

弹簧机构断路器当运行时间超过10年后，合闸弹簧长时间处于压缩储能状态，会出现弹簧疲劳严重，导致大部分断路器的合闸速度均不符合标准。检修人员在进行调速过程中，因调整合闸弹簧预压量有限（如ABB要求最高标准值不应大于350mm），所以对于运行超过10年的弹簧操动机构断路器，需要加强维护，必要时进行机构大修。

案例 3-12

220kV 断路器弹簧机构合闸不到位缺陷分析及处理

一、缺陷概述

2017 年 9 月 19 日，某 500kV 变电站 1 号主变压器由"热备用"转"运行"操作过程中，1 号主变压器 220kV 侧 27A 断路器合闸后监控后台显示"27A 断路器第一组控制回路断线""27A 断路器第二组控制回路断线"，现场查看 27A 断路器机械位置指示未到位，初步判断 27A 断路器机构合闸不到位。检修人员调整弹簧压缩长度后，设备恢复正常。

设备信息：220kV 断路器型号为 HPL245B1，操动机构型号 BLG 1002A，出厂日期为 1999 年 7 月 1日，投运日期为 2000 年 3 月 2 日。

二、诊断及处理过程

根据检修导则及厂家说明书，断路器正常合闸状态如图 3-12-1 所示，而现场检查机构位置如图 3-12-2 所示。

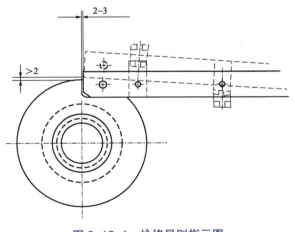

图 3-12-1　检修导则指示图

图 3-12-2　现场机构位置

打开断路器本体分合闸指示面板后，发现断路器合闸机械位置指示未到位，如图 3-12-3 所示。

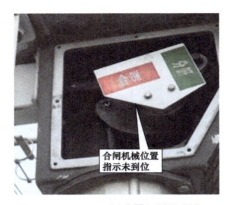

图 3-12-3　27A 断路器机械位置指示

检查 27A 断路器储能情况，经测量合闸储能弹簧框架根部和框架之间的距离为 294mm，满足检修导则及说明书要求，如图 3-12-4 所示。初步判断可能由于合闸弹簧疲软，造成合闸操作能量不足，导致 27A 断路器合闸不到位。

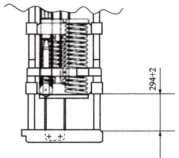

图 3-12-4　27A 断路器储能状态框架根部和框架之间的距离

27A 断路器主轴、凸轮、分合闸掣子、分合闸拐臂外观检查正常，未损坏，但由于该断路器投运年限长，分合闸拐臂、分合闸掣子、链条及各部件轴销干涩，已无润滑油，传动机构轻微卡涩。

检修人员对 27A 断路器传动机构涂抹润滑脂并进行以下处理：

（1）手动释放合闸弹簧能量。

（2）释能完成后，将合闸弹簧 L 部分由 250mm 压缩到 260mm（L 最长可调整至 300mm）。

调整 L 长度增加合闸弹簧预压力，增大合闸弹簧能量，调整后测试断路器直流电阻值、机械特性、分合闸速度、时间满足标准要求。

三、总结分析

分析该缺陷产生的原因：

（1）合分闸能量不匹配造成合闸失败，操动机构在合闸过程中，合闸弹簧除了提供合闸操作能量外，还要为分闸弹簧储能，合闸速度偏低，即合闸能量偏低，将导致合闸失败；由于合闸能量降低了一些，断路器灭弧室已基本合闸到位，但机构的凸轮和分闸拐臂未完全脱离，表现为凸轮咬合分闸拐臂，断路器处于半分半合状态。

（2）分合闸拐臂、分合闸掣子、链条及各部件轴销干涩，摩擦力增大，合闸过程中，合闸弹簧需克服此异常摩擦力，导致合闸操作功不足，不能完全合闸到位。

为防范此类缺陷的发生，建议采取以下措施：

（1）按照相关规程规定期限对断路器进行维保，检查断路器运行情况，检测断路器的机械特性，判断设备现状，消除隐患，确保安全经济运行。

（2）在检修时，检查机构和弹簧的完好性，目测无腐蚀、断裂、锈蚀、干涩等情况。

（3）运行10年及以上的断路器，应对这些断路器进行预防性维护保养工作：回路电阻测量、分闸弹簧检查；操动机构内部各部件除锈、润滑，二次电气元件性能检查或更换，合闸弹簧检查；各连接螺栓的紧固性检查、密度继电器性能检查、微水值测量、本体的气密性检查、断路器机械性能测试、储能电机储能时间测试、分合闸速度和行程曲线测试，能够及时发现问题、消除隐患，大大提高设备可靠性，确保电网安全、经济的运行；运行15年及以上的断路器，进行预防性解体检查，解体检查灭弧室、绝缘拉杆、内部气室，更换全部密封圈及干燥剂，并检查调整操动机构，检测断路器的机械特性，消除可能存在的隐患。

案例 3-13

220kV 断路器机构内部电机螺栓松动造成储能时间偏长缺陷分析及处理

一、缺陷概述

2020年10月18日，某500kV变电站263断路器B相储能时间偏长，检修人员检查发现储能电机固定螺栓完全松脱，电机小齿轮与机构大齿轮基本无咬合，紧固螺栓后缺陷消除。

设备信息：220kV断路器型号为GL314型，2011年8月投运。

二、诊断及处理过程

（一）诊断过程

现场对263断路器试分合，未出现储能时间偏长现象。查阅图3-13-1可知储能回路通过储能弹簧位置的行程断路器S04直接启动电机，如图3-13-2所示，若储能不到位行程断路器将一直闭合，储能电机将一直运转。

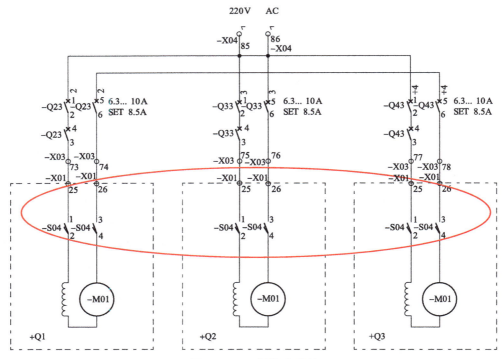

图 3-13-1　储能回路图

图 3-13-2　行程断路器 S04

　　检修人员检查行程断路器紧固良好，外观无异常，接点动作正常。检查电机外观、碳刷正常。但在按压电机时检修人员发现电机异常松动，检查背后固定螺栓，发现两个螺栓完全松脱，电机小齿轮与机构大齿轮基本无咬合，电机运转时电机小齿轮容易出现空转，导致储能时间偏长。

（二）处理过程

　　由于机构正面封板无法拆卸且电机位于机构内中下部位，螺栓为 5mm 内六角螺栓，较难紧固。检修人员根据现场实际情况，自行加工内六角扳手从侧面紧固，紧固后储能时间正常，成功消除该缺陷。

三、分析总结

（1）本次断路器储能时间异常的原因是电机固定螺栓松脱导致齿轮咬合不紧密，影响电机的储能输出。该储能回路依靠储能弹簧位置的行程断路器触点启动电机，弹簧未储能到位的情况下，电机将持续运行，导致储能时间偏长。今后例检中应加强该型号断路器电机固定螺栓的检查。

（2）断路器机构振动较大，该断路器电机固定螺栓没有使用防松垫圈、螺纹紧固胶、备帽等防松措施。今后基建验收时应加强对断路器机构内部检查，检查螺栓是否紧固良好，是否做好紧固标识，特别是一些重要部件的小螺栓，应做好防松措施。

案例 3-14

220kV 断路器卷簧能量过大造成断路器半分半合缺陷分析及处理

一、缺陷概述

2020 年 6 月 16 日，某 500kV 变电站 276 断路器动作特性测试中，276 断路器 A 相合分一次后处于半分半合状态，无法储能，如图 3-14-1 和图 3-14-2 所示。检查发现卷簧储能过大导致，调节卷簧储能盘后缺陷消除。

图 3-14-1　分合闸指示牌显示

图 3-14-2　合闸储能指示

设备信息：220kV 断路器型号为 LTB245E1 型，出厂日期为 2007 年 4 月 1 日，投运日期为 2008 年 1 月 26 日。

二、诊断及处理过程

（一）诊断过程

检修人员打开盖板检查发现 A 相合闸拐臂明显合闸过头，卷簧中的白垫存在跑位，如图 3-14-3 和

图 3-14-4 所示。图 3-14-5 和图 3-14-6 所示为合闸拐臂和白垫的正常位置。白垫为聚四氟乙烯成分，主要作用是防止卷簧金属间的摩擦。

图 3-14-3   合闸后合闸拐臂异常位置

图 3-14-4   白垫跑位

图 3-14-5   合闸后合闸拐臂正常位置

图 3-14-6   正常白垫位置

（二）处理过程

检修人员先将卷簧手摇释能，使其分闸到位，再对卷簧储能量进行调整，具体步骤如下。

（1）将储能指示杠带白轮端抬起固定，如图 3-14-7 所示，防止调整过程中储能指示杠断裂。

（2）向左拨动月牙上端模拟合闸线圈动作，如图 3-14-8 所示，并使其保持，让释放能量过程合闸拐臂可以顺时针通过。

（3）短接电机两端。由于手动卸能时会带动电机转动，在电路中有可能产生电流，因此需要短接电机两端，防止烧坏其他元件。

（4）使限位断路器保持在压紧状态，防止限位断路器被折断。

（5）完成准备工作后，将释能按钮往上顶入，如图 3-14-9 和图 3-14-10 所示。

图 3-14-7　白轮抬起

图 3-14-8　模拟合闸线圈动作

图 3-14-9　往上顶入释能按钮

图 3-14-10　释能按钮

（6）将释能按钮往上顶入，手摇摇把，如图 3-14-11 所示，释放机构卷簧的能量。在释能过程中，切记需一直压住释能按钮不能松开。手动释能应达到合闸拐臂的头应退至合闸掣子滚轴上方。

图 3-14-11　手摇释放能量

（7）拆装 4 个星形螺栓（如图 3-14-12 所示），调整储能盘角度（如图 3-14-13 所示）。

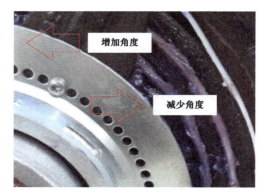

图 3-14-12　拆装 4 个星形螺栓　　　　　　图 3-14-13　调整方向

（8）经过两次尝试，检修人员发现预储能角度比实际储能角度大了 10°，向右调整储能盘 2 格后，可以正常分合闸。断路器时间特性、行程曲线及速度测试均符合该型号断路器导则的要求，缺陷消除。

三、分析总结

综合分析，造成操作后处于半分合状态的原因有两个：

一是断路器卷簧能量过大。由图 3-14-4 和图 3-14-6 的对比可以看出，白垫的位置已向里多转了一圈多，导致卷簧能量变大。

二是直流脉冲直接加在线圈两端。检修人员测量合闸回路两端发现 K13 继电器不通，查找厂家图纸发现其接在控制回路上，当回路得电时 K13 继电器才会通，因此检修人员将脉冲跳过辅助断路器，直接加在了线圈两端，使得合闸拐臂旋转逆时针旋转一圈后，未被合闸掣子挡住而继续旋转，因此现场出现合闸拐臂旋转明显过头，大概 90°。当断路器分闸时，分闸拐臂会顺时针转动，假如合闸拐臂处于正常位置，分合闸拐臂不会有接触，断路器可以分闸到位。而 276 断路器 A 相的合闸拐臂多走了 90°，此时分闸拐臂与合闸拐臂间隙过小，在分闸过程中分闸拐臂上的碰撞点与合闸拐臂吸在一起，使得断路器无法分到位，因此导致断路器处于半分合状态。

为防范该型号断路器半分半合情况的发现，建议采取以下措施：

（1）建议该型号断路器例检时，应在操作前检查卷簧的白垫是否有跑位、合闸掣子滚子有无撞击痕迹等，特别是运行时间较长的断路器。

（2）检修人员在现场进行断路器机械特性试验过程中，禁止将直流脉冲跳过辅助断路器或保护接点，直接加在线圈两端。同时，该型号断路器在控制回路得电时 K13 继电器才会通，可将继电器的脱扣拉出使 K13 接点闭合，从而实现在控制回路前端进行加压。

案例 3-15

220kV 断路器储能传动离合器打滑造成断路器储能时间异常缺陷分析及处理

一、缺陷概述

2020 年 11 月 3 日，某 500kV 变电站 263 断路器 B 相储能时间异常，检修人员检查发现储能传动离合器打滑，更换储能传动离合器后，缺陷消除。

设备信息：220kV 断路器型号为 GL314 型，操动机构型号为 FK3-1，投运日期为 2011 年 8 月。

二、诊断及处理过程

多次分合闸断路器使其储能，并通过手机录像的方式，记录其储能过程中各传动齿轮、链条、拐臂运动轨迹，如图 3-15-1 所示。通过与正常相对比发现 263 断路器 B 相惯性飞轮及相连的链条存在打滑及停滞现象，由于该储能电机无超时保护功能，经多次打滑后，储能成功。根据机构储能原理及咨询断路器厂家可以判断，发生打滑部分应为离合器摩擦片。

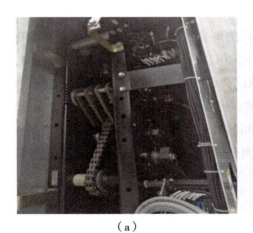

（a） （b）

图 3-15-1 机构惯性飞轮及链条检查

（a）机构链条检查；（b）机构惯性飞轮检查

离合器类似于动力传输的断路器，可以结合或者切断动力的传递，离合器主动部分与从动部分可以暂时分离，又可以逐渐结合，从而实现动力传递的非刚性传递。工作原理类似于汽车 CVT 变速箱，通过主轴的转动自动实现分离和结合。该离合器将储能电机通过传动齿轮输出的动力由刚性传递转变为非刚性传递，缓冲储能传动系统启动及停止的机械冲击，延长传动系统的机械寿命。

释放分合闸弹簧的能量后，安装专用的压簧工具（如图 3-15-2 所示），将合闸弹簧压缩至合适的位置，并解除储能机构单向轮的锁止装置，通过手动操作储能手柄带动储能轴转动，实现离合器主动轮和从动轮的分离，从而改变传动齿轮之间的啮合状态，方便离合器传动齿轮的拆除和安装工作。

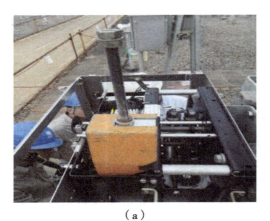

（a）　　　　　　　　　　　　　　　（b）

图 3-15-2　压簧工装的安装

（a）压簧工装的安装 1；（b）压簧工装的安装 2

　　由于内部空间紧凑，离合器的拆除和安装的操作、记录均存在一定困难，工序繁琐，拆装过程对后续的指导意义有限，这里就不做赘述。

　　263 断路器 B 相离合器拆装完成后，手动储能操作正常后再电动储能，检查储能时间正常，储能传动齿轮、拐臂、链条无停滞、反转现象后，多次试分合正常，相关的常规电气试验数据均合格。

三、分析总结

　　GL314 型断路器配置的 FK3-1 电动弹簧操动机构的离合器工作原理为内外锥形面摩擦结合实现动力的传递，如图 3-15-3 和图 3-15-4 所示。通过对比新旧离合器的驱动轴（如图 3-15-5 和图 3-15-6 所示），发现旧离合器输出轴齿轮端无密封圈，新款的离合器在输出轴与步进螺纹之间设计了密封圈，从而可以阻止运行过程中机构中的润滑油沿着驱动轴纵向表面渗入锥形摩擦面之间。由于油渍的存在，在储能过程中锥形摩擦面之间产生滑动摩擦，长时间的滑动摩擦，使得复合材料锥形摩擦面的凸起部分被打磨光滑，最终导致锥形摩擦面摩擦力失去，离合器结合能力损失或失去，造成操动机构储能时间延长或者储能失败。

图 3-15-3　离合器　　　　　　　　　　　图 3-15-4　锥形摩擦面

无密封圈　　有密封圈

图 3-15-5　旧离合器解体　　　　　图 3-15-6　新离合器解体

（1）GL314 型断路器所配的 FK3-1 型操动机构，由于技术特点，检修维护导则及机构箱内部均有明显警示标识：机构内部禁止使用液体润滑剂。虽然本次故障与润滑剂的使用无直接关联关系，后续例行检修应严格参照检修导则，禁止使用液体润滑剂。

（2）该机构储能回路简单可靠，无打压超时、过载功能，打压时间偏差不明显时不容易察觉；且内部空间紧凑，储能电机状态不易检查。后续例检工作中，应对比三相储能时间，若储能时间存在明显偏差，可重点检查储能电机及储能传动离合器。

（3）该机构储能电机固定螺栓未按照固定力矩紧固，未见螺纹胶，建议后续对该型号断路器进行验收时，应加强传动部分固定螺栓紧固情况的检查。

案例 3-16

220kV 断路器液压机构液压监控单元损坏导致频繁打压缺陷分析及处理

一、缺陷概述

2017 年 7 月 18 日，某 500kV 变电站监控后台报"220kV 某线路 261 断路器频繁打压"。该设备近期多次上报缺陷，检修人员经过现场排查并结合历史缺陷内容，判断产生缺陷的原因在于断路器液压监控单元，更换液压监控单元后，设备恢复正常。

设备信息：220kV 断路器型号为 3AQ1EE-252，出厂日期为 2008 年 10 月 18 日，投运日期为 2009 年 6 月 25 日。

二、诊断及处理过程

监控记录显示 261 断路器平时打压次数近 20 次 / 天，打压次数与其他间隔同型号设备相差较大。检修人员手动启动油泵打压至 34.0MPa 后静置，静置过程中液压监控单元内有明显的泄漏声音，6min

后液压降低至 32.0MPa，油泵正常启动。检修人员结合停电展开油泵排气和液压系统排气，但排气后泄漏现象并未消除，遂更换液压监控单元，如图 3-16-1 所示。

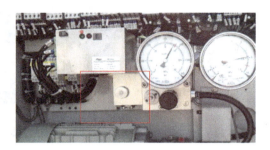

图 3-16-1　液压监控单元

更换前需排尽低压油箱内液压油，如图 3-16-2 所示。

图 3-16-2　低压油箱排油

更换完成后，需将液压油注回油箱中，并进行液压系统排气。排气完成后，检查新液压监控单元工作是否正常：

（1）启动油泵手动打压至 35.5MPa，安全阀启停正常。

（2）对断路器进行手动合分操作，断路器合分正常。

（3）油压低于 32MPa 时，油泵正常工作，重新建压至 33MPa。

（4）观察油泵工作情况，60min 内油压未见明显下降，油泵未启动。

液压监控单元各端口连通情况介绍，如图 3-16-3 和图 3-16-4 所示。

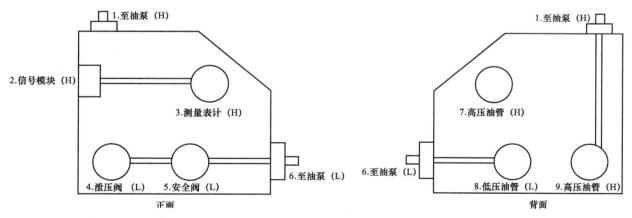

图 3-16-3　液压监控单元（正面）　　　　　图 3-16-4　液压监控单元（背面）

H—通道内流淌的是高压油；L—通道内流淌的是低压油　　　H—通道内流淌的是高压油；L—通道内流淌的是低压油

其中，2、3、7号接口直接连通，6、8接口与4（如图3-16-5所示）、5（如图3-16-6所示）的低压油路部分连通，1、9接口与4、5的高压油路部分连通。1、9号接口间设有单向阀防止液压油逆流。4、9号接口间设有球阀，隔离高低压油路。

图 3-16-5　泄压阀

图 3-16-6　安全阀

液压监控单元的主要功能为连接测量液压参数的表计、手动泄压及自动泄压。

承担连接测量液压参数表计功能的主要为2、3、7号接口，其与高压油路直接相连，是一条独立的油路。

承担手动泄压功能的主要是4，其泄压原理为：4、9号接口间设有球阀，正常工作时，球阀关闭，高低压油路互相隔离。泄压时，旋动泄压阀上的螺栓顶开球阀，球阀打开后高低压油路连通，高压油流入低压区，液压系统内油压降低。

承担自动泄压功能的是5，其原理与泄压阀类似，但区别在于，安全阀内部设置的是弹簧装置隔离高低压油区，当高压区油压高于设定值时，弹簧被液压推动，关闭的通道被打开，高低压油区形成通路，完成自动泄压。

对有缺陷的液压监控单元进行解体后，发现球阀钢珠表面存在划痕和被泄压阀顶针撞击的痕迹，球面存在不光滑部位，如图3-16-7所示。球阀结构如图3-16-8所示，其工作原理：在平时钢珠由于弹簧及油压顶住阀口，隔断油路，操作时泄压阀顶针顶入球阀，钢珠被向后推动与阀口间产生缝隙，从而使油路贯通。当钢珠表面不光滑时，阀口密封不良，由于高压油压力通常在32MPa以上，即使存在细微缝隙也会造成渗漏，导致液压快速下降致使油泵频繁打压。

图 3-16-7　球阀钢珠（红圈部分有划痕）

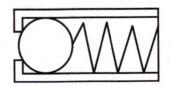

图 3-16-8　球阀

三、总结分析

隔离高低压油区的球阀钢珠受损，密封功能失效，导致液压系统内漏，为避免出现类似情况，可采取措施为：①液压油排气次数应当合理，避免频繁操作损伤球阀钢珠；②操作泄压阀排气过程中应力度适中，以免顶针损伤球阀钢珠。

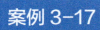

案例 3-17

220kV 断路器液压机构电子式压力断路器损坏缺陷分析及处理

一、缺陷概述

2017 年 11 月 5 日，某 500kV 变电站 286 断路器例检中，检修人员发现在断路器控制电源切换试验过程中，断开一路控制电源切换至二路控制电源工作时，压力监测模块无法正常工作，故障灯亮起。检修人员判断压力监测模块故障，更换模块后，设备恢复正常。

设备信息：220kV 断路器型号为 3AQ1EE-252，出厂日期为 2005 年 2 月 9 日，投运日期为 2006 年 8 月 9 日。

二、诊断及处理过程

3AQ/3AT 系列断路器使用了两种结构的压力监控单元，即机械式压力断路器和电子式压力断路器，如图 3-17-1 ～图 3-17-4 所示。

更换电子式压力断路器过程如下：

（1）断开控制电源空气断路器与储能空气断路器后，对液压机构进行泄压，松开泄压阀闭锁螺母，并退至螺栓根部，用 8" 开口扳手打开泄压阀，使压力泄为 0MPa，如图 3-17-5 和图 3-17-6 所示。

（2）图 3-17-7 所示为航空插头位置，拔下航空插头并用防水袋密封，防止电子式压力断路器卸下时，流出的液压油污染了航空插头。

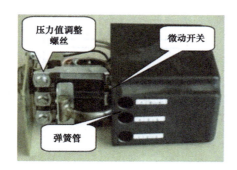

图 3-17-1 机械式压力断路器

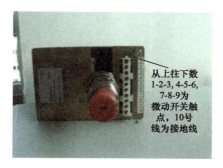

图 3-17-2 机械式压力断路器触点

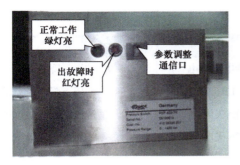

图 3-17-3　电子式压力断路器

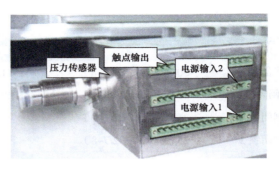

图 3-17-4　电子式压力断路器触点

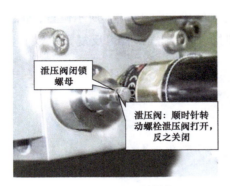

图 3-17-5　泄压阀操作 1

图 3-17-6　泄压阀操作 2

图 3-17-7　航空插头

（3）用扳手卸下电子式压力断路器，断路器机构虽已泄压，但压力断路器接口处仍会残留液压油，应先用白布铺在压力断路器下方，吸收可能流出的液压油。

（4）新压力断路器的油压接口用液压油润滑，安装后用扳手紧固。

（5）按照航空插头的标记恢复二次接线。

电子式压力断路器更换完成后，分别送上两路控制电源，电子式压力断路器绿色灯均亮起，证明电子式压力断路器在两路电源下均能正常工作。随后参考表 3-17-1 对所换的压力断路器进行压力触点校验。

表 3-17-1　　　　　　　　　　　　　　压力监测模块动作值表

现象	液压值	继电器动作情况	触点动作情况
油泵启动	320 ± 4bar（B1/1-2）	K9 得电	油压下降，触点动作
氮气泄漏	355 ± 4bar（B1/4-6）	K12LA、LB、LC 失电，K14 得电	油压上升，触点动作

续表

现象	液压值	继电器动作情况	触点动作情况
自动重合闸闭锁	308±4bar（B1/7-8）	K4 继电器得电	油压下降，触点动作
合闸闭锁	273±4bar（B2/4-5）	K12LA、LB、LC 失电	油压下降，触点动作
分闸闭锁 1	253±4bar（B2/1-2）	K10 失电	油压下降，触点动作
分闸闭锁 2	253±4bar（B2/7-8）	K26 失电	油压下降，触点动作

压力断路器更换后，有可能导致空气进入油泵中，故需要对油泵进行排气。首先启动油泵进行打压，在打压过程中将油泵上排气螺栓轻微松开，排气螺栓如图 3-17-8 所示位置，保持松开状态，可以看到有气泡从排气塞边冒出；当排出的油无气泡时，拧紧排气螺栓。反复重复以上步骤直至泵体内无气体排出。

图 3-17-8　油泵排气螺栓

三、总结分析

压力断路器分为机械式压力断路器和电子式压力断路器两类。机械式压力断路器由微动断路器、位移量与压力成一固定比例的弹簧管组成；液压系统的压力大小反映为弹簧管的位移量，位移量再驱动微动断路器转化为电气信号。电子式压力断路器由压力传感器和电子逻辑回路、整流电源组成，具有精度高、故障率低等特点。电子式压力断路器的压力传感器直接把液压系统中的压力转化为电气信号，并经过电子逻辑回路处理后输出到压力断路器本身所带的干式继电器线圈，再驱动继电器触点。对断路器的控制回路来说，电子式压力断路器接点提供的是断开或闭合信号，这和机械式压力断路器在断路器控制回路里的作用是一致的。

随着运行时间的增加，断路器液压系统的压力断路器在一定程度上会出现老化或压力触点动作值偏差的现象，因此例行检修时应重点检查压力断路器。液压压力断路器触点引至断路器两套分闸控制回路，因此需分别合上两路控制电源，确保液压压力监控单元在任何一路控制电源供电下均能正常工作，可靠动作。

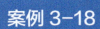

220kV 断路器液压机构进油软管开裂缺陷分析及处理

一、缺陷概述

2010 年 10 月 18 日，某 500kV 变电站 220kV 282 断路器液压油泵进油口软管出现开裂缺陷。检修人员检查发现连接监控阀体和油泵进油口的橡胶软管严重开裂，更换新橡胶软管后缺陷消除。

设备信息：220kV 断路器型号为 3AQ1EE-252，出厂日期为 2001 年 9 月，投运日期为 2002 年 3 月。

二、诊断及处理过程

橡胶软管开裂情况如图 3-18-1 所示。

图 3-18-1　油泵橡胶软管开裂

更换橡胶软管步骤如下：

（1）断开电机启动电源 F1、断开加热器电源 F3。

（2）对液压系统进行泄压，打开泄压阀螺栓顺时针转动，直至液压值降为 0MPa。

（3）在油泵下方、加热器及端子排等处铺上若干白棉布。

（4）用钢丝钳或大力钳松开软管两头的紧固夹后，移动紧固夹至软管中部。

（5）先拔出与监控阀体相连的软管接头，再把与油泵进油口相连的软管接头拔出。因油管路内有残余压力，拔出软管接头时会有液压油流出，所以可提前准备临时封堵工具及材料。

（6）退出旧软管上的两只紧固夹并安装到新软管上。将新软管回装并将紧固夹固定在软管端部，如图 3-18-2 所示。回装时，应先装油泵进油口一侧，后装监控阀体出油口一侧。

（7）清洁油迹并观察软管端部有无渗漏油。

图 3-18-2　处理完毕后橡胶软管

三、总结分析

该断路器投运时间 8 年，油泵进油口软管橡胶自然老化开裂，且机构箱内加热器与橡胶软管距离较近，加热器的热量加速了橡胶的老化速度。

案例 3-19

220kV 断路器液压机构储能筒渗油缺陷分析及处理

一、缺陷概述

2010 年 11 月 24 日，某 500kV 变电站 220kV 293 断路器储能筒处出现渗油。检修人员更换储能筒与高压油管间密封接头后缺陷消除。

设备信息：220kV 断路器型号为 3AQ1EE-252，出厂日期为 2004 年 6 月，投运日期为 2005 年 3 月。

二、诊断及处理过程

（一）渗油点确认

检修人员检查 293 断路器储能筒附近渗油油迹，渗油情况如图 3-19-1 所示。擦除储能筒附近油迹后，观察渗油源头，确认渗油点位于断路器高压油管与储能筒间密封接头。

图 3-19-1　处理前渗油情况（红圈为渗漏点）

（二）处理过程

检修人员处理渗油缺陷过程如下：

（1）对断路器进行泄压，断开储能空气断路器后打开泄压阀。

（2）检查高压油管法兰与储能筒间连接螺栓的紧固力矩值，排除螺栓松动引起的渗油。

（3）检查储能筒与高压油管间密封接头，发现密封接头表面粘覆轻微杂质导致密封不严，如图 3-19-2 ～图 3-19-4 所示。

图 3-19-2　打开连接管取下连接头检查内壁

图 3-19-3　更换下的密封接头图

3-19-4　新的密封接头

（4）更换新的密封接头后将储能筒打压至额定压力，断开储能空气断路器。

（5）保压 24h 后，观察压力值无下降，未出现渗油迹象。

三、总结分析

储能筒与高压油管间的密封接头表面粘覆杂质，造成了 293 断路器储能筒处渗油缺陷。采用液压机构的断路器设备，因液压机构的管路、阀体控制等连接部位较多，常出现油路渗油缺陷。液压油存在杂质、卡套安装时有灰尘或对接不准等，均可能导致高压管路密封不良。

案例 3-20

220kV 断路器压力断路器接线接触不良、整定值偏低造成液压压力低缺陷分析及处理

一、缺陷概述

2019 年 2 月 18 日，某 500kV 变电站 255 断路器 B 相液压压力低于额定值未启动打压，检修人员检查发现压力断路器接线接触不良、压力断路器整定值偏低，重新紧固接线和调整压力断路器整定值，缺陷消除。

设备信息：220kV 断路器型号为 300SR-K1，投运日期为 2013 年 7 月。

二、诊断及处理过程

（一）缺陷诊断过程

检修人员现场检查 255 断路器 B 相液压压力为 32.2 MPa，如图 3-20-1 所示。该型号断路器液压额定压力为（36.0 ± 0.6）MPa，油泵启动打压压力为（34.0 ± 0.6）MPa，如图 3-20-2 所示。

PS-82 PRESSURE SWITCH　HX11060197

NO.	INCR(OFF)	DECR(ON)	C	NC	REMARKS
I	36.0±0.6MPa	34.0±0.6MPa	1	2	ΔP≈1.8-2.5
II		32.0±0.6MPa	4	5	
III		30.0±0.6MPa	7	8	
IV		29.5±0.6MPa	10	11	
V		28.0±0.6MPa	13	14	
VI		28.0±0.6MPa	16	17	
VII		32.0±0.6MPa	19	20	
VIII		28.0±0.6MPa	22	23	reserve

SHANGHAI HONGXIE TECHONLOGY CO. LTD

图 3-20-1　现场液压压力值　　　　图 3-20-2　断路器液压压力整定值

现场检查油泵打压断电延时继电器 KT3-B、油泵打压接触器 KM13-B 均未吸合，端子 X8：2 与

X8：5未导通，检查发现压力断路器63QBB：1、63QBB：2端子接线松动，重新紧固接线后开始打压。打压结束后压力为34.5MPa〔额定（36±0.6）MPa〕。

根据图3-20-3、图3-20-4可知，当液压压力低于34MPa时，压力断路器63QBB的1-2触点动作闭合，油泵打压断电延时继电器KT3-B动作吸合，KT3-B的6-8触点闭合，油泵打压接触器KM13-B线圈动作导致油泵主回路闭合，油泵开始打压。当液压压力高于36MPa时，压力断路器63QBB的1-2触点断开，油泵打压断电延时继电器KT3-B经过t_s延时断开，KT3-B的6-8触点断开，油泵打压接触器KM13线圈复归导致油泵主回路断开，油泵停止打压。255断路器打压结束后压力仍低于额定压力，可以判断为压力断路器63QBB的1-2触点的整定值存在问题。

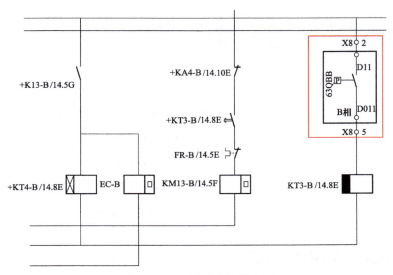

图3-20-3　油泵启停回路图

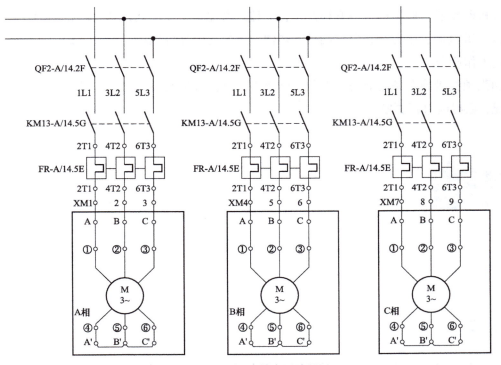

图3-20-4　油泵主回路图

（二）缺陷处理过程

对压力断路器 63QBB 的 1-2 触点对应的波纹管行程进行调节。波纹管内部充高压油，在液压偏低时，波纹管恢复形变碰触微动断路器，从而开始打压。现场解除定位螺母，顺时针向内调整螺杆以调高整定值，由于现场设备带电，无法泄压，精确调整油泵打压动作整定值和打压动作终止值需结合停电处理。

三、分析总结

通过本次缺陷处理，梳理该型号断路器油泵不打压原因，有 7 种可能性，如表 3-20-1 所示。

表 3-20-1　　　　　　　　　　　　　　　可能故障原因

序号	故障原因
1	电机 M 故障
2	油泵打压接触器 KM13 故障
3	油泵打压断电延时继电器 KT3 故障
4	液压压力断路器整定值偏差
5	端子接触不佳
6	电机热偶继电器 FR 故障
7	空气断路器 QF2 故障

为防范该型号断路器油泵不打压问题的发生，建议采取以下措施：

（1）加强基建、技改验收质量管控。在验收过程，加强对断路器的接触器、继电器、压力断路器、端子、热偶继电器等元器件的试验及检查。

（2）分析断路器检修短板，提升检修工艺。梳理断路器常见问题，列入断路器例检项目，加强断路器接触器、继电器、压力断路器、端子、热偶继电器等元器件试验及检查维护，并将此类易忽视的维护项目列入作业卡。

（3）加强预控措施及备品储备。提前采购该型号断路器的易损元器件，结合例检工作，根据现场元器件工况，必要时进行更换。

案例 3-21

220kV 断路器极柱端盖密封面漏气缺陷处理

一、缺陷概述

2011 年 9 月 6 日，检修人员发现某 500kV 变电站 220kV 240 断路器 C 相极柱漏气缺陷，更换 240

断路器 C 相极柱后缺陷消除。

设备信息：220kV 断路器型号为 GL314，出厂日期为 2008 年 1 月，投运日期为 2009 年 4 月 29 日。

二、诊断及处理过程

（一）渗漏点检查

检修人员对 240 断路器进行现场检漏，发现断路器 C 相极柱漏气点位于其顶部端盖螺栓处，肉眼可见明显气泡，如图 3-21-1 所示，需开盖进行处理。

图 3-21-1　顶部漏气位置

（二）处理过程

处理过程如下：

（1）断开与断路器相关的各类电源并确认无电压，充分释放能量。

（2）回收 SF$_6$ 气体，将本体抽真空后用高纯氮气冲洗 3 次。

（3）打开气室后，所有人员撤离现场 30min 后方可继续工作，工作时人员站在上风侧，穿戴好防护用具。清理顶部端盖卫生，打开顶部端盖，注意防尘避免杂物落入灭弧室，取下盖板时避免划伤密封面，如图 3-21-2 和图 3-21-3 所示。

图 3-21-2　打开端盖前

密封圈

图 3-21-3　打开端盖后

（4）更换新密封圈。在密封圈凹槽处、端面表面及密封圈上部分别均匀涂抹适量专用硅脂，须注意涂密封脂不得流入密封件内侧。

（5）盖上密封板，均匀对称紧固端盖螺栓，紧固力矩值为 60N·m，密封面的连接螺栓应涂防水胶，如图 3-21-4 和图 3-21-5 所示。

（6）更换吸附剂。拆除断路器灭弧室底部盖板并更换新吸附剂，按相同工艺清洁密封面、更换密封圈后进行回装。旧吸附剂应倒入 20% 浓度 NaOH 溶液内浸泡 12h 后，装于密封容器内深埋。

（7）更换吸附剂后应尽快将气室密封抽真空（小于 30min），厂家无明确规定时，抽真空至 133Pa 以下并继续抽真空 30min，停泵 30min，记录真空度 A，再隔 5h，读真空度 B，若（$B-A$）<133Pa，则可认为合格，否则应进行处理并重新抽真空至合格为止。

图 3-21-4　涂抹硅脂

图 3-21-5　装配完毕

（8）断路器充气至额定压力，工作时人员站在上风侧。SF_6 气体应经检测合格（含水量 ≤ 40μL/L、纯度 ≥ 99.9%），充气管道和接头应使用检测合格的 SF_6 气体进行清洁、干燥处理，充气时应防止空气混入。

（9）检查 240 断路器密封性，对断路器更换部位进行检漏，发现漏气位置出现在顶部端盖螺栓处，如图 3-21-6 所示，需要更换整体极柱。

图 3-21-6　密封性检查

（10）再次回收 SF_6 气体，用高纯氮气充至微正压。

（11）拆除断路器一次引线及连接管母线，如图 3-21-7 所示。拆除管母线时注意绑牢缆风绳防止对其失去控制。

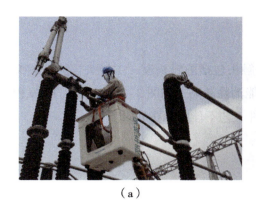

（a）　　　　　　　　　　　　　　　（b）

图 3-21-7　拆除断路器一次引线及连接管母线

（a）拆除断路器一次引线；（b）拆除断路器连接管母线

（12）拆除 240 断路器 B、C 相传动连杆封板及固定轴销，如图 3-21-8 和图 3-21-9 所示。

图 3-21-8　B、C 相传动连杆封板　　　　　图 3-21-9　传动连杆固定轴销

（13）做好起吊准备，拆除地脚螺栓及构架接地，进行 240 断路器 C 相极柱起吊，更换新极柱后按与拆卸相反的顺序回装断路器各零部件及一次引线，如图 3-21-10 所示。最后将 240 断路器补气至额定压力并进行密封性检查，新极柱各密封面均无漏气点，同时 240 断路器各项试验数据均满足标准要求，缺陷消除。

（a）　　　　　　　　　　　　　　　（b）

图 3-21-10　极柱起吊

（a）极柱起吊；（b）拆除地脚螺栓

三、总结分析

断路器灭弧室的结构图如图 3-21-11 所示，静触头包括静触头座、主触头、静弧触头及灭弧室顶部端面。检修人员通过更换顶部端盖以及密封圈未能消除缺陷（如图 3-21-12 所示），发现漏气点位于密封圈外的螺孔处，因此造成漏气的原因是金属铸件工艺不佳、存在砂眼。

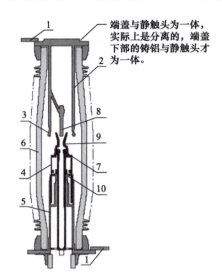

端盖与静触头为一体，实际上是分离的，端盖下部的铸铝与静触头才为一体。

图 3-21-11　断路器灭弧室结构

1—接线板；2—静触头座；3—主触头；
4—动触头；5—动触头座；6—瓷套；
7—动弧触头；8—静弧触头；9—喷口；10—阀门

开盖处理后漏气位置

图 3-21-12　漏气位置

案例 3-22

220kV 断路器相间拉杆强度不足导致合闸异响缺陷分析及处理

一、缺陷概述

2010 年 3 月 21 日，检修人员在对某 500kV 变电站 220kV 280 断路器例行检修试验时，发现断路器合闸时有尖锐的撞击声音。经检查是由于断路器相间拉杆强度不足导致受力变形引起，检修人员重新更换新相间拉杆后缺陷消除。

设备信息：220kV 断路器型号为 HPL245B1，出厂日期为 2006 年 10 月，投运日期为 2007 年 12 月 29 日。

二、诊断及处理过程

（一）确认异常声响位置

检修人员检查 280 断路器操动机构，未发现机构卡涩、卡劲情况。同时断路器机械特性测试也满足标准要求，时间—行程曲线波形正常、平稳无问题。

检修人员检查 280 断路器传动连杆，发现异常声响出现在 A、B 相间拉杆处，随后将 280 断路器 A、B 相间拉杆拆下检查，发现相间拉杆上的橡皮圈碰到护套内壁，如图 3-22-1 所示；沿拉杆中部位置一侧分布有撞击痕迹，如图 3-22-2 所示。经检查后确认 280 断路器异常声响是相间拉杆合闸时弹性形变与护套撞击产生的。

图 3-22-1　拉杆上的橡皮圈

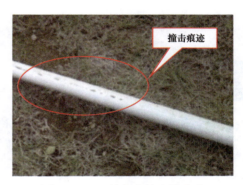

图 3-22-2　拉杆上撞击的痕迹

（二）缺陷分析

280 断路器采用三相联动操动机构，仅在断路器 C 相处设操动机构箱，通过相间拉杆实现 A、B 相联动操作，如图 3-22-3 红框位置所示，每相灭弧室下方各安装有分闸弹簧。断路器分闸时，分闸弹簧释放能量，相间拉杆向右运动，两端受力方向相同，拉杆未变形。

断路器合闸时，合闸弹簧释放能量，相间拉杆向左运动，同时对分闸弹簧储能，两端受力方向相反，拉杆因强度不足朝中部发生形变，撞击护套内壁，发出异常声响。

图 3-22-3　相间拉杆位置

（三）处理过程

由于 280 断路器 A、B 相间拉杆合闸时已发生大幅度弹性变形，金属内应力上升，当达到弹性极限后易发生塑性变形甚至断裂。为保证断路器的正常运行，检修人员更换新相间拉杆，重新安装后异常声响消失，同时断路器特性测试数据也符合标准要求。

三、总结分析

280 断路器相间拉杆虽然发生弹性形变，但断路器分闸波形正常，合闸波形轻微抖动，未发生合闸弹跳现象，不会影响灭弧室的电气寿命；同时断路器的时间、速度数据合格，不会影响到断路器的安全运行。

案例 3-23

220kV 断路器信号回路接线错误造成信号异常缺陷分析及处理

一、缺陷概述

2021 年 5 月 28 日，某 500kV 变电站 263 断路器例检液压信号核对过程中发现各闭锁信号未在对应液压压力值报出，检查发现信号回路接线错误，改正信号回路接线后，缺陷消除。

设备信息：220kV 断路器型号为 3AQ1EE-252，出厂日期为 2007 年 1 月 1 日，投运日期为 2008 年 4 月 27 日。

二、诊断及处理过程

检修人员检查液压压力微动开关 B1，如图 3-23-1 所示，两路电源切换正常，缓慢泄压过程，测量断路器对应压力接点电位变化正常，压力接点均能正确动作。

检查压力断路器 B1 各压力接点的中间继电器（如图 3-23-2 和图 3-23-3 所示），当压力接点闭合后，继电器 K2、K3、K4 可正常动作，其串于信号回路中的接点动作使信号回路导通。

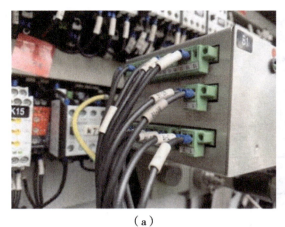 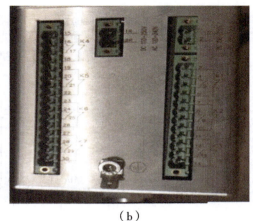

（a） （b）

图 3-23-1 压力微动开关 B1

（a）压力微动开关 B1 接线；（b）压力微动开关 B1 接线插头

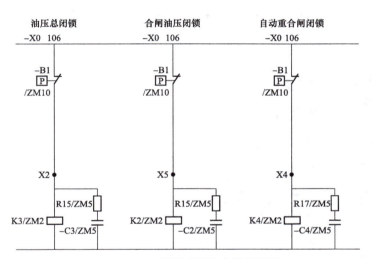

图 3-23-2 信号中间继电器回路图

图 3-23-3 电路板

进一步排查发现，当压力降低至重合闸闭锁（30.8MPa）及合闸闭锁（27.3MPa）压力值以下时，信号公共端 X2-4（X2 端子排在电路板上，如图 3-23-3 所示）无电压。当泄压至油压低总闭锁（25.3MPa）压力值以下时，X2-4 对地电位变为 DC+110V，此时自动重合闸闭锁、合闸闭锁、总闭锁同时报出。

进一步摸线检查发现，X2-4 通过跨接线与非全相动作中间继电器 K61-53 端子连接，而 K61-53 端子另外一端应接至信号正电端 X1-850。检查发现有一根号头标为 X1-850B 的接线用黑胶布包扎悬空，用万用表测量其与 K61-53 导通，即 K61-53 的另一端接线悬空，导致信号正电无法至 X2-4，信号也就无法报出，具体如图 3-23-4～图 3-23-6 所示。

由于保护的双重化配置，K3 用于第一组分闸保护，而 K103 用于第二组分闸保护，对应闭锁第一组分闸回路与第二组分闸回路（两组的油压闭锁接点均设置为 25.3MPa）。当压力降至 25.3MPa 以下时，K103 通过 263 断路器第二组控制电源励磁，其串于信号回路的接点导通，正电通过 X1-877～X1-876 再到 X2-4，由于在压力低于 25.3MPa 时，分闸闭锁与重合闸闭锁的压力接点均已导通，因此信号同时报出，这就解释了缺陷现象。

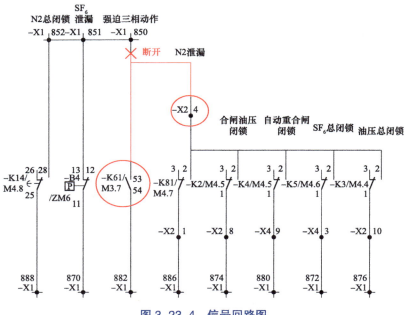

图 3-23-4　信号回路图

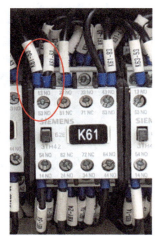

图 3-23-5　K61 继电器接
线图

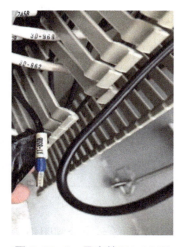

图 3-23-6　悬空的 X1-850B

三、总结分析

（1）液压机构断路器停电例检期间应遵照检修导则要求，对各液压值进行信号核对工作。

（2）新建、改建、扩建间隔应注意对液压机构断路器各液压值的核对验收工作。

案例 3-24

220kV 断路器 RC 加速回路故障造成断路器拒动缺陷分析及处理

一、缺陷概述

2021 年 2 月 1 日，某 500kV 变电站 247 断路器 A 相传动过程中出现拒动，检修人员检查发现 RC 加速回路中电阻烧毁、电容失效，更换 RC 回路故障电阻和电容后缺陷消除。

设备信息：247 断路器型号为 3AQ1EE-252，出厂日期为 1998 年 7 月 1 日，投运日期为 1999 年 3 月 14 日。

二、诊断及处理过程

（一）诊断过程

247 断路器 A 相拒动前的历史操作为：

（1）247 断路器分闸一回路远方传动时，A、B、C 三相能够单跳动作。

（2）247 断路器分闸一回路三相联跳操作时，只有 B、C 相完成分闸，而 A 相分闸失败拒动。

（3）随后 247 断路器分闸一回路 A 相单跳时，A 相分闸拒动。

检修人员检查机构箱发现 247 断路器 A 相分闸一回路 RC 加速回路处于断线状态，现场打开机构箱正门背板发现 RC 加速回路电阻 R20LA 严重烧毁，如图 3-24-1 和图 3-24-2 所示。对分闸一回路与分闸二回路中的 12 个加速电容逐一测量电容量，发现在 A 相分闸一回路中，电阻 R20LA 所并联两个电容器中的一个电容器 C24LA 电容量为 0；在 A 相分闸二回路中，电阻 R23LA 所并联两个电容器中的一个电容器 C23LA 电容量为 0。加速电容 C24LA、C23LA 外观完好，但存在开路失效故障。

图 3-24-1　RC 回路现场连接图　　　　图 3-24-2　烧毁的电阻

（二）处理过程

检修人员更换 RC 回路故障电阻和电容，对电阻导线连接处进行绝缘包扎，避免造成直流失地。

检修人员对断路器操动机构分、合闸动作电压进行重新测试，试验数据合格且比较电阻、电容更换前后的试验数据（如表 3-24-1 和表 3-24-2 所示），可以发现 A 相分闸线圈一、分闸线圈二的动作电压由 120V 左右下降至 100V 左右。

表 3-24-1　　　　　　　　　　电阻、电容更换后，247 开关操动机构分、合闸动作电压　　　　　　　　　　（V）

相别	合闸	分闸 1	分闸 2
A	93	102	101
B	100	90	87
C	96	82	88

表 3-24-2　　　　　　　　　　电阻、电容更换前，247 开关操动机构分、合闸动作电压　　　　　　　　　　（V）

相别	合闸	分闸 1	分闸 2
A	92	127	122
B	101	91	86
C	97	81	87

随后，为避免外接直流电源容量偏小对断路器传动的影响，现场直接采用容量更大的站内直流系统电源作为控制电源，并对 247 断路器进行二次远方传动，三相单跳和联跳动作正确，无拒动现象。

三、总结分析

（1）断路器 RC 加速回路动态过程分析：在图 3-24-3 中 U 为分闸回路直流电源（一般为 DC 220V），R_1 为分闸线圈电阻，R_2 为 RC 加速回路电阻，C 为 RC 加速回路电容，并串联断路器位置辅助接点。

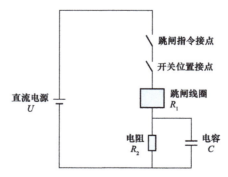

图 3-24-3　分闸回路简化原理图

其分闸动态过程：当断路器处于合闸位置时，位置接点闭合，则跳闸指令接点闭合→分闸线圈 R_1 励磁并跳开断路器（电容 C 充电）→位置接点断开（电容 C 放电）→结束，因此分闸过程可分为两步：

1）在分闸指令施加到分闸回路的瞬间，由于电容电压不能突变，此时电容的两端相当于短路的状态，电阻 R_2 不起作用，由于分闸线圈 R_1 的电阻很小（5Ω），分闸线圈在短时间内流过大电流（分闸线

圈启动电流 $IR_1=U/R_1=44A$ ），让线圈衔铁快速吸合，快速跳闸。在此过程中 RC 回路起一个建立瞬间大电流的作用，缩短分闸时间，故称之为 RC 加速回路。

2）断路器跳开时需要通过断路器位置接点断开跳闸回路，电容 C 中储存的能量通过 R_2 释放，电流减小，防止电容中的能量损伤分闸线圈。

（2）断路器分闸传动过程存在的问题：由以上分析可知，单相分闸线圈在启动时的启动电流高达 44A，当三相联动跳闸时，并联的三相分闸线圈启动电流高达 44A×3=132A，因此现场试验对控制直流电源的容量有很高的要求。而 247 断路器二次远方传动过程中，使用的是外接直流电源，调压范围为 0～260V，输出电流仅为 6A，因此采用外接直流电源进行传动试验时，过大的启动电流将导致外接直流电源输出电压明显下降，而进行单跳传动时，压降较小，仍可满足线圈动作，而进行三相联动时，电压降过大，低于 A 相分闸线圈一的动作电压（A 相分闸线圈动作电压高于 BC 相），从而导致 A 相分闸拒动。

（3）RC 加速回路电阻烧损原因分析：由于 A 相分闸拒动，此时 A 相处于合闸状态、BC 相处于分闸状态，断路器控制回路将启动非全相保护，非全相时间继电器、非全相出口继电器 K63 动作，从而使 A 相分闸一直处于得电状态。

A 相分闸如长期施加试验电压，电阻 R20LA 在阻容电路进入稳态后承担的功率为：$P=\left[U/\left(R_1+R_2\right)\right]\times R_2=\left[220/\left(5+75\right)\right]\times 75=567(W)$，而电阻 R20LA 的额定功率为 32W，超过了电阻的额定功率，如果散热不良，电阻无法长时间工作于超负荷状态的，将会导致其烧损。

（4）加速电容开路失效原因及其影响分析：现场检测加速电容器 C24LA、C23LA 电容量为 0，但外观完好、无烧损情况，因此初步判断由于电容内部老化腐蚀，使电容器电极与引出端断开，导致电容器的开路失效。

西门子断路器 RC 加速回路在电阻两端同时并联两个加速电容器的目的是保证其中一个电容损坏时，另外一个电容能够继续工作，从而避免电容损坏导致断路器分闸拒动。但是只有一个电容量工作时，分闸电路时间常数 $\tau=R_2\times C$ 将减小，则分闸线圈启动电流衰减速度将加快，从而使分闸线圈动作电压上升（如表 3-24-1 和表 3-24-2 所示），因此应及时发现损坏电容器并对其更换。

（5）分析总结。通过一系列的检查、试验，基本确认 247 断路器 A 相分一 RC 加速回路电阻烧毁原因为：①间接原因：对断路器进行二次传动时，采用低容量的外接直流电源供电，由于分闸线圈启动流动过大，三相联动时外接直流电源的输出电压明显下降导致 A 相拒动；②直接原因：传动过程中未解除非全相保护功能，A 相拒动后控制回路启动非全相保护功能，使 A 相分闸一回路长期施加试验电压，进而使 RC 加速回路电阻 R20LA 功率过大而烧毁，而加速电容 C24LA、C23LA 开路失效的原因初步判断是电容内部老化腐蚀导致。

RC 回路完好性的检查是一个经常被忽视的问题，但该回路承担着重要的作用，一旦出现故障，将导致断路器分闸速度变慢或者拒动。因此针对断路器例行检修、分闸线圈预防性试验过程及二次远方传动过程中可能造成的电阻烧损，可采取如下的维护策略及试验建议：

1）在日常检修中强化对 RC 回路的电阻、电容检查，定期测量电阻值或电容值是否已严重偏离出厂值，并录入 PMS 试验报告系统，同时收集历次定期检查数据并进行对比，判断电阻、电容性能是否存在恶化趋势；统计断路器的分闸次数，当积累至一定次数时，对电阻、电容进行更换。

2）在进行断路器分闸线圈动作电压测试时严格控制试验电源施加的时间，根据断路器机械特性验数据可知，断路器分闸时间约为 23ms，因此建议采用的试验仪需具备精确控制输出电压脉宽的功能，整定试验电压的脉宽在 70ms 附近。

3）针对带有 RC 回路断路器进行二次远方传动时，禁止使用外接直流电源供电，而应直接采用站内直流电源供电；同时进行断路器三相联跳传动时应将非全相保护功能解除，避免当断路器某相拒动时启动非全相保护功能，使分闸回路长期加压，从而烧毁电阻或线圈。

4）在进行断路器分闸动作电压试验时，若发现某相动作电压明显高于其他相时，应重点关注该相分闸 RC 回路中电容器是否存在开路失效现象。

案例 3-25

35kV 断路器弹簧机构传动轴变形缺陷分析及处理

一、缺陷概述

2011 年 2 月 27 日，某 500kV 变电站 35kV 396 断路器在操作过程中出现机械闭锁无法动作的缺陷，检修人员检查发现断路器联锁盘传动轴变形，更换传动轴后缺陷消除。

设备信息：该断路器型号为 HPL72.5B1，出厂日期为 2006 年 7 月 5 日，投运日期为 2006 年 10 月 7 日。

二、诊断及处理过程

（一）诊断过程

检修人员检查 396 断路器处于分闸状态时，联锁臂与联锁盘已产生机械联锁且无间隙，如图 3-25-1 所示。而正常情况下，断路器在分闸未储能状态时，联锁臂落下时应与联锁盘保持至少 2mm 以上间隙，储能结束后能自动抬起。

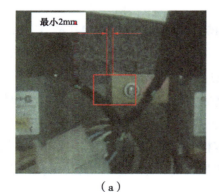
（a）

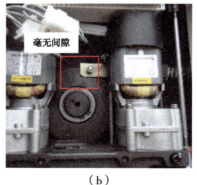
（b）

图 3-25-1　断路器分闸状态联锁臂与联锁盘位置

（a）断路器正常状态；（b）断路器机械联锁状态

检修人员查找故障原因步骤如下：

（1）断开断路器储能电机电源，手动/电动断路器置于手动位置。

（2）使用摇把对操动机构泄能，泄能时应将摇把顺时针转动。

（3）泄能时检查合闸拐臂与合闸掣子间的距离，直到合闸拐臂与合闸掣子脱开为止，如图 3-25-2 所示。

图 3-25-2　合闸拐臂与合闸掣子之间距离示意

（4）检修人员手动对机构进行储能，发现断路器联锁臂无法自动抬起，联锁臂与联锁盘间仍无间隙，初步判断联锁盘传动轴出现变形、扭轴。

（二）处理过程

更换步骤如下：

（1）打开机构箱顶盖及传动箱封盖，松掉传动拐臂自锁螺母，使拐臂处于松弛状态，如图 3-25-3 所示。

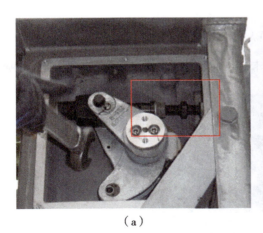 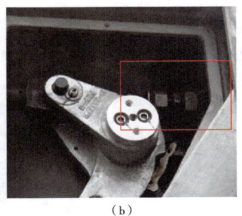

（a）　　　　　　　　　　　　　　（b）

图 3-25-3　拐臂操作图

（a）初始并紧状态；（b）松掉松弛状态

（2）解除手动/电动储能断路器，拆除驱动单元，并将联锁臂手动抬至闭锁解除状态，如图 3-25-4 所示。

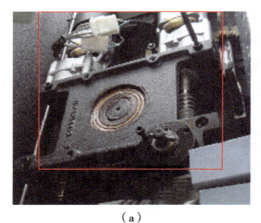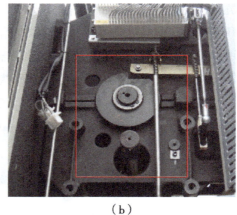

（a）   （b）

图 3-25-4　驱动单元拆除示意图

（a）拆除驱动单元；（b）驱动单元拆除后

（3）拆除操作拐臂，解除固定板螺栓，取下固定板，拆除操作拐臂，如图 3-24-5 所示。

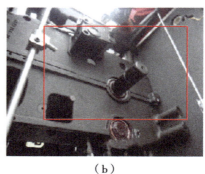

（a）   （b）

图 3-25-5　拆除操作拐臂

（a）拆除操作拐臂；（b）拆除后示意图

（4）取出新轴，装入对接螺栓，取下旧轴正面卡环，将新轴与旧轴对接，如图 3-25-6 所示。

将新轴与旧轴对接

图 3-25-6　新轴与旧轴对接

（5）安装专用拆卸工具，逆时针转动将旧轴带出，装入新轴，如图 3-25-7 所示。

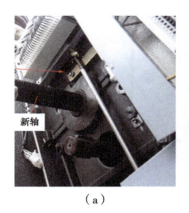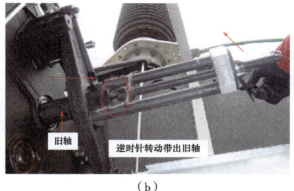

（a）　　　　　　　　　　　　　　（b）

图 3-25-7　更换主轴示意图

（a）新轴；（b）旧轴及更换操作

（6）检查旧轴，发现主轴第三节存在明显的扭轴现象如图 3-25-8 所示，导致断路器机械闭锁。

图 3-25-8　旧轴第三节存在明显的扭轴现象

（7）按相反步骤回装机构后对断路器进行机械特性试验，并调整合闸弹簧压缩量，试验数据合格。

三、总结分析

35kV 396 断路器发生传动轴变形的原因分析如下：

（1）断路器在联锁臂未完全抬起的状态下（储能过程中）施加合闸命令，转动卡涩造成扭轴。

（2）断路器合闸速度低，在合闸链条带动过程中主轴无法快速随链条转动导致扭轴。

（3）主轴材质不合格，无法达到强度要求，新更换的主轴齿条采用一体式，而旧轴是分断成七节，如图 3-25-9 所示。

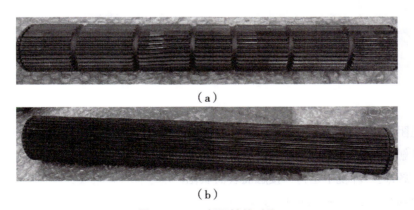

（a）

（b）

图 3-25-9　新旧轴的对比

（a）旧轴采用分节的型式；（b）新轴采用一体式

案例 3-26

35kV 断路器回路电阻超标缺陷分析及处理

一、缺陷概述

2010 年 2 月，某 500kV 变电站 371 断路器例行试验时，检修人员发现主回路电阻超标。返厂解体检修发现主回路导电元件磨损，造成回路电阻超标。

设备信息：该断路器型号为 3AQ1EG-72.5，出厂日期为 1999 年 1 月，投运日期为 2000 年 3 月 27 日。

二、诊断及处理过程

371 断路器例行试验时，检修人员发现其回路电阻超标，且机械特性测试其中两相合闸波形前端有微小的锯齿形波。该断路器为投切 35kV 1 号电抗器的设备，操作次数约 3600 次。

返厂解体检查时发现灭弧室的灭弧单元固定磨损情况较明显，如图 3-26-1 所示。主回路导电单元镀银层部分有明显拉毛现象，如图 3-26-2 所示。由此可判断出现合闸波形有不稳定的微小锯齿形波，主要是由于导电回路磨损后造成接触电阻轻度波动所引起。

图 3-26-1　磨损的石墨喷嘴

图 3-26-2　镀银层磨损

三、总结分析

断路器回路电阻数据超标原因通常有以下几种。

（1）接线座接触面故障。

1）长时间在恶劣运行环境中运行，接触面表面氧化，残存有游离碳或机械杂物或介质出现老化现象；

2）断路器安装时，螺栓和螺母的压力不足；

3）断路器两端支柱路基出现一定下沉，或在设计及施工过程中出现误差，导致断路器两端不在同一个水平面上，从而使两端导体的接触面都需承受一定的径向压力，当运行时间较长后，造成回路电阻增长。

（2）灭弧室动、静触头接触电阻故障。在断路器分合状态中，动、静触头间的多次运动会导致触头表面发生磨损或触指压力不良等现象，进而影响到接触电阻。如果灭弧室中的动、静触头出现接触不良，受到运行电流持续作用的影响，就会出现触头发热等异常现象，长此以往就会对触头表面造成一定损害。而当开断故障电流时，动、静触头就会被燃烧并发生熔化，这样会对断路器的正常合闸造成一定的不良影响，严重时还可能会因拒动而导致断路器发生爆炸。

（3）断路器内部主触头或滑动触点上附着粉尘。在断路器实际运行过程中，尤其是电抗器和电容器组的断路器，回路电阻会出现不同幅度的增长，排除机械故障外，其大多是由于此类断路器频繁地开断容性或感性电流，导致断路器内部微小的分解物粉尘会附着在主触头和或滑动触点（压气缸和静主触头）上所致，在其接触面上建立了绝缘层，导致回路电阻增大。

（4）行程不足导致动、静触头接触不良。因断路器弹簧老化、传动部位卡涩等机构原因，合闸操作能量较少导致动触头行程不足造成动、静触头接触不良，也可能引起回路电阻超标。

案例 3-27

35kV 断路器合闸弹簧松动造成合闸不到位缺陷分析及处理

一、缺陷概述

2019 年 2 月 20 日，某 500kV 变电站例行试验中出现 386 断路器合闸不到位，合闸后需储能才能分闸。检修人员检查发现合闸弹簧松动、合闸能量不足，将合闸弹簧调短之后缺陷消除。

设备信息：386 断路器型号为 LW36-40.5W/T 4000-40，出厂日期为 2012 年 7 月 14 日。

二、诊断及处理过程

（一）诊断过程

检修人员在 386 断路器合—分时间测试时发现 386 断路器合闸不到位，合闸后需储能才能分闸，无法测试合—分时间。

断开储能电源，合闸后合闸弹簧和分闸弹簧储能指示均介于弹簧已储能和未储能之间，分合闸指示也位于分合之间，分闸回路不通，合闸不到位，如图 3-27-1 和图 3-27-2 所示。

合上储能电源，储能电机开始运转，储能过程中将听到类似合闸的异响，此时分合闸弹簧指示位置均为弹簧已储能，断路器指示合闸，分闸回路导通，合闸到位。

图 3-27-1　储能指示位置异常　　　　图 3-27-2　合闸弹簧位置异常

正常状况下合闸脱扣线圈接到合闸命令后动作，合闸半轴顺时针方向转动，合闸扇形板与储能保持掣子被释放，储能保持解除，在合闸弹簧的作用下，储能轴顺时针转动实现合闸，合闸弹簧能量释放，分闸弹簧储能结束，分闸回路导通，合闸结束。同时储能电机启动完成储能，为下一次合闸做好准备。

386 断路器一次合闸不到位，通过现象综合分析可以断定故障原因为断路器合闸功不足，即合闸弹簧过疲或调整不当。接到合闸命令后，合闸弹簧能量迅速释放，合闸弹簧杆带动凸轮顺时针转动，驱动内输出拐臂上的滚子，使拐臂带动输出轴转动。因能量不足，输出拐臂和输出轴无法到达合闸时的对应位置，处于分闸和合闸位置之间，凸轮因输出拐臂滚子阻挡亦处于中间位置，合闸弹簧能量并未完全释放，合闸弹簧和分闸弹簧均处于半储能状态，断路器也处于合闸和分闸之间。此时一旦接通储能电机电源，储能电机开始启动运转，在电机强制作用下凸轮顺时针转动，凸轮强制驱动输出拐臂滚子使拐臂转动并带动输出轴转动直至完成二次合闸，即在储能过程中听到的二次合闸异响。

（二）处理过程

断开 386 断路器的控制电源和储能电源，释放掉合闸弹簧和分闸弹簧的能量。用开口 30 的扳手取下合闸弹簧最底部的备帽，将固定螺帽向上旋转 2 圈，锁紧备帽，如图 3-27-3 和图 3-27-4 所示。在断开储能电机电源下，386 断路器合闸后储能指示位置正常（指示牌处于水平）、合闸弹簧位置正常（拉杆与水平线垂直）。接着对 386 断路器进行 10 个循环的分、合操作，储能指示位置正常、合闸弹簧位置正常且备帽与固定用螺帽未发生位置偏移现象。回路电阻试验及断路器机械特性试验均正常。

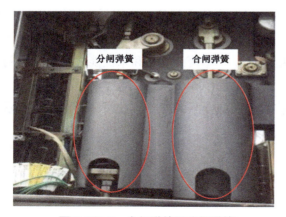

图 3-27-3　合闸弹簧及分闸弹簧　　　　图 3-27-4　备帽及固定用螺帽

三、总结分析

（1）调节合闸弹簧备帽及固定用螺帽前，必须断开断路器的控制电源空气断路器及电机储能电源空气断路器，还要将合、分闸弹簧的能量全部释放，避免对检修人员造成机械伤害。

（2）固定用螺帽的调节量需要向设备厂专业技术人员咨询并确认，现场调节过程中应做好标记，避免造成错调、误调、无法恢复等问题。

（3）调节完成后，应紧固备帽，以免固定螺帽松动造成合闸弹簧储能不足，并做好标记，便于确认分、合数次后是否存在位置偏移。

（4）全部测试完成后，确认备帽及固定用螺帽未发生位置偏移，才能确保断路器无异常，一旦备帽及固定用螺帽位置偏移，应重新调试、测试。

案例 3-28

35kV 断路器压力开关接点卡涩及继电器损坏造成安全阀动作缺陷分析及处理

一、缺陷概述

2021 年 2 月 23 日，某 500kV 变电站 382 断路器机构打压电机运转不停，压力表显示压力为 36.5MPa，液压机构安全阀动作导致有液体泄漏声音，检查发现压力开关接点卡涩和继电器损坏，更换压力微动开关和继电器后，缺陷消除。

设备信息：382 断路器型号为 3AQ1EG-72.5，出厂日期为 2002 年 4 月 1 日，投运日期为 2003 年 11 月 3 日。

二、诊断及处理过程

（一）缺陷诊断过程

机构启动打压后打压电机运转不停止，如图 3-28-1 所示有三个可能原因：

（1）压力开关启停打压接点 B1/1-2 卡涩，造成 B1/1-2 接点无法断开，无法切断打压回路。

（2）电机打压延时返回继电器 K15 功能错误或继电器失效，导致其未能在压力打至压力停止值 3s 后切断打压回路。

（3）电机打压接触器 K9 卡涩，造成电机打压不停止。

其次，机构压力升至 N2 泄漏闭锁值 35.5MPa 后，未能正确报出 N2 泄漏信号，并切断打压回路，从图 3-28-2 可以判断压力开关中的 N2 泄漏闭锁接点 B1/4-6 卡涩，无法切断打压回路，压力继续上升至安全阀动作，即机构内产生液体泄漏声音。

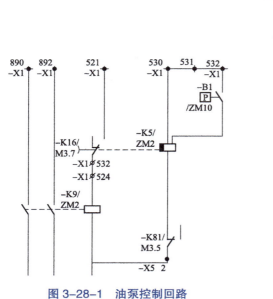

图 3-28-1　油泵控制回路

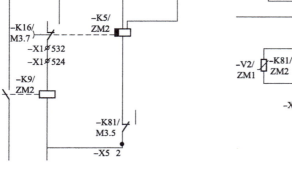

图 3-28-2　N2 总闭锁回路

（二）缺陷处理过程

（1）查出故障元件并更换：检查发现压力开关中的启停打压接点 B1/1-2 确有卡涩，K15 继电器失效，其失电后动合、动断触点未能正确动作，同时发现压力开关中的 N2 泄漏闭锁接点 B1/4-6 也存在卡涩，检修人员对发现的所有故障元件进行了更换。

（2）校验压力开关压力值：压力开关 B1 的三对压力微动接点分别为 B1/1-2 打压启动接点、B1/4-6 氮气闭锁接点、B1/7-8 闭锁重合闸接点。对于新更换的压力开关，应分别对氮气泄漏闭锁值、油泵启动压力值和自动重合闸闭锁值进行校验。校验方法如下：

1）确认压力释放阀在关闭状态。用手按住 K9 强制打压，一直到 K12 失电为止，此时油压表所指示的压力值即为氮气泄漏报警闭锁压力值。

2）用 N2 泄漏闭锁复归钥匙使系统复位，K12 重新得电，断开打压电机电源空气断路器，打开泄压阀使液压系统压力缓慢下降，如图 3-28-3 所示，当打压接触器 K9 吸合时，此时油压表所指示的压力值即为油泵起动压力值。

3）继续使压力缓慢下降，直至 K4 继电器得电（有轻微的动作声），此时油压表所指示的压力值即为自动重合闸闭锁压力值。

三对压力接点的正确动作值为：①氮气泄漏闭锁（35.5±0.4）MPa；②起泵压力（32.0±0.4）MPa；③自动重合闸闭锁（30.8±0.4）MPa。如实际动作值与厂家规定值不符，可通过转动左侧的调节螺钉进行调整，如图 3-28-4 所示。

1）如果正偏差超出范围：顺时针方向转动调节螺钉，设定值变小。

2）如果负偏差超出范围：逆时针方向转动调节螺钉，设定值变大。

（3）整定安全阀动作值：按住 K9 使电动机强制打压至安全阀开启（压力不再上升，同时可以听到泄漏的声音，此时压力值即为安全阀的开启压力）；立刻松开 K9，停止打压，并任其自然泄漏直到泄压声音停止，此时压力值即为安全阀的恢复压力。

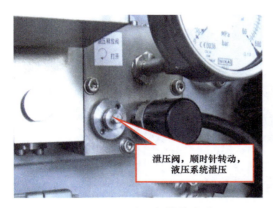

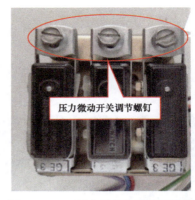

图 3-28-3 泄压阀操作方式　　　图 3-28-4 压力开关调节螺钉位置

安全阀的动作值为 36.5 ～ 41.2MPa，恢复值为大于或等于安全阀的动作值 0.1MPa，如图 3-28-5 所示。如安全阀的恢复值过低，可通过操作泄压阀快速泄压的方法使安全阀的恢复压力逐渐提高至正常范围。

图 3-28-5 安全阀

三、总结分析

西门子液压系统中压力开关分为机械式和电子式两种。机械式压力开关由于结构限制，其动作顶杆由于积灰和锈蚀易发生卡涩，造成一系列的严重缺陷。在年检过程中，应重点对机械式压力开关进行检查和维护，确保动作顶杆动作顺滑，接点切换正常，如发现工况不佳，应及时进行更换。

第四章
隔离开关

　　隔离开关（也称刀闸或闸刀），是高压开关设备的一种。它的主要作用是将电气设备可靠地隔开，形成可见的断开点。由于隔离开关没有专门的灭弧装置，因此不能用来切断负荷电流和短路电流。随着电力系统的发展，多元化的电气设备大量投入使用，设备缺陷故障率明显下降。然而隔离开关还是经常出现故障，包括发热、机构部件断裂、传动系统卡涩、二次元器件故障等。本章归纳总结各电压等级隔离开关缺陷的处理经验，案例类型丰富。各个案例从缺陷的原因、处理方法、改进建议等展开了详细的介绍，所述内容涵盖常见的隔离开关缺陷处理经验，供大家参考学习。

案例 4-1

500kV 隔离开关合闸不到位放电烧毁缺陷分析及处理

一、缺陷概述

2008 年 12 月 24 ～ 25 日，某 500kV 变电站运行人员相继发现 500kV 50132 隔离开关 A 相、50611 隔离开关 A 相静触头喇叭口处冒白烟。经更换 50132 隔离开关的动、静触头，更换 50611 隔离开关的动、静触头及其支柱绝缘子，缺陷消除。

设备信息：隔离开关型号为 GW35-550DW。

二、诊断及处理过程

（一）诊断过程

在进行 50132 隔离开关操作时，发现其动、静触头黏死后无法分开。而 50611 隔离开关停电后检查发现静触头喇叭口已烧穿，现场铝渣已散落一地，如图 4-1-1 所示。

现场对隔离开关安装尺寸进行测量。测量 50132 隔离开关支撑支架封顶板到母线中心线的距离 11430mm，然而图纸规定尺寸需为 11340mm；再测量隔离开关动触头的插入深度（隔离开关静触头外罩平面到动触头上红线的距离），比说明书及图纸规定少了 100mm。50611 隔离开关与 50132 隔离开关类似，都存在不符合产品说明书安装数据规定的问题。

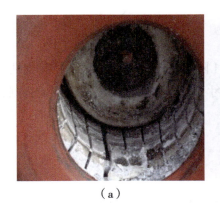

（a）　　　　　　　　　　　　　　（b）

图 4-1-1　50611 隔离开关灼烧后情况（一）

（a）烧穿后的动触头；（b）烧穿后的静触头座

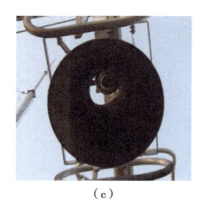 

（c）　　　　　　　　　　　　（d）

图 4-1-1　50611 隔离开关灼烧后情况（二）

（c）烧穿后的静触头 1；（d）烧穿后的静触头 2

检查还发现，该站同型号隔离开关静触头均偏高 50mm 及以上，触头插入深度均未达到厂家要求的（100±20）mm。由以上测量数据可以判断，故障原因是因为隔离开关合闸不到位，电流弧光烧蚀动、静触头造成，如图 4-1-2 所示。

图 4-1-2　喇叭口外罩面未在动触头红线标识范围内

（二）处理过程

更换 50132 隔离开关的动、静触头，更换 50611 隔离开关的动、静触头及其支柱绝缘子，并调整到位。重新检查核实所有 500kV 隔离开关的安装尺寸，调整静触头的高度，保证合闸到位，同时重新测量所有隔离开关的回路电阻并保证试验数据合格。

三、总结分析

（1）该型号隔离开关静触头由于采用喇叭口设计，无法直观的观察动、静触头插入深度是否到位，可通过动触头侧的红线与喇叭口的距离进行判断。

（2）加强基建验收工作，对于特殊的设备应结合设备说明书进行验收，防止验收盲区。

案例 4-2

500kV 隔离开关动触头插入过深导致无法分闸缺陷分析及处理

一、缺陷概述

2010 年 2 月 23 日，某变电站 500kV Ⅰ 段母线停电时，50632 隔离开关 C 相无法分闸。检修人员调整母线高度、增设静触头摆动装置后，隔离开关正常分合闸。

设备信息：该隔离开关型号为 GW29-550DW，出厂日期为 2005 年 10 月 1 日，投运日期为 2006 年 2 月 18 日。

二、诊断及处理过程

（一）诊断情况

该隔离开关分闸操作至 1/6 行程时，由于动触头无法脱离静触头，导致静触头与管母线连接线夹之间的导电带及固定金属片均被拉至变形，隔离开关电动和手动操作到的极限位置，如图 4-2-1 所示。

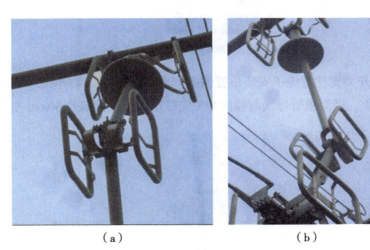

（a）　　　　　　　　　　　　（b）

图 4-2-1　50632 隔离开关无法分闸现场图

（a）隔离开关无法分闸正面图；（b）隔离开关无法分闸侧面图

检修人员检查静触头，发现动触头插入位置偏向一侧，隔离开关在分闸过程中，动触头根本无法脱离静触头，静触头喇叭口内存在磨损痕迹，插入位置偏离较多，如图 4-2-2 所示。分闸动作过程中无足够空间让动触头按照原有轨迹脱离静触头，由于静触头为早期产品，未设计可摆动裕度，动触头拔出时是带斜度移动，造成静触头卡在动触头顶端部分圆形动触片面上。

图 4-2-2　动触头插入情况

检修人员检查该隔离开关其他部分，发现以下情况：

（1）管母线下沉，由于管母线支柱绝缘子分布间距较大，热胀冷缩后，管母线下沉较多。

（2）隔离开关底座安装不平，如图 4-2-3 所示，可清楚看出，两绝缘子间距上下明显不一致。

图 4-2-3　隔离开关底座安装不平

（3）管母线与隔离开关支柱绝缘子安装位置偏差严重，如图 4-2-4 所示，可以看出管母线与隔离开关不位于一个垂直面上，经测量管母线与隔离开关支柱绝缘子位置偏差 50mm 左右。

图 4-2-4　隔离开关与管母线安装位置偏差严重

由于安装过程中出现上述偏差，导致隔离开关无法调节至最佳位置，特别是对于隔离开关高度的调整，已经调整至极限位置，现阶段对于隔离开关的插入深度完全无调整裕度。

（二）处理过程

分析上述问题，检修人员采用调整母线高度、增设静触头摆动装置等方式调整隔离开关至合适位置，具体过程如下：

（1）对于隔离开关静触头未设计可摆动裕度，通过增设静触头可以摆动的机构来调整，新静触头摆动角30°左右，让操作过程中动触头有一定弧度可从静触头中间脱离出来。通过调整固定静触头装配的位置，让静触头有一定的活动空间，安装过程如图4-2-5～图4-2-7所示。

（a）　　　　　　　　　　（b）　　　　　　　　　　（c）

图 4-2-5　安装过程

（a）安装过程1；（b）安装过程2；（c）安装过程3

图 4-2-6　无摆动机构　　　　　　　　图 4-2-7　增设摆动机构

（2）对于隔离开关插入过深的问题，通过往上调整管母线100mm，调整高度较多，方便日后可通过调整静触头固定的高度来调整隔离开关的插入深度。

三、总结分析

为防范该缺陷的发生，建议采取以下措施：

（1）验收过程中，需细致验收隔离开关各部分，包括隔离开关水平度及与接触面垂直度，严格按照标准化验收卡执行验收程序。

（2）检修预试过程中，操作隔离开关时，应着重检查传动是否灵活，传动部件是否磨损，对于隔离开关某可调整部位已调整至极限位置，应引起重视。

（3）对存在母线下沉或因静触头无摆动空间的隔离开关应及时调整、改进，防止因动触头插入过深导致无法分闸的缺陷再发生。

案例 4-3

500kV 隔离开关均压环固定套脱落缺陷分析及处理

一、缺陷概述

2017 年 4 月 20 日，某变电站 500kV Ⅱ 段母线 50132 隔离开关 A 相静触头均压环固定套脱落。检修人员改进后的固定套，设备恢复正常。

设备信息：隔离开关型号为 GW16-500DW，出厂日期为 1998 年 8 月 1 日，投运日期为 1999 年 3 月 22 日。

二、诊断及处理过程

检修人员检查固定套脱落情况，如图 4-3-1 和图 4-3-2 所示，原固定套仅插入静触杆与抱箍之间的过渡套环，靠过渡套环固定。当隔离开关分合闸时，其静触头摆动导致两侧抱箍松动。随着隔离开关分合次数增加，固定套逐渐从过渡套环中脱落，造成均压环下部失去固定。

图 4-3-1　均压环固定套脱落情况

（a）　　　　　　　　　　　（b）

图 4-3-2　均压环固定套脱落情况

（a）均压环固定套脱落情况 1；（b）均压环固定套脱落情况 2

　　新固定套与原固定差异如图 4-3-3 所示，新固定套（图 4-3-3 中上方）长出部位将插入静触杆中，使得新固定套的安装比原固定套更加牢固。

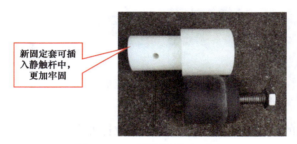

图 4-3-3　新旧固定套对比

三、总结分析

　　为防范此类缺陷的发生，建议采取以下措施：

　　（1）结合停电，更换存在设计缺陷的旧固定套，防止运行中发生脱落现象。

　　（2）CJ7A 机构老旧，部分元器件已停止生产，同型号备品准备困难。在今后检修工作中，需注意收集旧零部件以备应急使用。

案例 4-4

500kV 隔离开关可调拉杆万向头断裂缺陷分析及处理

一、缺陷概述

　　2011 年 10 月 13 日，某 500kV 变电站 50111 隔离开关在操作过程中，C 相可调拉杆万向接头关节轴承断裂。2011 年 10 月 17 日，该站 50132 隔离开关在操作过程中，B、C 可调拉杆万向接头关节轴承也发生了断裂。经检测该批次万向头存在制造工艺及材质不良缺陷，检修人员更换新万向接头后，设备恢复正常。

设备信息：该站 50111 隔离开关、50132 隔离开关型号为 GW35-550DW，垂直伸缩式，为该厂同一批次产品，出厂日期为 2008 年 12 月，投运日期为 2009 年 12 月。

二、诊断及处理过程

50111 隔离开关 C 相可调拉杆万向接头关节轴承断裂照片如图 4-4-1 所示，50132 隔离开关 B、C 相如图 4-4-2 所示。

图 4-4-1　50111 隔离开关 C 相可调拉杆　　　图 4-4-2　50132 隔离开关可调拉杆
万向接头传动轴承断裂图　　　　　　　万向接头传动轴承断裂图

检修人员更换断裂的万向接头，更换后的可调拉杆万向接头如图 4-4-3 所示。

（a）　　　　　　　　　　　　（b）

图 4-4-3　更换后的可调拉杆万向接头关节轴承

（a）示例 1；（b）示例 2

（一）外观检查与分析

检修人员现场检查发现，断裂的 50111、50132 隔离开关关节轴承外观完整，无明显塑性变形，其裸露在空气中的关节轴承和部分螺杆表面存在明显的红褐色腐蚀斑点，拧紧在拉杆内部的螺杆表面无腐蚀迹象，如图 4-4-4 ～图 4-4-7 所示，在关节轴承圆形受力区域表面分布大量宏观裂纹和微裂纹，如图 4-4-8 所示。50111 隔离开关上更换下来的万向接头中，A 相一个万向接头也锈蚀较重且也存在大量微裂纹，其他万向接头轻微锈蚀或无明显锈蚀，但外观检查未见明显裂纹，如图 4-4-5 所示。而 50132 隔离开关上更换下来的万向接头中，共有 3 个万向接头锈蚀较严重，并存在大量微裂纹，其他万向接头轻微锈蚀或无明显锈蚀，如图 4-4-6 和图 4-4-7 所示。

图 4-4-4　50111 隔离开关万向接头

图 4-4-5　更换下来的万向接头

图 4-4-6　50132 隔离开关万向接头

图 4-4-7　更换下来的万向接头

图 4-4-8　关节轴承外表面的裂纹

　　对 50111 隔离开关断裂万向接头进行渗透探伤发现，裂纹显示更明显，如图 4-4-9 ～图 4-4-12 所示。

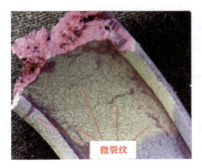

图 4-4-9　关节轴承内表面的裂纹

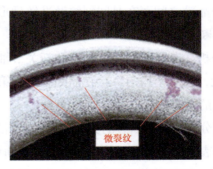

图 4-4-10　关节轴承侧面的裂纹

图 4-4-11　关节轴承外侧的裂纹

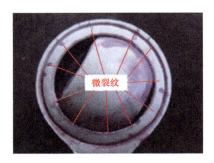

图 4-4-12　关节轴承侧面的裂纹

从断裂的关节轴承断口形貌看（如图 4-4-13 所示），其断面粗糙、起伏明显，具有较强金属光泽和粗大条状结晶颗粒，且部分区域已生锈，断口边缘无明显塑性变形痕迹，上述现象说明该断口具有铸件脆性断裂的典型特征。

图 4-4-13　关节轴承断面的宏观形貌

（二）试验检测及分析

对传动轴承断裂的万向接头进行拉力试验分析、断口扫描电镜分析、金相分析及化学成分分析，试验检查结果情况具体如下：

（1）拉力试验分析。旧可调拉杆万向接头为铸造成形件，存在制造工艺不当缺陷，其拉力试验拉断力为 6000～6100N，且铸造件存在较多的先天缺陷，而新万向接头为锻造成形件，其拉力试验拉断力达 10000～10200N。

（2）断口扫描电镜分析。将断裂的万向接头断口表面经超声波清洗后，在扫描电镜下观察其断面图像，发现部分晶粒之间存在晶间裂纹及准解理形貌，说明此次断裂同时具有沿晶断裂和准解理断裂特征，属于脆性断裂。

（3）金相分析。对断裂的关节轴承和新关节轴承，在金相显微镜下观察到断裂的关节轴承金相组织晶粒明显粗大，大小不均匀，存在晶间孔洞和第二相组织，靠近边沿处还发现晶间孔洞和晶间裂纹连接在一起形成的微裂纹。

（4）化学成分分析。对断裂的关节轴承、未断裂且表面无锈迹的关节轴承及新关节轴承进行化学成分分析，结果如表 4-4-1 所示。其中，断裂关节轴承的碳元素含量明显偏高，不符合相关标准的技术要求，未断裂关节轴承 Ni 元素含量略低于相关标准的技术要求，新关节轴承完全符合相关标准技术要求。

表 4-4-1　　　　　　　　　　　　受检轴承化学成分 w_t　（%）

成分	C	S	Si	P	Mn	Cr	Ni
断裂关节轴承	0.16	0.012	0.94	0.029	0.70	18.15	9.00

续表

成分	C	S	Si	P	Mn	Cr	Ni
未断裂关节轴承	0.072	0.0035	0.58	0.030	1.32	18.05	7.90
新关节轴承	0.076	0.0024	0.36	0.038	0.96	18.00	8.06
304 不锈钢的技术指标	≤ 0.08	≤ 0.030	≤ 1.00	≤ 0.045	≤ 2.00	18.00 ~ 20.00	8.00 ~ 10.50

（三）试验结论

断裂的万向接头外观检查结果表明，该关节轴承塑性较差，其在使用过程中产生了大量宏观裂纹和微裂纹，且其表面存在大量锈斑。

综合万向接头关节拉力试验分析、断口扫描电镜观察分析、金相分析及化学成分分析，断裂的万向接头关节轴承材质碳含量超过技术指标 1 倍，同时存在较多铸造缺陷。不锈钢材质碳含量超标，其碳元素会与其他元素形成一系列复杂的碳化物，从而增加钢的冷脆性和时效敏感性，并易引起晶间腐蚀和降低钢的耐大气腐蚀能力。此外，由于旧万向接头关节轴承属于铸造件，其内部容易出现组织粗大、孔洞、夹杂或第二相等冶金缺陷，而晶粒粗大会降低钢材的综合力学性能和裂纹扩展功并提高冷脆区域，不锈钢中存在的晶间孔洞和第二相则会降低不锈钢的塑性和韧性，并在材质内部引起应力集中导致微裂纹产生。检查和试验分析表明，制造工艺缺陷及材质不良是造成 50111、50132 隔离开关万向接头关节轴承断裂的主要原因。

三、总结分析

为防范此类缺陷发生，建议采取以下防范措施：

（1）加强入网设备及其零部件的质量验收与管理工作。

（2）隔离开关停电检修过程中，应加强对其万向接头传动轴承等金属部件的检查和维护。

（3）对同型号、同批次的所有隔离开关铸造万向接头更换为锻造件。

案例 4-5

500kV 隔离开关可调丝杆圆柱销断裂缺陷分析及处理

一、缺陷概述

2012 年 4 月 24 日，某 500kV 变电站 50221 隔离开关例行检修时，检修人员发现 A 相操作轻微卡涩，随后对 A 相各转动部位细致检查，发现可调丝杆圆柱销已断裂成三段。经更换新轴销后，设备恢复正常。

　　设备信息：该隔离开关型号为 GW17-500DW，出厂日期为 1999 年 4 月 1 日，投运日期为 2000 年 3 月 20 日。

二、诊断及处理过程

　　检修人员检查发现隔离开关轴销断裂面存在新旧痕迹，如图 4-5-1 所示。圆柱销实际位置如图 4-5-2 所示，断裂位置实际图片如图 4-5-3 所示。

　　GW17 型隔离开关为水平式结构，圆柱销在分合过程中受平衡弹簧、夹紧弹簧共同力的作用。在此作用力作用下，无法直接将操作杆拉下复装圆柱销。因此，只有拆卸隔离开关上导电臂及中间接头装配，并将平衡弹簧释能，使圆柱销在未受力情况下才能复装。因此，检修人员对该隔离开关进行了解体大修，并进行了圆柱销的更换。

图 4-5-1　圆柱销断裂照片

图 4-5-2　圆柱销实际位置

图 4-5-3　断裂位置实际图片

三、总结分析

　　分析更换下来的圆柱销，圆柱销已断成三段，其中一个断面存在明显铜锈，另一个断面是新的。圆柱销断裂的实际照片如图 4-5-4 和图 4-5-5 所示。

图 4-5-4　断成三段的圆柱销

（a）

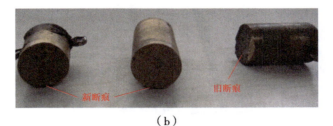

（b）

图 4-5-5　新旧断痕对比

（a）新旧断痕对比 1；（b）新旧断痕对比 2

旧断痕上的锈蚀情况可说明圆柱销早已断成两段，而近期 50221 隔离开关操作频繁，仅靠一半的圆柱销固定来保证分合，受力较大，且因一端断裂，导致圆柱销固定不佳，在隔离开关运动过程中，容易受力不平衡，造成新断痕产生。

因此，为防范该缺陷的发生，建议采取以下措施：

（1）加强技术监督环节，严格把关隔离开关各部件材质。

（2）例检中，需细致检查各轴、销等转动、受力部位，并按规定做好润滑措施。

（3）隔离开关调试过程中，应先手动操作再电动操作。在手动操作中，应注意操作力矩大小，如遇卡涩情况，应停止，待查明原因后再行操作，避免使用暴力，防止损坏设备。

案例 4-6

500kV 隔离开关伞齿根部柱销断裂无法分闸缺陷分析及处理

一、缺陷概述

2018 年 10 月 17 日，某 500kV 变电站 50132 隔离开关分闸操作时出现 B 相隔离开关分闸至中间位置无法继续分闸，如图 4-6-1 所示，但监控后台位置、机构箱输出轴及转动绝缘子均在分闸位置。经过对触头座及触指进行清洗回装，更换安装新上导电臂备品及伞形齿的 C 形弹性圆柱销，缺陷消除。

设备信息：隔离开关型号为 GW16-500DW。

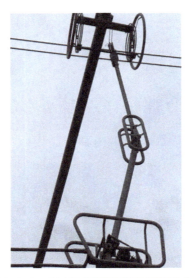

图 4-6-1   50132 隔离开关 B 相无法合闸

二、诊断及处理过程

检修人员对 B 相隔离开关进行手动试分合，发现隔离开关上导电臂提升杆未复位，触指未张开并卡在静触杆上，导致无法分闸；分闸过程中，机构箱及旋转绝缘子输出角度均正常为 90°。根据缺陷检查情况，检修人员在做好安全措施后，重点检查隔离开关动触头及传动底座，发现动触头座内触指卡涩严重，无法分闸，需人为助力方可打开，如图 4-6-2 所示；同时拆除传动底座齿轮箱盖板，从图 4-6-3 观察孔中可观察到伞形齿底部用于固定的 C 形弹性圆柱销已断裂，如图 4-6-4 和图 4-6-5 所示，导致双四连杆无法正常传动。

图 4-6-2   人为协助进行分闸

图 4-6-3   传动底座齿轮盒

检修人员立即拆除上导电臂并进行解体，检查复位弹簧、夹紧弹簧及提升杆均正常。但在动触头座内发现大量杂物、沙尘，触指及其端杆处有氧化腐蚀现象，如图 4-6-6 和图 4-6-7 所示，导致触指及其端杆卡死在触头座里面，无法正常活动。

图 4-6-4　已断裂 C 形弹性圆柱销　　　　　图 4-6-5　拆下断裂的圆柱销

由上述解体处理过程可知，50132 隔离开关动触头座内存在大量杂物及沙尘，造成触指及其端杆卡死在触头座内，无法正常活动，从而隔离开关分闸时触指无法正常张开；同时在电机持续输出力矩的作用下，引起固定伞形齿轮与旋转绝缘子的 C 形圆柱销断裂，造成双四连杆无法继续传动力矩，隔离开关无法正常分闸。

检修人员对触头座及触指进行清洗回装，触指可正常张合。但由于触头座及端杆存在腐蚀情况，为保证设备安全可靠，更换安装新上导电臂备品及伞形齿的 C 形弹性圆柱销。

手动、电动试分合正常及回路电阻测试合格后，缺陷消除，设备正常送电。

图 4-6-6　动触头座内触指情况　　　　　图 4-6-7　端杆处氧化腐蚀

三、总结分析

鉴于日常例检无法发现隔离开关导电臂内部情况，可通过下列措施预防刀臂内部故障：

（1）例检时，可根据隔离开关触指活动端杆情况抽样解体检查隔离开关动触头座内部情况。

（2）定期安排隔离开关进行试分合操作。

（3）加强基建阶段隔离开关验收把控，必要时抽样打开防雨罩对触头座内部情况进行检查验收。

（4）对运行年限长、问题多的隔离开关逐年安排机构箱、导电臂等大修。结合母线停电，安排边开关或线路轮停，对母线侧隔离开关安排例检。

（5）做好隔离开关备品备件储备工作。

案例 4-7

500kV 隔离开关机构箱齿轮断裂故障分析及处理

一、缺陷概述

某变电站运维人员在操作 50422 隔离开关时，发现 B 相隔离开关无论是电动还是手动均无法操作。检修人员现场检查发现操动机构箱内齿轮断裂导致，随后对操动机构箱进行了更换，缺陷消除。

隔离开关型号：GW11-550DW 机构箱型号为 CJ6，投运时间为 2002 年 6 月 12 日。

二、诊断及处理过程

检修人员到现场检查发现 B 相无论是手动还是电动操作分合闸，齿轮箱输出轴均不动。检修人员应用内窥镜检查发现齿轮箱齿轮有断裂情况。确认故障原因后，检修人员更换整个机构箱，同时对隔离开关本体各传动部位清洁润滑后，手摇隔离开关分合正常，后电动试分合正常，缺陷消除。

对操动机构箱进行解体，输出轴齿轮已断裂，如图 4-7-1 和图 4-7-2 所示。进一步检查发现断口存在明显新旧痕迹，且断裂位置在齿轮键槽处，如图 4-7-3 和图 4-7-4 所示，当键嵌入轴上的键槽中，再将带有键槽的齿轮装在输出轴上，齿轮转动时带动输出轴转动，进而带动垂直连杆转动，隔离开关开始动作。通过对齿轮受力情况分析，可知该位置为齿轮受力最大且最薄弱位置。

输出轴齿轮断裂

图 4-7-1　机构箱解体图

图 4-7-2　断裂齿轮

图 4-7-3 新旧断口对比

图 4-7-4 齿轮键槽断裂

三、总结分析

（一）原因分析

（1）该型号隔离开关投运年限久，加之运行环境粉尘污染严重，导致隔离开关本体机构卡涩严重。同时改型隔离开关所配的操动机构齿轮箱因设计原因，齿轮承受力明显不足，电机运转分闸过程中阻力增大，齿轮受力过大断裂，导致电机运转但无法传动至输出轴，最终隔离开关无法动作。

（2）新旧断口说明该隔离开关机构箱内齿轮受力过大，早已出现裂纹，但齿轮强度尚能克服，因此之前未出现异常。

（3）该型机构箱输出轴齿轮为铸造工艺，材质较为脆弱，长期运行老化严重。

（二）防范措施

建议结合停电进行隔离开关本体检查，根据检查结果进行相应防腐及润滑处理。同时对该型机构箱计划性安排更换，防止因隔离开关本体卡涩造成机构箱损坏等缺陷。

案例 4-8

500kV 隔离开关导电用辊式触指材质不良导致开裂分析及处理

一、缺陷描述

2009 年 4 月 21 日，某 500kV 变电站运行人员发现某 500kV 隔离开关 A 相拐臂处辊式触指外罩断裂掉落，地面还有 5 个导电作用的辊式触指（辊式触指罩内共有 16 个辊式触指）。经更换辊式触指盘后缺陷消除。

设备信息：隔离开关型号 GW11-550DW 型，产品出厂日期为 2002 年 1 月。

二、诊断及处理过程

（一）诊断过程

停电后，检修人员对每相隔离开关进行检查。该型号隔离开关每相均有 4 个起导电作用的辊式触指盘，其外加有防尘防污罩（分别在联动上下导电臂用的拐臂左右布置有 2 个辊式触指罩、下导电臂端左右布置有 2 个辊式触指罩）。

造成隔离开关上述问题的原因为辊式触指盘材质不良，投运久了容易老化脆化，隔离开关分合闸时，辊式触指盘受到振动，导致断裂掉落。

（二）处理过程

检修人员对 A 相拐臂处辊式触指盘进行更换，并对该组隔离开关其余辊式触指盘进行检查。共检查三相 11 个辊式触指盘，有 7 个辊式触指盘已经严重断裂，内部的触指及弹簧完全散落，如图 4-8-1 和图 4-8-2 所示，其余 6 个虽没断裂，但已发现有明显裂纹，此批次隔离开关的辊式触指已经影响设备的安全运行。

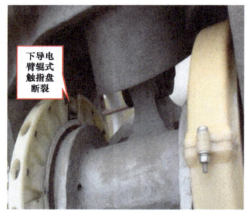

图 4-8-1　下导电臂断裂的辊式触指盘

图 4-8-2　散落的辊式触指及弹簧

三、总结分析

根据《国家电网有限公司十八项电网重大反事故措施（2018 年修订版）》12.3.1.4 "隔离开关上下导电臂之间的中间接头、导电臂与导电底座之间应采用叠片式软导电带连接，叠片式铝制软导电带应有不锈钢片保护"的要求，尽快推进此类隔离开关技改工作。未技改前加强对此类隔离开关的巡视和红外测温工作，巡视过程中应加强对辊式触指盘的观察，及时发现脱落的辊式触指。

案例 4-9

500kV 隔离开关静触头导线线夹材料工艺不佳导致断裂缺陷分析及处理

一、缺陷概述

2014 年 12 月 7 日，某 500kV 变电站扩建间隔在验收过程中，对 500kV Ⅱ 母侧隔离开关静触头导线线夹螺栓进行力矩检查时，导线线夹发生断裂。经查，隔离开关导电线夹所用材料为 ZL114A，材质状态为 T6，采用强度等级为 6.8 级的 M12 钢质螺栓进行安装。

设备信息：隔离开关型号 GW35-500 型。

二、诊断及处理过程

（一）诊断过程

现场断裂的线夹形貌如图 4-9-1 和图 4-9-2 所示。

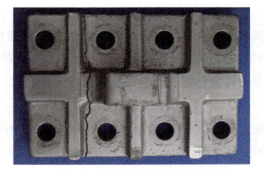

图 4-9-1　现场导线线夹照片　　　　图 4-9-2　导线线夹断裂照片

对该导线线夹进行检查分析，查找其断裂原因时发现，受检导电线夹断口位于最外侧螺栓孔的内侧，断口附近无明显变形迹象，其断口形貌如图 4-9-3 所示。断面整体呈银灰色结晶状，晶粒较为粗大，属于新断口，具有典型的脆性断裂特征。从图 4-9-3 中的断面上可以看到一些由中间凸台上部向两侧和下部扩展的放射线，表明裂纹起始于线夹中部凸台的上表面。此外，线夹表面涂覆有过氯乙烯铝粉漆。

依据 GB/T 20975—2020《铝及铝合金化学分析方法》对发生断裂的导线线夹进行化学成分分析，结果见表 4-9-1。由表 4-9-1 中数据可知，受检导线线夹的 Fe 含量超标，其余元素含量符合 GB/T 1173—2013《铸造铝合金》对 ZL114A 的技术要求。

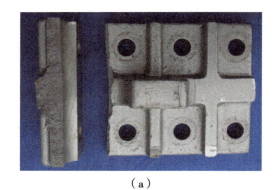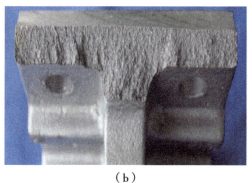

（a）　　　　　　　　　　　　　　　　　（b）

图 4-9-3　导线线夹的断口形貌

（a）导线线夹的断口形貌 1；（b）导线线夹的断口形貌 2

表 4-9-1　　　　　　　　　　　受检导线线夹的化学成分

成分	Fe	Si	Cu	Mg	Mn	Ti	Pb
受检试样（质量分数，%）	0.42	7.50	0.058	0.48	0.072	0.12	0.004
GB/T 1173—2013 对 ZL114A 的杂质元素（质量分数）技术要求	≤ 0.2	无	≤ 0.2	无	≤ 0.1	无	无

用布氏硬度计对断成两块的导线线夹进行布氏硬度检测，结果满足 ZL114A 的技术要求。

从化学成分分析结果可以看出，导线线夹中的 Fe 含量超标，而 Fe 是铝合金中最有害的元素之一。随着铝合金中 Fe 含量的增加，在组织中会形成硬度很高的针、片状脆性相，它的存在割裂了铝合金的基体，极易产生应力集中，降低了合金的力学性能，尤其是韧性，使零件在超载时易发生脆性断裂。

导线线夹所用的 ZL114A 铸造铝合金材料韧性较差，过载时容易发生脆性断裂。当选用直径为 12mm 的钢质螺栓进行装配时，采用 60N·m 紧固力矩，相应的紧固力约为 25000N，导线线夹局部所承受的应力峰值已超过材料的抗拉强度下限，其局部载荷有可能超出其承载能力，从而造成导线线夹断裂。

结论：受检导线线夹由于设计问题，造成构件局部超载，同时所用材料韧性较差，是导致本次断裂失效的主要原因。

（二）处理过程

要求厂家提供符合要求的新的导线线夹，并对已经安装的导线线夹进行排查，及时发现有裂纹的线夹。

三、总结分析

（1）厂家应对导线线夹进行优化设计，选用合适的零件尺寸及对应的紧固螺栓，提高其安全系数，以增强整个零件的承载能力。

（2）厂家应选用韧性较好的材料和合适的加工工艺（如锻造），提高材料的综合性能。

（3）验收人员在验收工作中，应严格按验收文件开展一次设备力矩验收工作。

案例 4-10

500kV 接地开关静触头压紧弹簧锈蚀造成无法合闸缺陷分析及处理

一、缺陷概述

2017 年 1 月 9 日，某变电站 500kV Ⅱ 段母线转检修操作过程中，50217 接地开关电动合闸不到位，但手动合闸到位。检修人员清洁触头，并更换静触头锈蚀的压紧弹簧后接地开关电动合闸到位。

设备信息：接地开关型号为 JW5-500，操动机构型号为 CJ11 型，出厂日期为 2001 年 1 月 30 日，投运日期为 2001 年 11 月 3 日。

二、诊断及处理过程

电动试分合 5217 接地开关，A、C 相触头合闸不到位，B 相触头合闸到位，后台分合闸位置显示正确，三相操动机构合闸指示到位，故排除电气回路存在问题。

手动试分合 5217 接地开关，C 相动触头在插入静触头过程中存在卡涩。检修人员检查发现动触头表面氧化严重，且该表面覆有已变质的导电膏，如图 4-10-1 所示。静触头接触面与压紧弹簧锈蚀严重，如图 4-10-2 所示，弹簧无法有效压缩导致动触头无法插入。经检修人员清洁触头并涂抹凡士林，更换锈蚀的压紧弹簧后，C 相接地开关可电动合闸到位。

图 4-10-1　处理前动触头　　　　图 4-10-2　静触头

5217 接地开关 A 相同样存在 C 相的问题，且 A 相上导电臂插入位置偏外，摩擦静触头导向板，如图 4-10-3 所示，导致合闸不到位。经调节下端丝杆装配长度，如图 4-10-4 所示，A 相接地开关可电动合闸到位。

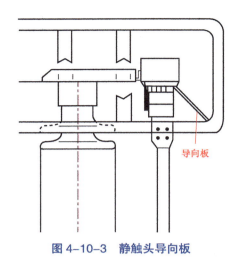

图 4-10-3 静触头导向板

图 4-10-4 下端丝杆装配

三、总结分析

为防范此类缺陷的发生，建议采取措施：停电检修时，加强对接地开关传动部位与静触头压紧部分的检查与润滑。接地开关操作过程中，如遇接地开关电动分合不到位，可先采取手动分合确保设备操作到位，并进行初步检查判断。

案例 4-11

500kV 接地开关机械卡涩导致合不到位缺陷分析及处理

一、缺陷概述

2017 年 7 月 20 日，某 500kV 变电站 502167 接地开关合闸操作时，B 相接地开关的动触头未插入静触头中，重新电动分合 502167 接地开关时，B 相到位但 A、C 两相未插入静触头，通过手动操作，三相接地开关均合闸到位。检修人员润滑引弧角转动部位，调整闭锁板间隙后，设备恢复正常。

设备信息：该隔离开关型号为 GW36-550S，出厂日期为 2007 年 10 月 1 日，投运日期为 2009 年 1 月 19 日。

二、诊断及处理过程

折臂式接地开关结构如图 4-11-1 所示。

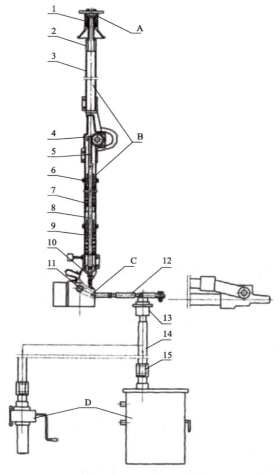

图 4-11-1　折臂式接地开关结构示意图

A—接地静触头装配；B—接地开关装配；C—组合底座装配；D—操动机构（电操或手操）；
1—静触指；2—动触头；3—上导电管；4—齿轮；5—齿条；6—可调螺套；7—平衡弹簧；8—操作杆；9—下导电管；
10—可调连接；11—转轴；12—传动连杆装配；13—支座；14—垂直连杆（ϕ60mm×7mm 热镀锌钢管）；15—接头

接地开关合闸运动过程：通过电动机构（或手动机构）D 上传动连杆装配 12 推动接地开关装配 B 的转轴 11 转动，从而使下导电管 9 从水平位置转到垂直位置；由于可调连接 10 与下导电管 9 的铰接点不同，从而使与可调连接 10 上端铰接的操作杆 8 相对于下导电管 9 做轴向位移，而操作杆 8 的上端与齿条 5 牢固连接，这样齿条 5 的移动便推动齿轮 4 转动，从而使与齿轮 4 连接的上导电管 3 相对于下导电管 9 做伸直（合闸）运动，上导电管 3 也由水平位置相应地转到垂直位置，将动触头 2 插入装于接地静触头装配 A 上的接地开关静触指 1 内，完成从分闸到合闸的全部动作。另外，在操作杆 8 轴向位移的同时，平衡弹簧 7 按预定的要求储能或释能，最大限度地平衡接地开关装配 B 的自重力矩，以利于接地开关的运动。

在接地开关电动合闸过程中，检修人员发现接地开关动触头无法插入静触头中，且三相接地开关均存在转动关节部位卡涩导致合闸过程阻力较大，在引弧角滑轮接触导轨后，引弧角转动部位对接地开关动触头存在一个较大的回弹力将其顶出，使动触头无法准确对位进入静触头内，同时发现 C 相两块闭锁板之间无间隙，合闸过程中发出较大的摩擦声，如图 4-11-2 所示。通过以上现象判断，接地开关各转动部位卡涩、引弧角转动回弹力较大是导致接地开关无法插入静触头的主要原因；C 相闭锁板间存在摩擦也是导致其合闸不到位的另一原因。

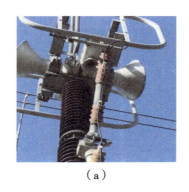  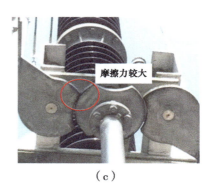

（a）　　　　　　　　　　（b）　　　　　　　　　　（c）

图 4-11-2　缺陷检查情况

（a）动触头无法插入静触头中；（b）引弧角转动阻力较大；（c）C 相闭锁板之间摩擦力较大

　　针对卡涩与引弧角回弹力较大问题，检修人员对接地开关所有转动部位进行除锈润滑，同时涂抹二硫化钼润滑。针对 C 相的闭锁板间隙问题，理想处理方法是重新调整隔离开关与接地开关的闭锁，使闭锁板保持合适间隙。但是现场隔离开关的静触头带电运行，在调整闭锁板后将无法试分合隔离开关，因此为不影响隔离开关分合，检修人员采用锉刀将与接地开关相连接的固定闭锁板锉掉 0.5mm 并在所锉部位涂抹二硫化钼，既保证两闭锁板之间留有间隙，又不影响隔离开关与接地开关间机械闭锁，处理效果如图 4-11-3 所示。

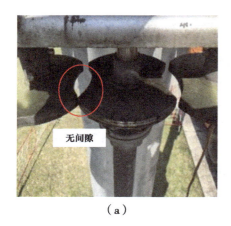 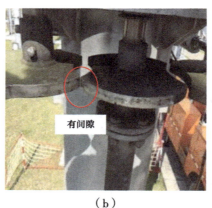 

（a）　　　　　　　　　　（b）　　　　　　　　　　（c）

图 4-11-3　缺陷处理情况

（a）闭锁板之间打磨前无间隙；（b）闭锁板之间打磨后有间隙；（c）打磨后涂抹二硫化钼

三、总结分析

　　为防范此类缺陷的发生，建议采取以下措施：

　　（1）维护时，需注意对容易遗忘的引弧角转动部位进行除锈润滑。

　　（2）维护时，需认真检查隔离开关与接地开关之间的闭锁间隙是否合适，闭锁板间是否存在摩擦。如有问题，应及时调整。

案例 4-12

500kV 接地开关引弧棒放电缺陷分析及处理

一、缺陷概述

2010 年 10 月 27 日，某 500kV 变电站 504367 接地开关 C 相导流管与底座之间出现放电现象。检修人员检查发现引弧棒无等电位连接线，因感应电对地放电，增加等电位线后缺陷消除。

设备信息：该接地开关型号为 JW3-550W（带引弧灭弧装置），出厂日期为 2002 年 2 月 1 日，投运日期为 2002 年 7 月 1 日。

二、诊断及处理过程

检修人员检查引弧棒及放电情况如图 4-12-1 所示。在 500kV 线路单元正常运行时，504367 接地开关为断开状态，此时因灭弧真空断路器也是断开状态，引弧棒无接地与上方隔离开关呈平行布置，且在上方带电隔离开关作用下产生较大感应电，对接地的灭弧真空断路器操作连杆放电。

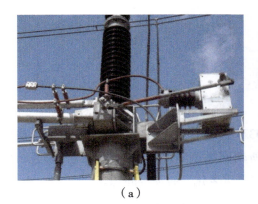

（a）　　　　　　　　　　　　　（b）

图 4-12-1　缺陷检查情况

（a）引弧棒；（b）放电痕迹

检修人员对引弧棒加装接地装置以释放感应电，当接地开关断开后，引弧棒就下落在引弧棒接地装置上接地，可参考图 4-12-2 所示的线路接地开关引弧棒接地。

图 4-12-2　JW9-550W/J63 引弧棒接地

三、总结分析

500kV 变电站存在较大的感应电，因此设备各部位尤其是底座位置均应可靠接地，避免因感应电放电，损坏设备。

案例 4-13

500kV 隔离开关电机引出线绝缘老化导致无法电动操作缺陷分析及处理

一、缺陷概述

2016 年 11 月 11 日，某 500kV 变电站 505327 接地开关无法电动分闸，检修人员检查发现电机引出线绝缘层破裂导致相间短路，对该变电站所辖同类型隔离、接地开关展开排查，发现出厂日期为 2007 年 10 月的机构箱均存在电机引出线绝缘层严重老化、破损等问题。

设备信息：隔离开关型号为 GW35-550DW，出厂日期为 2007 年 10 月 1 日，投运日期为 2009 年 1 月 19 日。

二、诊断及处理过程

（1）诊断过程。CJ12 操动机构电机回路如图 4-13-1 所示。

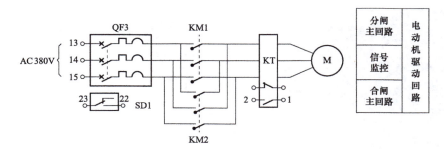

图 4-13-1 CJ12 电机回路图

QF3—高分断小型断路器；SD1—电源故障信号开关；KM1—分闸用交流接触器；
KM2—合闸用交流接触器；KT—电动机综合保护器；M—三相交流电动机

检修人员试分合 505327 接地开关过程中，当按下分闸按钮，电机电源空气断路器立即跳闸，接地开关无法电动。万用表测得电机 A、B 相之间电阻为 0（正常电机电阻应为 18Ω 左右），打开电机引出线保护壳，发现三根绝缘引出线橡胶护套已僵硬，绝缘层炭化龟裂，引线头部有烧黑痕迹，A、B 两相引出线搭接在一起发生短路，如图 4-13-2 所示。

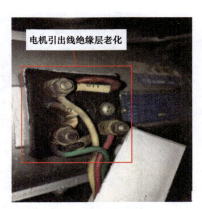

图 4-13-2 电机引出线

分析造成电机引出线绝缘龟裂的主要原因：

1）电机引出线与电源线相连接，且密闭在一个狭小的保护壳内，电机运行发出的热量集中在保护壳内，散热效果差，加速引出线绝缘层老化。

2）电机引出线绝缘材料采用橡胶护套，引出线通流发热，导致橡胶护套碳化龟裂，绝缘层受损。

3）机构箱内加热板与电机引出线距离过近，受热加速电机引出线橡胶护套龟裂。

（2）处理过程。考虑成本、工作量、实施的可能性等多方面因素，采取以下措施处理电机引出线，步骤如图 4-13-3 所示。

1）拆除电机引出线与电源线连接的保护壳，拨下包裹电源线的透明蛇皮套，剪断引出线和电源线。剪断前应注意电源线与电机引出线的配对方式，如接线错误可能导致电机反转，造成设备损坏。

2）在电机引出线、电源线 1cm 位置处剥线，并打磨电源线使之表面粗糙，便于锡珠滴落焊接，套上热缩管及黄蜡管，注意热缩套尺寸应合适，留有 10% 收缩裕度。

3）将电机引出线与电源线用软铜线可靠连接。

4）牢固焊接电机引出线与电源线，测量电机电阻，单相对地绝缘电阻合格。

5）热缩套套至电机引出线洞内，防止电机引出线触碰电机外壳短路接地，从中间向两侧均匀热缩套管。

6）黄蜡管塞至电机引出线洞内，防止 A、B、C 三相相互接触，起到双重保护作用。

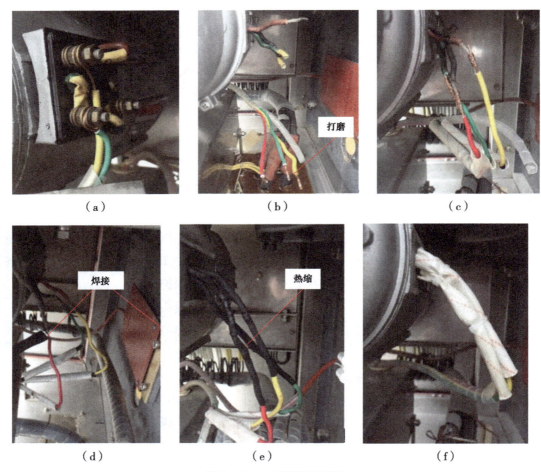

（a）　　　　　　　　　　　（b）　　　　　　　　　　　（c）

（d）　　　　　　　　　　　（e）　　　　　　　　　　　（f）

图 4-13-3　缺陷处理情况

（a）拆下保护壳；（b）剥线；（c）绑扎；（d）焊接；（e）热缩；（f）固定

三、总结分析

电机引出线与电源线连接部位的绝缘处理很关键，直接影响电机运行的可靠性和安全性。热缩套是坚固、半硬的管材，具有防水、防油等特性，受热回缩能够有效包裹导线。在每根引出线上都套一层热缩套，外面再套上一层黄蜡管，双重保障下，确保电动机可靠运行。

为防范此类缺陷的发生，建议采取以下措施：

（1）基建时，应加强对该部位接线工艺的验收。

（2）维护时，应加强机构箱内二次接线的检查。

案例 4-14

500kV 隔离开关热偶继电器锈蚀导致电动操作异常缺陷分析及处理

一、缺陷概述

2019 年 4 月，某 500kV 变电站 500kV 线路倒闸操作时，50621 隔离开关无法正常电动操作，检查发现 50621 隔离开关的热偶继电器内部严重锈蚀导致电机主回路断线，检修人员将故障热偶继电器进行更换后，设备恢复正常，缺陷消除。

设备信息：隔离开关型号为 KR51-MM40，机构箱型号为 MA-718.M，投运时间为 2010 年 2 月。

二、诊断及处理过程

检修人员手动按压合闸接触器也完全无法使电机启动，判断应为电机主回路出现问题，经排查最终将故障锁定于热偶继电器。对该热偶继电器进行拆解，发现其内部锈蚀十分严重，金属连杆已全部锈断，如图 4-14-1 所示。

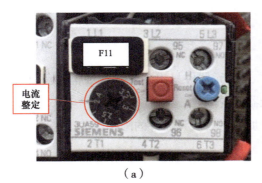

（a）　　　　　　　　　　　　　（b）

图 4-14-1　缺陷检查情况

（a）热偶继电器外观；（b）热偶继电器内部严重锈蚀

如图 4-14-2 所示，热偶继电器 F11 串联于电机主回路中，当电机回路出现短路或运转卡涩等问题，导致电流过载且超过热偶继电器电流整定值时，热偶继电器即动作，切断电机回路，并将其串联于控制回路的 F11（95，96）动断能点断开，进一步切断控制回路，从而起到保护作用。

而本次缺陷中，热偶继电器严重锈蚀直接导致电机主回路断开，从而造成隔离开关无法正常电动操作。此次热偶继电器锈蚀主要由机构箱内部加热器故障引起，其他二次元器件也普遍存在受潮情况。

检修人员将故障热偶继电器、加热器进行更换，对其他二次元器件进行检查维护。经处理，设备得以恢复正常操作，缺陷消除。

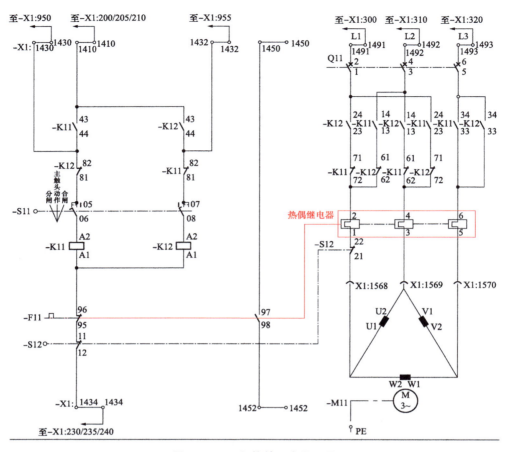

图 4-14-2　机构箱二次原理图

三、总结分析

（1）隔离开关设备经长期运行或维护不当时，二次元器件易出现氧化锈蚀情况。日常应加强对机构箱防潮防水、加热器工作情况检查，避免出现元器件受潮。

（2）隔离开关设备运行年限较长的情况下，应加强对二次元器件的维护保养。

案例 4-15

500kV 隔离开关急停触点接触不良导致电动操作异常缺陷分析及处理

一、缺陷概述

2011 年 7 月 31 日，某 500kV 变电站运行人员在停电操作时，发现 2622 隔离开关无法电动分闸，而手动分闸正常。检修人员经检查，判断缺陷应由隔离开关急停按钮内部触点接触不良导致控制回路断线引起，对急停按钮内部触点进行处理后，设备恢复正常，缺陷消除。

设备信息：隔离开关型号为 GW6-252W，操动机构型号为 CJ12，投运日期为 2009 年 5 月 9 日。

二、诊断及处理过程

根据运行人员提供的信息，分闸遥控与近控均无法动作，检修人员对该隔离开关的控制回路进行检查，发现"停止遥控"部分未能导通。

"停止遥控"属于外部联锁回路，是为了防止隔离开关误操作而设置。如图 4-15-1～图 4-15-3 所示，只有两种情况可以实现 2622 隔离开关的"停止遥控"回路接通。

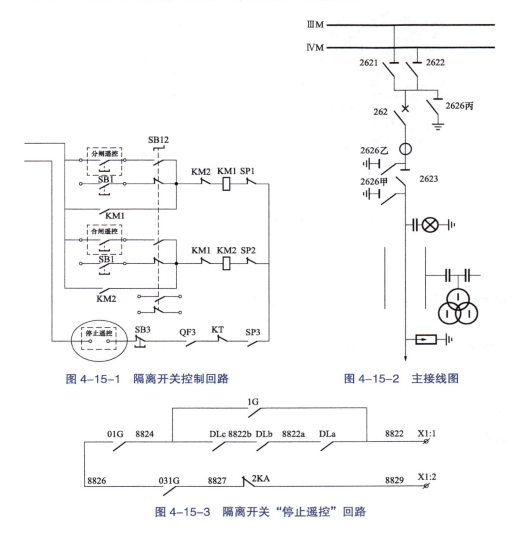

图 4-15-1　隔离开关控制回路　　　　图 4-15-2　主接线图

图 4-15-3　隔离开关"停止遥控"回路

（1）线路正常操作，即 262 断路器三相断开（开关三相的动断触点 DLa、DLb、DLc 导通）+2626 丙接地开关断开（2626 丙接地开关的动断触点 01G 导通）+2626 乙地刀断开（2626 乙接地开关的动断触点 031G 导通）+ 急停按钮未按（急停按钮 2KA 动断触点导通），该设计有效预防了带负荷拉隔离开关和带接地开关送电的风险。

（2）倒母操作，即 2621 隔离开关合上（2621 接地开关动合触点 1G 导通）+2626 丙接地开关断开（2626 丙接地开关的动断触点 01G 导通）+2626 乙接地开关断开（2626 乙接地开关的动断触点 031G 导通）+急停按钮未按（急停按钮 2KA 动断触点导通），该通路保证了在 262 断路器和 2621 隔离开关合上的情况下可以顺利实现倒母操作。

依次对 1G、DLa、DLb、DLc、01G、031G、2KA 各个触点进行通断测量，发现急停按钮 2KA 动断触点未能导通。进一步拆开急停按钮触头外罩进行检查，发现其内部 4 个触头表面均存在氧化物，如图 4-15-4 所示。

检修人员对急停按钮内部触头用酒精进行擦拭清理。经处理，用万用表测量急停按钮内部触点可以正常切换。将急停按钮进行回装后，检查回路正常，隔离开关可以恢复正常操作。

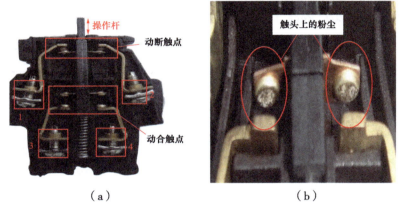

（a）　　　　　　　　　　　　　（b）

图 4-15-4　缺陷检查情况

（a）拆解急停按钮；（b）急停按钮内部触头表面存在氧化物

三、总结分析

（1）例检时加强对控制回路的检查和二次元器件的维护保养，检查二次元器件是否可以正常动作、切换。

（2）及时购买储备二次元器件备品，以便出现缺陷时能够及时更换处理。

案例 4-16

500kV 隔离开关热偶继电器内部交直流互串导致直流失地缺陷分析及处理

一、缺陷概述

2016 年 3 月 20 日，某 500kV 变电站报"1 号直流主屏接地，220kV 小室 1 号直流分屏接地，500kV 小室 1 号直流分屏接地"缺陷，即"整站 220V 1 号直流母线失地"，易引起开关误动、拒动。检修人员经排查，确认为 50131 隔离开关 A 相机构箱内热偶继电器内部交直流互串所致。

设备信息：隔离开关型号为 PR51，热偶继电器型号为 3UA59。

二、诊断及处理过程

检修人员对 50131 隔离开关 A 相热偶继电器进行拆解，发现其内部用于隔离节点的塑料薄挡板已生长铜绿，造成挡板两侧直接与其接触的交流动断触点与测控直流动合触点短路，引起直流失地，如图 4-16-1 所示。

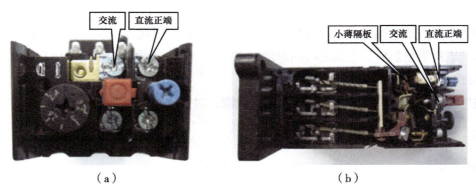

（a）　　　　　　　　　　　（b）

图 4-16-1　热偶继电器基本情况

（a）热偶继电器正面图；（b）热偶继电器拆解后俯视图

如图 4-16-2 所示，挡板左侧为交流动断触点，正常处于导通状态。右侧为一压片，该压片正背面均有触点，背面触点用于形成测控直流信号动合触点，带直流正电，正面触点未使用且正常应与挡板保持一定间隙，而当前为了保证压片背面触点动合使得压片翘起角度偏大，导致压片正面也与挡板直接接触，当挡板绝缘下降，即造成其两侧交直流电源互串。

由于该直流信号用于热偶继电器动作时报出"隔离开关电机故障"，为现场应急处理作辅助判断，非事故类信号，检修人员经运检部批准后解除此热偶继电器的直流信号二次回路。

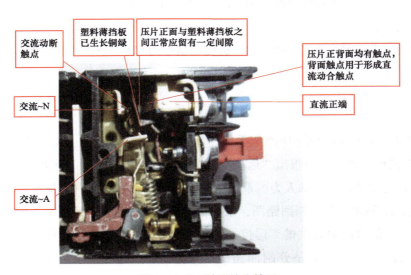

图 4-16-2　缺陷检查情况

三、总结分析

（1）本次直流失地缺陷暴露出以下的问题：

1）该热偶继电器结构及接线设计不合理，同一元器件相邻两副节点分别供交直流回路使用，若节点间绝缘击穿将造成交直流互串，且用于隔离的薄挡片材质不良、厚度不足，易发生爬电。

2）机构箱运行工况不良。机构箱内部存在潮气和尘土，导致在长期运行后热偶继电器内部薄挡片积尘生长铜绿。

（2）防范措施：

1）协调生产商，重新选型设计合适的热偶继电器，批量更换此种型号热偶继电器。

2）考虑到成批更换热偶继电器的时间跨度较长，可采取先解除此类机构箱内相关直流信号二次回路的方式进行预防。

3）加强机构箱体防潮防水检查，定期除尘、除潮，对失效密封圈及时进行更换。

案例 4-17

500kV 接地开关切换把手节点受潮误报信号缺陷分析及处理

一、缺陷概述

某 500kV 变电站 506167 接地开关近一年运行中发现，监控后台频繁报出 506167 接地开关"远控/就地"切换信号，检修人员经检查发现缺陷应由切换把手内部绝缘降低节点电压互串引起，更换故障切换把手后，缺陷消除。

设备信息：接地开关型号为 KR51-MM40，机构箱型号为 MA-718.M，投运时间为 2010 年 2 月。

二、诊断及处理过程

506167 接地开关"远控/就地"切换把手位于隔离开关汇控箱中，正常运行过程中处于"远控"位置。由于 506167 接地开关在后台报出"远控"和"就地"切换信号时，现场实际并无操作，同时该异常信号频繁报出且无规律，可排除人为因素，基本确定该异常信号应由设备本体故障产生。

检修人员首先查阅隔离开关控制回路图，了解该"远控/就地"切换把手在回路中的接线及功能。如图 4-17-1 所示，S7 是该隔离开关的"远控/就地"切换把手，共有 6 对触点（3 对动合触点，3 对动断触点）：（21，22）、（13，14）是分闸回路的"就地"和"远控"节点，（31，32）、（43，44）是合闸回路的"就地"和"远控"节点，（53，54）、（61，62）是监控后台"远控"和"就地"的信号节点。

现场核对接线情况，发现仅（61，62）动断触点作为监控后台"远控"和"就地"信号节点，

（53，54）动合触点只引入到端子排 X1-800 和 X1-805 中悬空，并未接入回路中使用。

现场测得 61 端子带有直流 110V 左右的电压，62 端子电压在直流 70 ～ 80V 之间跳变，而当前信号节点（61，62）处于断开状态，正常 62 端子电压应为 0V。且备用信号节点（53，54）并未接入回路中，正常 53 及 54 端子电压应都为 0V，却也带有 60 ～ 70V 范围内的电压。

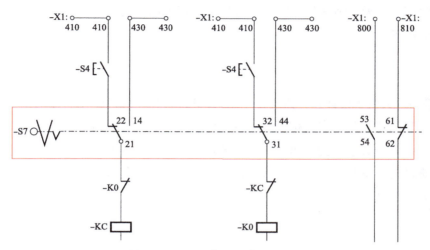

图 4-17-1　隔离开关控制回路图

检修人员将"远控/就地"切换把手 S7 拆下检查，发现该切换把手内部受潮氧化较为严重，接线柱上有铜绿。其中信号节点 61 端子锈蚀尤为严重，接线柱已经跟电缆黏死在一起，无法拆除，现场只能将电缆直接剪断。该节点是直流信号电源的来电侧（接信号电源 X1：810/801），正常运行过程中一直带有直流 110V 的电压。而信号节点（61，62）和（53，54）接在切换开关 S7 的同一个模块中，如图 4-17-2 所示。

检修人员更换新的"远控/就地"切换把手，测量各触点电压正常，进行隔离开关"远控"和"就地"试分合操作及后台信号核对后，一切功能和信号均恢复正常，消缺消除。

（a）　　　　　　　　　　　（b）

图 4-17-2　"远控/就地"切换把手 S7 锈蚀情况

（a）锈蚀节点；（b）节点位置

三、总结分析

（一）原因分析

现场检查发现该机构箱内加热器故障无加热功能，因此机构箱内部长期潮气较重，信号节点 61 在长期带直流 110V 电压及潮湿的情况下会发生电腐蚀反应，导致该模块绝缘降低。61 端子的直流 110V 电压串到模块的其他触点中，致使原本不该带有电压的其他三个节点 62、53、54 带有 60 ～ 80V 的电压。

在湿度陡增的阴雨或者闷热天气中，该模块的绝缘将进一步降低，导致 62 端子的电压进一步上升至接近 110V，相当于信号节点（61，62）直接导通，导致监控后台自动报出隔离开关由"远控"切换至"就地"的异常信号。天气情况较好时，后台信号则切换回"远控"状态，最终呈现"远控／就地"频繁切换的不稳定状态。

（二）防范措施

MA-718 型隔离开关由于设计较为紧凑，导致其机构箱和汇控箱整体体积较小，空间狭窄，元器件和接线较为密集。其加热器安装在机构箱或汇控箱的右下角，加热器故障时不便对其进行更换，该问题在该类型西门子隔离开关中极为突出，机构箱和汇控箱内元器件在长期受潮的情况下，其故障率也将持续上升，影响设备的正常运行。应加快西门子隔离开关机构箱及汇控箱中的加热器位置改造，彻底解决机构箱内防潮问题。

案例 4-18

500kV 接地开关接线错误导致就地操作未经五防缺陷分析及处理

一、缺陷概述

运维人员前期对某 500kV 变电站 500kV 母线停电过程中发现：500kV Ⅰ 段母线 5117、5127、5137 接地开关及 500kV Ⅱ 段母线 5217、5227、5237 接地开关就地操作不需要经过五防，存在 500kV 母线带电情况下误合接地开关的隐患。检修人员检查发现缺陷由设计图错误导致接地开关机构箱 B 相接线错误引起。现场更正接线后，缺陷消除。

500kV Ⅰ、Ⅱ 段母线接地开关型号为 JW3-550I，出厂日期为 2014 年 4 月 1 日，投运日期为 2015 年 2 月 18 日。机构箱型号为 CJ6A，控制方式为三相汇控。

二、诊断及处理过程

以 5217 接地开关为例，进行回路检查分析。

现场检查发现 5217 接地开关实际操作闭锁回路如图 4-18-1 所示，与图 4-18-2 存在不一致。图 4-18-1 中 8911 回路一端连接"远方／就地"切换把手，另一端直接与 XT1：19 端子相连，由图 4-18-3 可得 XT1：19 与电源 L 相连，正常情况下直接带电。因此 8911 回路没有经过五防控制节点便可直接带电，从而导致了只需通过就地分合闸按钮或者遥控节点就可以使分合闸回路得电导通的现象，即 5217 接地开关就地操作不经过五防。

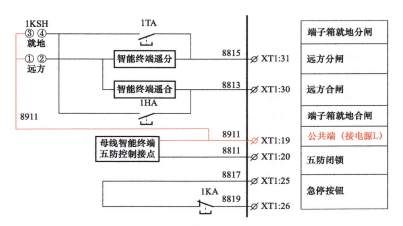

图 4-18-1　改线前 5217 接地开关操作闭锁回路接线图

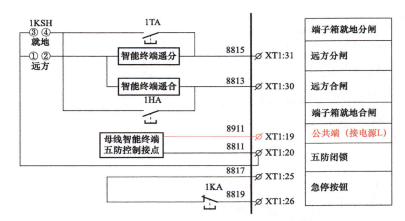

图 4-18-2　5217 接地开关操作闭锁回路竣工图

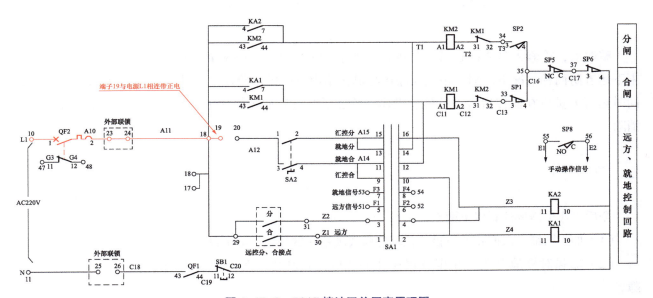

图 4-18-3　5217 接地开关厂家原理图

　　检修人员现场将 B 箱机构箱内端子 XT1：19 与 XT1：20 接线对调，整改后接线原理图如图 4-18-4 所示。现场使端子 XT1：19 所接回路改为 8811，端子 XT1：20 所接回路改为 8911，如图 4-18-5 和

图 4-18-6 所示。

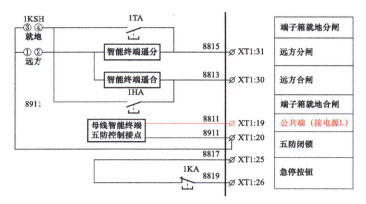

图 4-18-4　改线后的 5217 接地开关操作闭锁回路

图 4-18-5　改线前的 XT1：19、20 端子图

图 4-18-6　改线后的 XT1：19、20 端子图

整改后，检修人员协同运行人员进行了如下验证：结合 500kV Ⅱ 段母线停电进行有下达五防和未下达五防两种情况下，端子箱就地操作与机构箱内遥控操作验证，结果符合五防操作的逻辑要求；同时运行人员也在监控后台进行传动操作，验证了修改后的操作闭锁回路的正确性，缺陷顺利得以消除。

三、总结分析

今后工作中需要注意以下两点：

（1）加强图纸二次回路的审核，在基建前发现错误的接线，避免设计错误。

（2）加强对接地开关防止电气误操作的验收，在基建环节及时发现问题，预防设备运行后的隐患。

案例 4-19

500kV 接地开关接线错误导致电动操作异常缺陷分析及处理

一、缺陷概述

2020 年 10 月 12 日，某 500kV 变电站进行 500kV 线路停电操作过程中，发现 503167 接地开关 A 相能合闸到位而 B、C 相合闸过程因五防钥匙拔出后中断。运维人员将五防钥匙全程插在对应五防接口上重复操作，503167 接地隔离开关才能够正常分合。检查发现缺陷是由于接地开关控制回路接线错误引起。现场更正接线后，缺陷消除。

设备信息：该接地开关型号为 JW3-550I，生产日期为 2014 年 11 月 1 日，投运日期为 2015 年 7 月 8 日。

二、诊断及处理过程

503167 接地开关控制回路如图 4-19-1 所示。

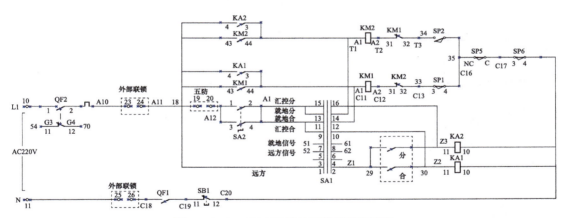

图 4-19-1　503167 接地开关控制回路图

（一）503167 接地开关 C 相回路排查

现场检查发现未插五防钥匙时，503167 接地开关 C 相机构箱内电机三相电源空气断路器 A 相电压为零，B、C 相电压为 220V。插上五防钥匙时，503167 接地开关 C 相机构箱内电机电源空气断路器 A、B、C 相电压均为 220V。现场根据回路图逐一排查接线号头未发现异常，进一步怀疑是电缆芯套错号头从而导致接错电缆。C 相机构箱电机电源电缆的源头为 B 相机构箱，通过逐根排查，发现 C 相机构箱内电缆 WLB3-195C/XT1：23/A12 与 WLB3-195C/XT1：5/A1 接反，即对应图 4-19-2 控制回路中红圈节点 A12 和图 4-19-3 中红圈节点 A1 接反。由此导致了 C 相机构箱电机电源空气断路器 A 相接在五防后端，而控制回路中 A12 节点始终接在从 B 相引到 C 相的交流 220V 电源上。所以，在五防钥匙未插上时，C 相机构箱电机电源出现三相异常。同时也与操作现象相吻合：五防钥匙插上时，C 相能够正常操作，当五防钥匙拔出后 C 相电机电源缺相从而隔离开关无法继续动作。

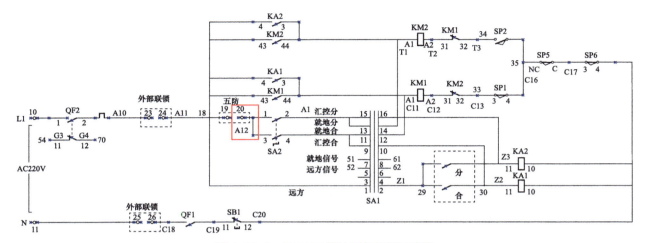

图 4-19-2　503167 接地开关控制回路图

将电缆 WLB3-195C/XT1：23/A12 与 WLB3-195C/XT1：5/A1 调换位置后，回路恢复正常。

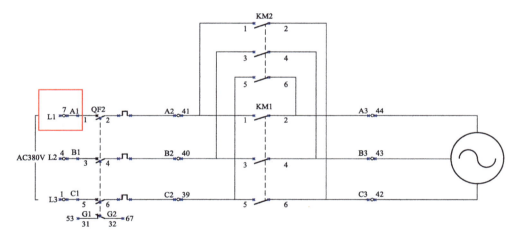

图 4-19-3　503167 接地开关电机回路图

（二）503167 接地开关 B 相回路排查

通过回路排查发现 503167 接地开关 B 相机构箱内部端子排中，端子号 18 对应号头 A11 电缆与端子号 20 对应号头 A12 电缆接反，如图 4-19-4 和图 4-19-5 所示。A11 与 A12 接反后的原理图如图 4-19-6 所示，导致了五防节点接在自保持前端，五防钥匙插上时，B 相才能够正常操作，五防钥匙拔出后 B 相即无法操作自保持。

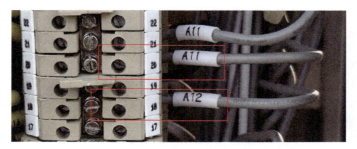

图 4-19-4 503167 接地开关 B 相端子排图

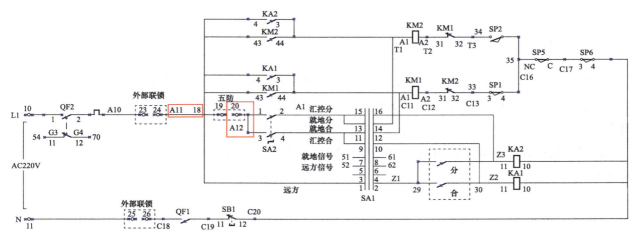

图 4-19-5 503167 接地开关控制回路图

将 A11 电缆与 A12 电缆调换后，回路恢复正常。

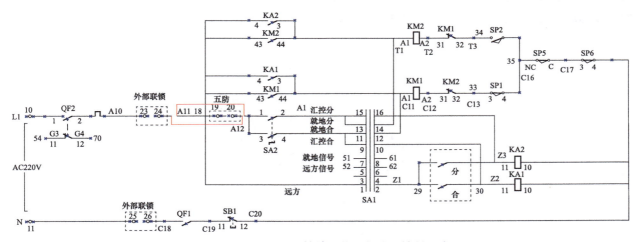

图 4-19-6 503167 接地开关 B 相实际控制回路

三、总结分析

（1）隔离开关操作及验收过程中，应该按照标准流程进行五防功能、远近控功能及外部联锁功能验证。

（2）隔离开关试分合过程中，最好按照"分—停—分"或"合—停—合"的方式进行，切勿"分—停—合"或"合—停—分"，这样对隔离开关的损伤较小。

案例 4-20

220kV 隔离开关提升杆滚轮尺寸偏大导致合闸不到位消缺分析及处理

一、缺陷概述

2019 年 3 月 1 日，运维人员在操作 220kV 2552 隔离开关时发现该隔离开关 A 相合闸不到位。检修人员检查是由于上导电臂提升杆滚轮与破冰钩不匹配导致，并更换滚轮后，隔离开关分合到位，缺陷消除。

设备信息：该隔离开关设备型号为 GW16-220W，出厂日期为 1997 年 4 月 1 日。上次检修日期为 2016 年 10 月。

二、诊断及处理过程

检修人员检查发现该隔离开关 A 相手动合闸过程中，上导电臂卡涩，合闸后上导电臂提升杆末端的滚轮并未行至合闸时圆弧凹面处，下导电臂由于受到滚轮斥力作用，导致隔离开关无法合闸到位，如图 4-20-1 所示。经更换尺寸合适的滚轮后，隔离开关分合正常，缺陷处理完成。

图 4-20-1　缺陷情况

三、总结分析

受机械加工误差的影响，滚轮尺寸偏大，滚轮在合闸过程摩擦力大，特别是设备长期运行后，摩擦力增大，影响合闸。针对此类缺陷问题：一是做好室外设备的保养，日常例检时，隔离开关转动部位及一些关键部位做好防锈防潮措施，如涂以二硫化钼等；二是备品备件，如滚轮、触指、静触杆、可调连杆等常用隔离开关备件应储备齐全。

案例 4-21

220kV 隔离开关夹紧弹簧锈蚀、复位弹簧断裂导致无法合闸缺陷分析及处理

一、缺陷概述

2013 年 3 月 8 日，某 500kV 变电站 2861 隔离开关三相手动、电动均合闸不到位。检修人员更换复位弹簧、夹紧弹簧及提升杆后，设备恢复正常。

设备信息：隔离开关型号为 GW17A-252DW，出厂日期为 2007 年 10 月 1 日，投运日期为 2008 年 12 月 30 日。

二、诊断及处理过程

因三相合闸不到位，检修人员初步判断 2861 隔离开关合闸行程不足，调整电机行程与垂直连杆抱箍位置后，B 相动触头触指未夹紧，如图 4-21-1 所示。调整 B 相可调连接后，动触头触指仍未夹紧，判断 B 相导电臂存在故障。

图 4-21-1　2861 隔离开关 B 相动触头触指未夹紧

解体检修 2861 隔离开关过程中，检修人员发现隔离开关三相上导电臂因密封不严导致进水锈蚀，B 相尤为严重，夹紧弹簧根部有锈蚀现象，复位弹簧大约在 1/3 处断裂，如图 4-21-2 所示。检修人员更换复位弹簧、夹紧弹簧及提升杆后，设备调试合格。

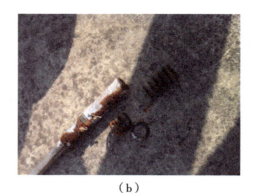

（a）　　　　　　　　　　　　　　　　　（b）

图 4-21-2　缺陷情况

（a）夹紧弹簧根部锈蚀；（b）复位弹簧大约在 1/3 处断裂

三、总结分析

为防范此类缺陷的发生，建议采取以下措施：

（1）为防止导电臂内积水导致弹簧锈蚀，应在隔离开关合适位置钻排水孔，维护时，应疏通排水孔。

（2）维护时，需检查隔离开关防水性能，按照规程要求检查保养隔离开关。

案例 4-22

220kV 隔离开关触头内复合轴套卡涩导致无法分合闸缺陷分析及处理

一、缺陷概述

2015 年 2 月 2 日，某 500kV 变电站 2542 隔离开关 C 相无法分闸，220kV 2 号旁路 25K2 隔离开关无法分闸。检修人员清洗润滑复合轴套后，设备恢复正常。

设备信息：隔离开关型号为 GW16-220W，出厂日期为 1997 年 5 月 1 日，投运日期为 1998 年 5 月 1 日。

二、诊断及处理过程

检修人员检查发现以下情况（见图 4-22-1）：

（1）2542 隔离开关伞齿轮完好，基座、管壁及双四连杆等部位二硫化钼硬化且积尘严重。

（2）发现 2542 隔离开关 C 相动触指卡死且烧伤严重，触指无法张合。

（3）导电臂发现隔离开关夹紧弹簧拉杆外观正常，动触头内壁有积灰，卡涩位置在动触头内复合轴套与复位拉杆之间。

（4）复位拉杆表面存在与复合轴套的刮痕，顶部氧化增大直径，与复合轴套间摩擦力增大易卡死。

针对检查情况，检修人员进行了以下处理：

（1）现场更换 2542 隔离开关 C 相的复合轴套、复位拉杆及烧损的隔离开关动触指。

（2）为减轻触头内复合轴套卡涩，清洁后涂抹凡士林润滑动触指处轴销、复位拉杆表面及复合轴套。

（3）检查动触指张合灵活后，安装防雨罩并用密封胶封死开口部位防止进灰。

（4）相同方法检查处理 220kV 2 号旁路母线 25K2 隔离开关，调试合格。

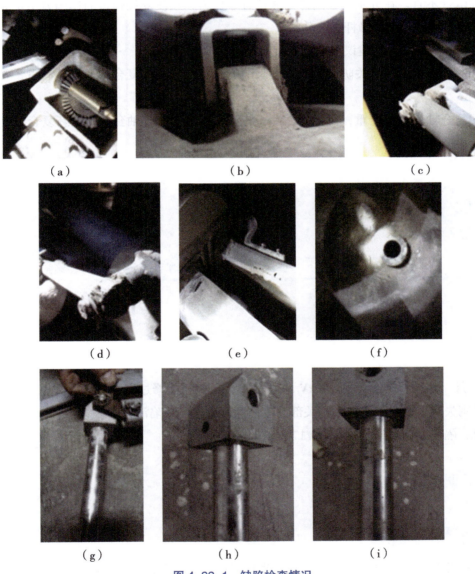

图 4-22-1　缺陷检查情况

（a）伞齿轮完好；（b）基座及管壁内积尘严重；（c）双四连杆转动处积灰严重；
（d）双四连杆转动处积灰；（e）C 相动触指烧伤，触指无法张合；（f）动触头内壁积灰；
（g）复位拉杆表面存在刮痕，顶部氧化；（h）复位拉杆表面氧化增大直径；（i）复位拉杆表面存在刮痕

三、总结分析

通过解体检修 2542 隔离开关、25K2 隔离开关，确认无法分闸的主要原因为动触头内复合轴套卡涩，导致与复位拉杆之间摩擦力增大，造成隔离开关合闸时上导电臂不直，无法分闸。正常情况下，在合闸时，破冰钩挂住上导电臂滚轮，靠下导电臂的最后行程带动上导电拉杆使滚轮落入凹槽，使合闸到位。而现在因复位拉杆与触头复合轴套存在摩擦力，下导电臂的行程力不足，使滚轮无法落入凹槽，导致上导电臂不直。在分闸时，同样是该位置摩擦力，致使复位弹簧的作用力不足无法使动触指完全打开，导致动触指卡住静触杆无法分闸。

为防范此类缺陷的发生，建议采取以下措施：

（1）结合停电打开隔离开关防雨罩，通过长油嘴管对动触头内复合轴套清洁润滑，并检查触指的张合灵活。

（2）若旧复合轴套卡涩严重，可采用 22mm 的钻头拆除旧复合轴套，更换新复合轴套，或者更换动触头。

案例 4-23

220kV 隔离开关多部件材质不良导致无法分合缺陷分析及处理

一、缺陷概述

2012 年 3 月，某 500kV 变电站 220kV 2431 隔离开关例行检修过程中，正进行隔离开关试分合，突然发现其分合闸失灵。经过对该隔离开关部分零件进行更换，缺陷消除。

设备信息：隔离开关厂家型号为 GW17-252W。

二、诊断及处理过程

（一）诊断过程

检修人员在登高处理检查过程中，首先发现该隔离开关滚轮已断裂，同时用手对导电臂进行小范围推拉过程中，发现其阻力相当大，现场对隔离开关导电臂卸下，地面拆解处理。在拆解后，检修人员发现：

（1）对滚轮进行宏观和尺寸检查，发现滚轮构件端部为管状结构，断裂发生在圆弧过渡面的根部，断口平齐，周边无塑性变形痕迹，呈典型的脆性断裂特征，如图 4-23-1 所示。滚轮构件壁厚 4.37mm，外部直径 29.25mm。

图 4-23-1　缺陷检查情况

（a）失效滚轮构件断口形貌；（b）更换的不锈钢滚轮

（2）对上导电臂进行拆解，发现其内部提升杆采用的是不锈钢，轴套为尼龙轴套。

原因分析：对失效滚轮构件的成分进行分析，构件 Zn、Pb 含量很高，为铅黄铜，与 GB/T 1176—2013《铸造铜版铜合金》中铅青铜材质要求不符。铝青铜的抗拉强度为 440 ~ 670MPa，而铅黄铜的抗拉强度为 280MPa，强度低于设计材质要求。同时，滚轮端部设计为管状耐受压力也较差。上导电臂内的不锈钢提升杆和尼龙轴套，在运动一段时间后发黏卡涩，造成运动阻力急剧增大，滚轮也易被卡住无法运动到位，形成合不直或分不到位的现象。

（二）处理过程

（1）更换为不锈钢滚轮，材质牌号 0Cr18Ni9，端部的设计由管状改为实心弧状，厚度 9.48mm，外部直径 29.42mm，以提升强度。

（2）把上导电臂管内内部提升杆的端杆、接头换成铝青铜材质，与端杆、接头配合的尼龙轴套换成复合轴套，减小运动卡涩阻力，如图 4-23-2 所示。

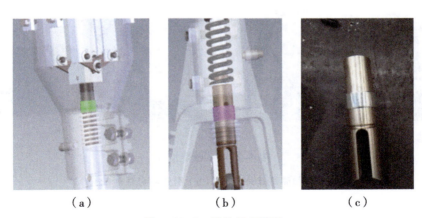

图 4-23-2　缺陷处理情况

（a）更换的轴套位置 1；（b）更换的轴套位置 2；（c）更换后的铜接头和滑动轴套

三、总结分析

厂家应优化重要零部件零件选材，检修人员加大对设备关键零部件入网把关，做好金属检测工作。

案例 4-24

220kV 隔离开关设计不合理导致无法分闸缺陷分析及处理

一、缺陷概述

2015 年 12 月 3 日，某 500kV 变电站 2871 隔离开关操作过程中，A 相动触头引弧指勾住静触头导致无法分闸。检修人员更换新型动触头后，设备恢复正常。

设备信息：隔离开关型号为 GW23A-252DD（W）Ⅲ /2000，出厂日期为 2010 年 8 月 9 日，投运日期为 2011 年 5 月 17 日。

二、诊断及处理过程

检修人员检查 2871 隔离开关，A 相无法分闸同时静触头被拉弯，B、C 相半分半合，如图 4-24-1 所示。断开 2871 隔离开关动力电源几分钟后，2871 隔离开关 A 相引弧指自行弹开，随后电动分闸 2871 隔离开关，B、C 两相分闸到位，A 相分闸未到位。

（a）　　　　　　　　　　　　　　　　　（b）

图 4-24-1　缺陷情况

（a）三相隔离开关状态；（b）引弧指勾住静触头

现场进一步检查情况如下：

（1）主输出轴抱箍及下部三相连杆抱箍未偏移变形。

（2）旋转绝缘子外观无异常。

（3）A 相顶部传动螺杆抱箍变形，如图 4-24-2 所示。

（4）动触头引弧指存在朝内弯钩，当隔离开关长期运行偏离轴心后将导致引弧指勾住静触头。

2015 年 12 月 9 日，检修人员更换 2871 隔离开关动触头及变形抱箍，重新调试隔离开关，各项数据合格。新旧动触头如图 4-24-3 所示，新型动触头引弧指已处理，优化设计后的引弧指无朝内的弯钩不会勾住静触头。

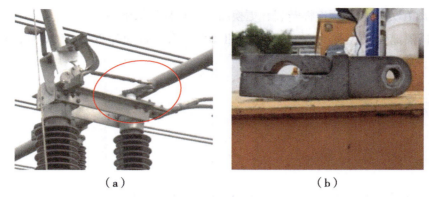

（a）　　　　　　　　（b）

图 4-24-2　变形抱箍

（a）抱箍位置；（b）抱箍变形情况

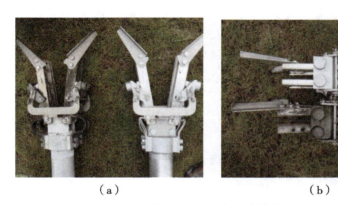

（a）　　　　　　　　（b）

图 4-24-3　新旧动触头

（a）引弧指已倒角；（b）引弧指倒角侧面图

三、总结分析

　　该缺陷的主要原因是隔离开关设计不合理，旧款隔离开关引弧指无倒角，有朝内弯钩，若隔离开关偏轴将造成引弧指勾住静触头无法分闸，严重者导致拉弧损坏设备。排查同批次旧型号隔离开关引弧指，结合停电更换存在设计缺陷的引弧指，或者打磨处理引弧指弯钩。

案例 4-25

220kV 隔离开关可调连杆断裂缺陷分析及处理

一、缺陷概述

　　2017 年 10 月 29 日，某 500kV 变电站 220kV Ⅰ / Ⅲ段母分 2801 隔离开关无法正常分闸，检修人员检查发现 2801 隔离开关 B 相可调连杆断裂，更换新可调连杆后缺陷消除。

设备信息：该隔离开关型号为 GW17A-252 Ⅱ DW，出厂日期为 2007 年 10 月，投运日期为 2008 年 11 月 1 日。

二、诊断及处理过程

（一）宏观检查

220kV Ⅰ / Ⅲ段母分 2801 隔离开关因可调连杆断裂，造成隔离开关无法正常分合，如图 4-25-1 所示。该水平式隔离开关在合闸状态下，可调连杆的螺杆部位承受拉力。

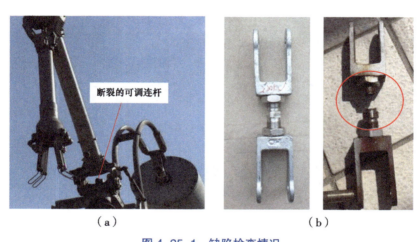

（a）　　　　　　　　　　　　　　（b）

图 4-25-1　缺陷检查情况

（a）可调连杆位置；（b）断裂的可调连杆

断裂螺杆的宏观形貌如图 4-25-2 所示，断裂螺杆断口较平整且与螺杆轴线垂直，断口处覆盖有腐蚀产物，断裂螺杆外表面可见明显的腐蚀坑。新螺杆总体呈现银白色的金属光泽，未见锈蚀。

 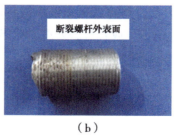 

（a）　　　　　　　　　　（b）　　　　　　　　　　（c）

图 4-25-2　螺杆宏观形貌

（a）断裂螺杆宏观形貌 1；（b）断裂螺杆宏观形貌 2；（c）新螺杆宏观形貌

（二）化学成分分析

检修人员对断裂螺杆和新螺杆分别取样做化学成分分析，分析发现断裂螺杆的 Cr 和 Ni 元素含量偏低，C 和 Mn 元素含量偏高，化学成分分析结果不符合国家标准对 0Cr18Ni9 材质的要求。新螺杆的各化学元素含量在标准范围内，其化学成分分析结果符合相关标准对 0Cr18Ni9 材质的要求。

三、总结分析

（一）原因分析

该隔离开关可调连杆的螺杆失效断裂为脆性断裂，外表面锈蚀现象表明原材料的耐蚀性较差为应力腐蚀断裂，断口的腐蚀产物含有 S 和 Cl 元素。导致失效的主要原因来自环境和材质本身两方面的原因，主要原因包括：

（1）一方面，隔离开关连杆所在变电站地理位置靠海，具有沿海工业环境特征，提供了硫离子和氯离子两种腐蚀介质，而 0Cr18Ni9 不锈钢对大气环境中的硫离子和氯离子等腐蚀性介质具有应力腐蚀敏感性。另一方面，隔离开关在合闸状态下，可调连杆的螺杆部位主要承受拉力，这两方面环境因素造成了螺杆的应力腐蚀断裂。

（2）断裂螺杆在生产过程中材质成分不合格。偏低的 Cr、Ni 含量以及偏高的 C、Mn 含量，大大降低了不锈钢的耐蚀性，尤其是抗晶间腐蚀能力，从而促进了螺杆的应力腐蚀断裂过程。

（二）防范措施

（1）更换与失效样品同批次的连杆，若受条件限制未能及时更换的，应加强跟踪检查，及时排除安全隐患。

（2）加强入网设备及其零部件的质量验收与管理工作。对于新更换的连杆，应要求厂家提供化学成分分析报告以及硬度等相关力学性能报告。

案例 4-26

220kV 接地开关钢丝绳锈断导致无法合闸缺陷分析及处理

一、缺陷概述

2017 年 11 月 15 日，某 500kV 变电站 220kV Ⅰ 段母线 25M Ⅰ 6 乙接地开关 B 相无法合闸，且机构卡涩严重。检修人员更换平衡弹簧筒钢丝绳后，设备恢复正常。

设备信息：隔离开关型号为 JW6-220W，出厂日期为 1997 年 6 月 1 日，投运日期为 1998 年 3 月 29 日。

二、诊断及处理过程

检修人员检查发现 25M Ⅰ 6 接地开关 B 相平衡弹簧筒钢丝绳在引出孔位置断裂，该引出孔底部容易积灰、积水，导致钢丝绳易生锈断裂，使平衡弹簧筒失去作用，无法在分闸时储存能量为合闸操作提供初始力，如图 4-26-1 和图 4-26-2 所示，同时由于机构本身存在卡涩造成 25M Ⅰ 6 接地开关 B 相无法合闸。

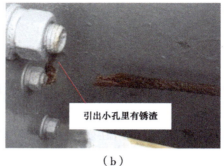

（a）　　　　　　　　　　　　　（b）

图 4-26-1　锈断的钢丝绳

（a）钢丝绳位置；（b）锈断的钢丝绳

（a）　　　　　　　　　　　　　（b）

图 4-26-2　钢丝绳及弹簧作用原理

（a）松弛状态；（b）分闸储能状态

　　原钢丝一端使用两个螺栓固定，另一端为带压接鼻子的丝杆。因该型号接地开关已停止生产，无相关备品，检修人员决定加工同样直径和材质的钢丝绳进行更换，过程如下：

　　（1）拆除旧钢丝绳。打开平衡弹簧筒后盖取出旧钢丝绳丝杆这一端。合上接地开关，松动固定螺栓取出钢丝绳另一端，如图 4-26-3 所示。

　　（2）安装新钢丝绳。为方便调整，新钢丝绳截取长度应稍长于旧钢丝绳，用两个钢丝绳夹头代替丝杆固定，如图 4-26-4 所示，使其能压缩弹簧。钢丝绳涂抹二硫化钼后放入平衡弹簧筒，引出插入固定螺栓，插入深度以尾端观察孔能看见钢丝绳为准，并调整钢丝绳长度，使其在合闸位置时自然收紧。

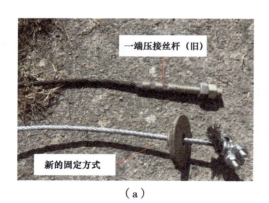
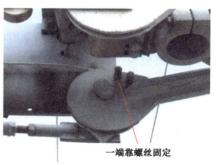

（a）　　　　　　　　　　　　　（b）

图 4-26-3　新旧固定方式对比

（a）新旧钢丝绳固定方式对比；（b）新钢丝绳固定方式

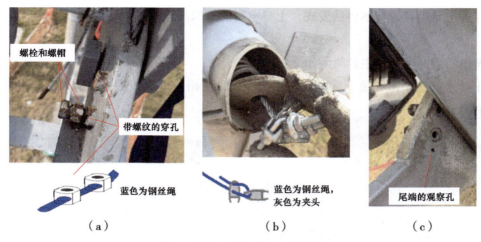

图 4-26-4 新固定方式示意图

（a）螺栓固定方式示意图；（b）代替丝杆端的固定方式；（c）尾端的观察孔

三、总结分析

为防范此类缺陷的发生，例行检修时需注意对该类型接地开关平衡弹簧筒钢丝绳进行检查保养，对磨损严重的应给予更换，同时可在平衡弹簧筒引出孔底部位置涂抹二硫化钼起润滑防水作用。

案例 4-27

220kV 隔离开关夹紧弹簧断裂导致无法操作分析及处理

一、缺陷概述

2014 年 11 月 7 日，对某 500kV 变电站 247 断路器单元停电倒闸操作发现，2471 隔离开关无法电动分闸，后检修人员使用绝缘棒辅助，进行了手动分闸。

设备信息：隔离开关型号 GW16-220W。

二、诊断及处理过程

（一）诊断过程

检修人员拆除垂直连杆抱箍，发现电机电动操作和手动操作 CJ11 机构均操作正常，初步判断隔离开关本体导电臂部分故障，进行拆卸解体。

对隔离开关上导电臂进行解体后发现，上导电臂内锈蚀严重，排水孔被锈渣堵住，夹紧弹簧断裂，如图 4-27-1 所示。

从现场解体的情况来看，主要原因如下：

（1）由于排水孔被堵，导致上导电臂内积水严重，使相关零部件生锈，从而在停电操作中发生夹紧弹簧断裂情况。

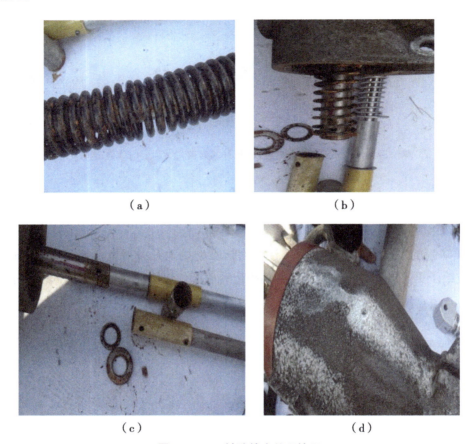

（a）　　　　　　　　　　　（b）

（c）　　　　　　　　　　　（d）

图 4-27-1　缺陷检查处理情况

（a）断裂的夹紧弹簧；（b）导电臂内部生锈情况；
（c）新旧提升杆比较；（d）上导电臂排水孔被堵情况

（2）初步分析认为，由于弹簧材质原因或热处理工艺不佳等原因，在受力的情况下，弹簧部分开裂脱落。

（二）处理过程

隔离开关导电臂内部进行清洗，更换隔离开关导电臂内夹紧弹簧、平衡弹簧、提升杆、防雨罩等关键部件，对排水孔进行疏通，同时对夹紧和平衡弹簧涂抹二硫化钼进行防腐密封处理，防雨罩密封不严的涂抹防水胶确保防水效果。

三、总结分析

做好隔离开关导电臂及触头座排水孔打孔工作。关于排水孔，由于 GW16 隔离开关垂直式，对大部分时间处于合闸的隔离开关，将其动触头座根部排水孔封堵，防止排水孔变成进水孔，链接叉底部排水孔不得封堵；对大部分时间处于分闸的隔离开关，年检时要加强其动触头座根部排水孔疏通工作。GW17隔离开关水平式，对大部分时间处于合闸的隔离开关，可在动触头座根部及上导电臂打排水孔，同时年检时要加强疏通，链接叉底部排水孔应采用硅酮密封胶封堵，防止在分闸位置时从此处进水；对大部分时间处于分闸的隔离开关，链接叉底部排水孔应采用硅酮密封胶封堵，防止进水。

案例 4-28

220kV 隔离开关曲柄轴销断裂导致带负荷拉隔离开关缺陷分析及处理

一、缺陷概述

2010年3月3日，某变电站正常运行中的2K511隔离开关B相拐臂与拉杆连接轴销断裂，B相刀头降下，其肘关节与C相安全距离不够导致B、C相短路放电，短路电流19000A。引起母差动作，1号主变压器失电。经检修人员对该隔离开关更换新的曲柄轴销，隔离开关分合闸正常，缺陷消除。

设备信息：隔离开关型号为PR21-MH31，出厂日期为2004年2月17日。

二、诊断及处理过程

2K511隔离开关B相拐臂与拉杆连接轴销断裂，如图4-28-1所示，使B相无法保持正常合闸位置，该型隔离开关无合闸闭锁装置，在重力作用下向分闸方向运动，导致带负荷拉闸，220kV母差保护动作。

（a） （b）

图 4-28-1 缺陷检查处理情况

（a）断裂的曲柄轴销；（b）完好的曲柄轴销

对现场拆回的故障零件和另两相完好部件进行了金属成分分析、硬度检验、拉力试验、金相分析和宏观断口分析。通过试验发现如下问题：

（1）B 相断裂轴销和未断 C 相轴销的碳含量不符合设计图纸规定的 1Cr13 要求，经分析为 2Cr13。

（2）B 相断裂轴销硬度超过上限值 9HRC。

（3）A 相抗拉强度低于设计图纸要求，为 568MPa。

为进一步检验所采用轴销的质量，现场抽测了 6 只新轴销，其中 5 只硬度符合图纸要求，1 只略微偏低为 18.4HRC。

经初步分析，认为造成这次故障的最可能原因为：轴销金属成分碳含量不达标，导致轴销的硬度强度偏高、塑韧性下降；在金属加工和热处理过程中工艺不佳，可能在出厂时就已产生裂纹，由于材料硬而脆，裂纹尖端的局部高应力得不到松弛而扩展，最后导致瞬间脆性断裂。

检修人员更换新的曲柄轴销，隔离开关试分合正常，整组回路电阻正常。

三、总结分析

（1）对该型号隔离开关进行普查，重点检查隔离开关的曲柄轴销是否正常。同时，加强对此型号隔离开关检查力度，检查轴销有否变位现象，发现有异常应禁止操作，并立即汇报。

（2）对用于现场更换的导电部分采用的轴销按要求进行抽检（硬度、成分、探伤），厂家需提供检验报告。

（3）制造厂应加强和规范零部件的进厂检验工作。

（4）结合停电年检检查轴销有否裂缝、变位及磨损程度现象。同时，在年检中加强对传动回路的清洗及润滑工作，防止卡涩而产生更大的阻力使传动部位变形或变位。

案例 4-29

220kV 隔离开关齿轮箱限位销被锯掉导致合闸不到位缺陷分析及处理

一、缺陷概述

2007 年 3 月 3 日，某 500kV 变电站运行人员进行 500kV 线路启动送电过程中，发现 50532 隔离开关 A 相合不到位，其上导电臂管倾斜 15° 左右。经重新安装齿轮箱与下导电臂管的两个定位销，缺陷消除。

设备信息：隔离开关型号为 GW16-500/3150。

二、诊断及处理过程

停电对 50532 隔离开关解体检查时发现：齿轮箱靠下导电臂管的上端移位，造成齿轮箱变位。检修人员拆下上导电臂管和齿轮箱进行分析，认为齿轮箱变位的原因是基建安装时，齿轮箱与下导电臂管的两个定位螺栓的前端定位销被锯掉，仅剩螺纹部分造成定位螺栓无法从齿轮箱插入下导电臂管的定位孔内，丧失了定位销的功能，仅靠定位螺栓的前端面与下导电臂管的摩擦力实现定位。随着材料的老化及长时间导致的蠕变，这种靠摩擦力维持的压力很快就会逐步减弱或丧失，使得齿轮箱与下导电臂管的机械一体性变得不牢固（这时主要依靠螺栓实施的抱紧力），逐渐引起滑移，经多次操作后齿轮箱与导电臂管逐渐变位，导致曲臂无法完全张开伸直。

重新安装齿轮箱与下导电臂管的两个定位销，重新调试隔离开关，保证隔离开关分合闸到位，整组回路电阻正常。

三、总结分析

（1）在安装过程中遇到问题时，不应擅自破坏、改变零部件原有结构的处理，必要时可向厂家进行技术咨询。

（2）停电检修时，检修人员应对同类型号进行上述问题的排查，重点是对同型号、同批次的产品，一旦发现定位螺栓被锯掉，应及时采取措施。

（3）在隐患未消除前，加强红外热成像检测，对该型号产品进行跟踪，如发现触头有异常严重的发热，应注意怀疑是否有上部定位螺栓松脱的可能性，必要时申请停电处理。

案例 4-30

220kV 隔离开关提升杆卡涩导致无法分闸缺陷分析及处理

一、缺陷概述

2010 年 6 月 30 日早，运行人员在进行 220kV Ⅳ段母线倒排操作时发现 2642 隔离开关 A 相无法分闸，动触头死咬住静触杆，B、C 相则处在半分状态。经更换该隔离开关的传动杆、动触头铸铝件、法兰盘等部件，缺陷消除。

设备信息：该隔离开关型号为 SPV，投运日期 2004 年 6 月 3 日。

二、诊断及处理过程

检修人员现场登高检查，发现该 A 相隔离开关的传动杆及动触头铸铝件等部位存在严重腐蚀现象，且转动部位润滑油已干枯，如图 4-30-1 所示，对该相除锈、润滑、试分合多次后终于将隔离开关分闸。

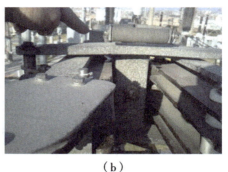

（a）　　　　　　　　　　　　　　　（b）

图 4-30-1　缺陷检查情况

（a）传动铸铝件腐蚀严重、润滑油干枯；（b）动触头铸铝件腐蚀

　　对隔离开关进一步解体后，检修人员发现该相隔离开关提升杆穿过上导电臂管的间隙过小，提升杆与管口处积灰严重，上部铜轴套太短，下部未装铜轴套，如图 4-30-2 所示。由于隔离开关在提升杆卡涩的情况下进行多次分合操作，巨大的扭曲力导致转动绝缘子上法兰盘的轴销孔变形，如图 4-30-3 所示。

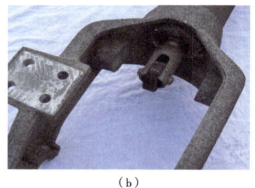

（a）　　　　　　　　　　　　　　（b）

图 4-30-2　解体检查情况

（a）提升杆穿过上导电臂管间隙过小；（b）下导电臂传动杆口未加铜轴套

图 4-30-3　新法兰盘及变形的法兰盘轴销孔

　　综合上述检查情况，可以推断出是由于过短的铜轴套无法有效保护提升杆运动轨迹，提升杆容易与上导电臂管摩擦，而提升杆与上导电臂管的间隙又过小，提升杆与管口处积灰严重，导致提升杆无法正常动作，传动时提升杆阻力增大，加上铸铝件腐蚀严重、转动部位润滑缺少润滑，多种原因导致该相隔离开关无法分闸。

　　检修人员更换了传动杆、动触头铸铝件等其他严重腐蚀部件，更换法兰盘、补增长度合适的防尘铜套，并将上导电臂提升杆出口孔大小进行微扩处理（由原来的 16.5mm 扩孔到 18mm），所有的传动及转动部位进行清洗并涂抹二硫化钼润滑，隔离开关分合正常，缺陷消除。

三、总结分析

（1）结合年检进行隔离开关的传动、转动部位的清洗、润滑工作。

（2）加大红外线的设备巡视检查力度，结合隔离开关完善化的操作进行处理。

（3）结合停电按上述处理方法对在运各同型号隔离开关进行各种防卡涩措施处理。

案例 4-31

220kV 隔离开关因静触头滚轮卡涩无法分闸缺陷分析及处理

一、缺陷概述

2017 年 6 月 27 日，运维人员在操作过程中发现 24A3 隔离开关无法分闸，检修人员检查发现 24A3 隔离开关静触头上的滚轮卡涩无法滚动，导致隔离开关静触头无法动作。更换尺寸合适的滚轮后，24A3 隔离开关分合闸正常，缺陷消除。

设备信息：隔离开关型号为 SPO2T，投运日期为 2007 年 12 月 20 日，机构箱型号为 CMM。

二、诊断及处理过程

（一）诊断过程

停电后检修人员对 24A3 隔离开关进行详细的检查。检查发现 24A3 隔离开关 B 相静触头上的左下角和右上角的滚轮无法滚动，导致 24A3 隔离开关分闸卡涩，如图 4-31-1 所示。SPO2T 型号隔离开关在分闸的过程中，动触头边沿会触碰到滚轮，通过滚轮的滚动完成动触头离开静触头的动作。滚轮拆下后测量其长度，发现该滚轮长度较其他滚轮略长，滚轮两个侧面受到挡板和平垫片的压力而无法滚动。当分闸时动触头与无法滚动的滚轮接触，原本的滚动摩擦变成滑动摩擦，动触头无法正确动作，从而导致隔离开关无法分闸。

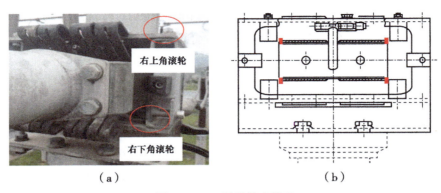

（a）　　　　　　　　　　　（b）

图 4-31-1　缺陷检查情况

（a）动触头与滚轮接触；（b）静触头正视图（红色长方形为滚轮）

（二）处理过程

为了避免可以滚动的滚轮也出现由于变长导致滚轮无法滚动的情况，现场将 A、B、C 三相共 12 个滚轮全部拆除，打磨掉约 2mm 的长度后重新安装，如图 4-31-2 所示。

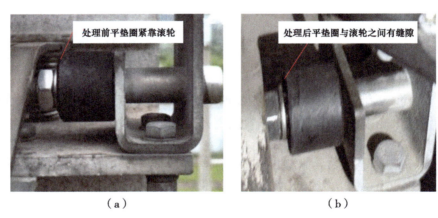

（a）　　　　　　　　　　　（b）

图 4-31-2　缺陷处理情况

（a）处理前滚轮细节图；（b）处理后滚轮细节图

三、总结分析

（1）该滚轮为橡胶制品，在长时间运行、动触头反复挤压的情况下会发生形变，长度变长，导致滚轮受到压力无法滚动，厂家应使用不会变形或者保留有充分空间裕度的滚轮，防止在运行中出现橡胶滚轮变形，卡涩动触头，使其无法分闸的事故。

（2）在隔离开关新装、例行检修中，应加强对该类型隔离开关滚轮的检查，及早发现有轻微卡涩的滚轮，避免扩大为无法分闸。

案例 4-32

220kV 隔离开关辊式触指盘回路电阻偏大缺陷分析及处理

一、缺陷概述

在进行某 500kV 变电站例检过程中，发现 2123 隔离开关 C 相底座辊式触指盘回路电阻为 $128\mu\Omega$，A 相和 B 相同部位的回路电阻分别为 $18\mu\Omega$ 和 $17.8\mu\Omega$，远远超出标准且三相回路电阻不平衡，容易导致发热缺陷，如图 4-32-1 所示。经检修人员对该辊式触指盘内部进行清洗，缺陷消除。

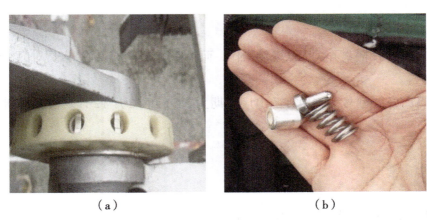

（a） （b）

图 4-32-1 缺陷检查处理情况

（a）辊式触指盘整体外观；（b）滚动触指、弹簧托及触指弹簧

二、诊断及处理过程

检修人员通过清洗辊式触指盘内部的滚动触指及过渡板来减小回路电阻。经过处理，最后复测得 2123 隔离开关 C 相隔离开关底座辊式触指盘导电接触的回路电阻为 $16.8\mu\Omega$，符合要求，缺陷顺利消除。

处理过程中注意事项：

（1）在取出压片后，要用纸巾或小布条塞住洞口，避免滚动触指在转动滚盘支架的过程中掉地面，造成部件丢失。

（2）用工器具轻轻敲击推动滚盘的时候，工具的金属部分不能与之直接接触，滚盘支架较清脆容易碎裂。

（3）松长螺杆之前要做好标记，处理好过渡板后要恢复原位。

（4）在清洗过渡板过程中要边转动过渡板边清洗。

三、总结分析

设备在长期运行过程中，滚动触指锈蚀、氧化、硬化等情况导致滚动触指与内触块之间的回路电阻增大，同时过渡板间隙吸尘、导电膏老化导致接触不良从而增大了整个滚盘导电接触的回路电阻，产生隔离开关发热的安全隐患。

案例 4-33

220kV 隔离开关门控微动开关异常造成隔离开关无法电动缺陷分析及处理

一、缺陷概述

某 500kV 变电站 2851 隔离开关无法电动操作，而手动操作正常。检修人员对门控微动开关进行调整后，设备恢复正常。

设备信息：隔离开关型号为 SPO2T，出厂日期为 2001 年 12 月 12 日，投运日期为 2005 年 12 月 26 日。

二、诊断及处理过程

因检修人员通过就地持续按压分合闸继电器隔离开关可正常运行，排除电机回路故障。因隔离开关电动分合闸均无法操作，将故障重点锁定于分合闸公共控制回路，而与电机回路相关的相序保护器、热偶继电器故障均可排除。经逐项排查后，判断应为机构箱门的门控微动开关未正确动作闭锁了电动操作。

如图 4-33-1 所示，门控开关 SP3 主要用于隔离开关手动操作时闭锁电动控制回路，防止手动操作时隔离开关电动伤人。门控开关与行程开关同属微动开关，其动作原理与行程开关一致，行程开关采用内部动断触点，而门控开关采用内部动合触点。

门控开关常见安装位置如图 4-33-2 所示，当机构箱门关闭，箱门向门控开关触头施压，致其内部触点闭合，隔离开关可以电动操作。当准备进行手动操作时必须打开箱门，箱门对门控开关的接触压力解除，则门控开关内部触点断开，切断隔离开关控制回路，使隔离开关无法电动操作。

检修人员对门控开关进行手动按压测试，内部触点正常切换，可见门控开关本体功能完好。进一步检查发现在机构箱箱门关闭情况下，箱门对门控开关施压程度不足使其动作，导致门控开关内部触点未能闭合，隔离开关控制回路断开而无法电动。

据悉，由于此类机构箱曾进水受潮，运维人员对该站同类机构箱统一更换了厚密封圈，而这导致部分箱门关闭时无法触动门控开关，闭锁了电动操作。检修人员尽量向外调整门控开关安装位置，并将门控开关舌片向外弯曲一定角度（注意不能使复位弹簧损坏、位移），经处理，门控开关可在箱门关闭时正确动作。设备可以正常电动操作，缺陷消除。

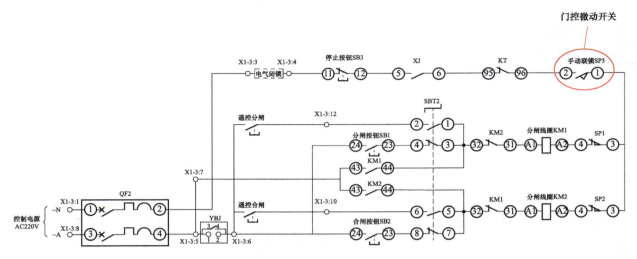

图 4-33-1 CJ12 型操动机构控制回路图

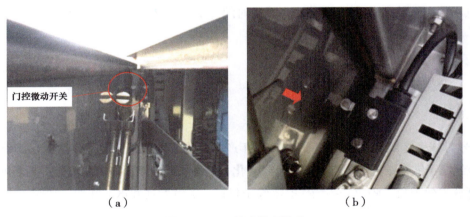

（a）　　　　　　　　　　　　（b）

图 4-33-2 缺陷处理情况

（a）门控微动开关安装位置示意图；（b）箱门完全关闭情况下的门控开关

三、总结分析

对隔离开关进行例检或更换箱门密封圈等日常维护工作时，应注意检查门控微动开关是否可以正确动作：一是关闭箱门过程中，注意听门控微动开关是否发出一声清脆的动作响声；二是可拆除其他侧门，测量门控开关内部触点通断情况。

若再发生箱门无法触动门控开关动作的类似缺陷，除了可调整门控开关安装位置及舌片弯曲角度，也可在机构箱门触碰门控开关区域粘贴一定厚度的垫片。

案例 4-34

220kV 隔离开关绝缘子老化导致断裂分析及处理

一、缺陷概述

2003 年 3 月 31 日，某变电站按计划进行 2 号主变压器停电例检。进行 220kV 2 号母线旁 1120 东隔离开关操作，在东隔离开关刚刚分闸结束一瞬间，东隔离开关 A 相支持绝缘子下节下法兰处断裂，整个隔离开关也随着掉落到地上。经检修人员更换合格的绝缘子之后，对隔离开关进行调试，缺陷消除。

设备信息：隔离开关型号为 GW6-220，投运时间为 1992 年，瓷柱出厂时间 1996 年 8 月。

二、诊断及处理过程

（一）诊断过程

220kV 2 号母线旁东隔离开关绝缘子为 1991 年产品，为普通瓷，至故障发生时已运行 17 年。经事故检查发现该绝缘子铁瓷结合处的浇注部分已经老化，绝缘子断裂断面有进水痕迹，判断绝缘子有裂纹，防水胶存在部分失效现象，隔离开关操作时绝缘子抖动，裂纹发展并迅速断裂，如图 4-34-1 所示。

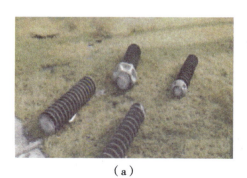
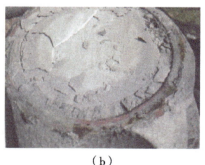

（a）　　　　　　　　　　　　　（b）

图 4-34-1　隔离开关 A 相支持绝缘子断裂

（a）支持绝缘子断裂；（b）支持绝缘子下法兰断裂面

（二）处理过程

更换合格的绝缘子之后，对隔离开关进行调试，确保隔离开关可以正常分合闸。

三、总结分析

在基建验收阶段，要加强到货验收，确保绝缘子的质量符合标准。例检时应开展绝缘子超声波探伤工作。

案例 4-35

220kV 隔离开关绝缘子固定金具设计铸造不合格导致断裂分析及处理

一、缺陷概述

2017 年 7 月 11 日，受强台风影响，220kV 某变电站 220kV Ⅰ／Ⅲ 段母分 2502 隔离开关上方 A、B 相倒挂绝缘子固定金具断裂，下侧管母线脱落，现场如图 4-35-1 所示。导致 220kV Ⅱ、Ⅲ 段母线失压，2、3 号主变压器 220kV 侧失压，Ⅰ 段母线单母线运行。

设备信息：金具型号为 MGG-130-Φ225 型。

图 4-35-1　2502 隔离开关上方 A、B 相倒挂绝缘子固定金具断裂现场

二、诊断及处理过程

对断裂的金具进行宏观和金相检查分析，如图 4-35-2 和图 4-35-3 所示，发现 A、B 相金具存在诸多质量问题：

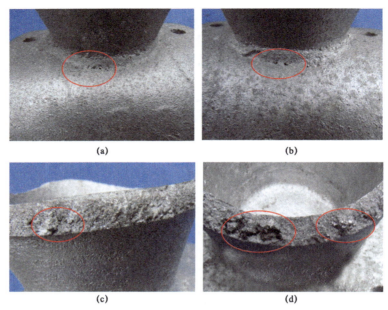

图 4-35-2 断裂金具宏观检查结果

（a）A 相金具弯角处气孔；（b）B 相金具弯角处气孔；
（c）A 相金具断口（红圈内为缩孔）；（d）B 相金具断口（红圈内为缩孔）

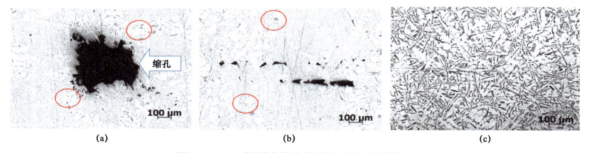

图 4-35-3 断裂金具金相检查结果对比情况

（a）A 相金具金相组织中缩孔照片（红圈套中为块状第二相）；
（b）A 相金具金相组织中成列缩孔照片（红圈中为块状第二相）；（c）对比正常的 C 相金具金相组织照片

（1）设计不合理。在两个弯角处圆滑过渡不够，应力集中，不利于铸造成型，易在弯角处产生缩孔聚集等缺陷。

（2）铸造工艺不规范。冷却时速度过快，导致液态金属收缩和凝固得不到金属液的补充，也导致了金属在凝固过程中气体来不及逸出，因此金具表面和芯部特别是弯头部位存在大量的气孔和缩孔。

（3）产品表面无厂家标识。可判断，该金具由于设计不合理，且成型过程中冷却速度不均，内部存在大量气孔和缩孔。运行中金具的应力都集中在气孔处，在强台风的外力作用下即发生断裂，引线下垂，导致 220kV Ⅱ母与Ⅲ母之间空气净距不足，发生放电。母差保护动作，两段母线跳闸。

三、总结分析

（1）对该厂家同型号同批次金具开展排查，结合停电计划完成全部更换。

（2）将母线固定金具检查列为下阶段运维、检修的重点关注对象，提早发现缺陷，避免故障发生。

案例 4-36

220kV 隔离开关触头镀层以锡代银导致抽检不合格分析及处理

一、缺陷概述

4 月 8 日，220kV 某变电站 2 号主变压器扩建工程到货的 220kV GW7B-252D 型隔离开关现场抽检发现，隔离开关触头镀层元素为锡，不满足元素镀层元素为银的规定，对整批次隔离开关触头进行更换处理。

设备信息：该隔离开关型号为 GW7B-252D。

二、诊断及处理过程

验收过程中，检修人员使用合金分析仪开展 220kV 隔离开关触头镀层检测工作。经检测，该型号隔离开关触头镀层为锡，既不满足 DL/T 486—2021《高压交流隔离开关和接地开关》中"触头镀层元素为银"的规定，也不满足 DL/T 1424—2015《电网金属技术监督规程》"5.2.1：导电回路的动接触部位和母线静接触部位应镀银，室外导电回路动接触部位镀银厚度不宜小于 20μm，且硬度应大于 120HV，母线静接触部位镀银厚度不宜小于 8μm"的规定。隔离开关触头用锡镀层代替银镀层，容易导致触头磨损，金属层脱落，接触电阻增大发热等问题。

三、总结分析

（1）对该厂家整批次隔离开关触头换货处理，并现场安装调试。

（2）将厂家纳入不良供应商处理。

（3）加强到货设备金属检测，严格确保入网设备符合相关技术标准。

案例 4-37

220kV 隔离开关 RTV 材质超期导致绝缘子污闪缺陷分析及处理

一、缺陷概述

2018 年 5 月 15 日 19 点许，某 220kV 变电站 2103 隔离开关在合闸后，三相上部均出现有不同程度的可见放电现象，且已扩展到 3 个瓷裙，同时 2103 隔离开关 A、C 相下节绝缘子也有 2 个瓷裙可见污闪放电，中间法兰已有对地闪络扩大的趋势，当时现场下着细雨，为防止污闪进一步扩大危及电网安全运行，随即申请 210 单元转冷备用，迅速把异常设备停电隔离。

设备信息：隔离开关型号为 GW16-252W。

二、诊断及处理过程

（一）诊断过程

从当时事发现场情况及后面的现场勘查情况分析，发现是隔离开关绝缘子外表面污闪，现场检查情况如图 4-37-1 所示。导致这一事件的初步原因主要有：

（1）隔离开关绝缘子外表面 RTV 超过使用期限以致防污闪失效，RTV 表面已脱层且更容易藏污纳垢，降低了绝缘子外表面憎水性，在雨水作用下形成水膜，严重时造成污闪放电并击穿，引起开关跳闸的电网安全事故。

（2）从现场勘查情况看，隔离开关因年久失修，上下绝缘子对接法兰螺栓严重锈蚀，金属锈斑已附着在下绝缘子外表面，已呈现泛黄色金属斑迹，引起绝缘子表面放电。

（3）变电站地处工业区，站外分布着很多工厂，大量工业粉尘积聚在瓷裙上，又因停电原因年久失修，在天气及外部多重作用下造成局部污闪放电。

（二）处理过程

（1）在缺陷消除处理前后均做隔离开关绝缘子绝缘电阻试验，方便结果进行对比。

（2）隔离开关绝缘子外表面清洁处理。用百洁布对隔离开关绝缘子外表面 RTV 轻轻擦拭干净，再用多功能绝缘子防护剂清洁绝缘子外表面。

（3）隔离开关绝缘子对接法兰螺栓防锈处理。

（4）隔离开关绝缘子擦拭清洁后表面亮度良好，现场憎水性试验效果良好，如图 4-37-2 所示。检修后，对隔离开关支持绝缘子、转动绝缘子进行绝缘电阻试验，从现场试验数据看，绝缘子瓷裙间绝缘电阻明显提高。

（a）   （b）   （c）

图 4-37-1   隔离开关绝缘子检查情况

（a）隔离开关绝缘子外表面脏污；（b）隔离开关对接法兰螺栓锈蚀；（c）隔离开关绝缘子外积灰严重

图 4-37-2　清洗完的隔离开关绝缘子

三、总结分析

（1）对早期绝缘子外表面喷涂 RTV 的设备做全面排查，超使用年限的列入年度计划停电处理。

（2）结合例检做好设备防腐防锈工作，特别是绝缘子法兰紧固螺栓除锈防腐工作，对生锈螺栓予以更换，做到修必修好。

（3）结合例检做好设备除尘除垢工作，特别是绝缘子清扫工作，做到逢停必扫。

案例 4-38

35kV 隔离开关二次接线不良导致无法电动操作缺陷分析及处理

一、缺陷概述

2015 年 3 月 24 日，某 500kV 变电站间隔年检期间，检修人员发现 35M4 隔离开关在电动行程进行到三分之一时停止运行，电动机综合保护器保护灯亮，保护动作切断控制回路，接触器发出衔铁释放弹起声。检查发现缺陷是由于二次接线接触不良导致电机三相电压不平衡引起，将接线重新紧固后，设备可以正常操作，缺陷消除。

设备信息：隔离开关型号为 GW4A-40.5（D）（G.W）。

二、诊断及处理过程

由于该隔离开关机构的 GDH-1 电动机保护器在检测到电压不平衡或控制回路电流过大时，会动作切断控制回路以保护电机等元件。检修人员分析缺陷可能由以下两种原因引起：

（1）电机电压不平衡，如接触不良等原因导致电机缺相。

（2）电机回路电流过大，可能是回路接地或相间、三相短路，抑或机构卡涩造成电源持续输出等。

检修人员首先对隔离开关进行手动试分合，隔离开关运动顺畅，手摇过程中无卡涩现象，排除机构卡涩原因；其次对回路进行检查，测试回路绝缘良好，排除回路接地短路等原因；接下来对接触器触点进行紧固并清洗，判断是否因为接触器主触点接触不良引起电机短时缺相造成保护器动作，触点清洗后再次电动试分合隔离开关，仍然存在分合闸中断现象，排除接触器主触点接触不良原因。

检修人员对控制及电机回路接线继续进行摸查，根据图 4-38-1，发现接触器主触点 KM1-1 处电压只有 AC 48V，另外两相主触点 KM1-3、KM1-5 处电压均为 AC 220V。

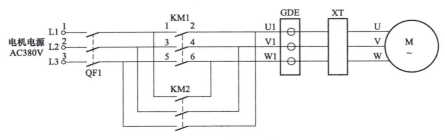

图 4-38-1　电机回路图

顺着接线向源头查询，发现机构内 L1 所取电源为 AC48V，比正常电压 AC220 低了许多。顺着电缆号头，查找端子箱内上端电源，最终发现存在一处接线接触不良，由此造成了该相电源电压过低，最终导致隔离开关操作时电机三相电压不平衡，电机保护器动作，如图 4-38-2 和图 4-38-3 所示。将端子接线重新紧固后，隔离开关电动试分合正常，缺陷消除。

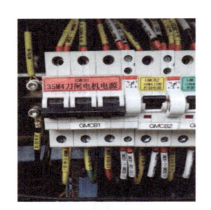

图 4-38-2　35M4 隔离开关电机电源

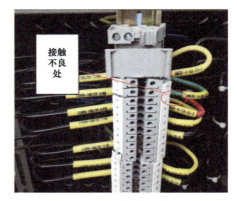

图 4-38-3　接触不良处

三、总结分析

（1）例检时除了检查各元器件完好情况外，还应检查接线情况，确保所有接线可靠牢固。

（2）端子排接线时，容易接的太深或接的太浅，太深易咬到绝缘皮，太浅容易接触不良，两者都容易导致控制电压过低，应仔细进行检查。

案例 4-39

隔离开关常见发热缺陷分析及处理

一、缺陷概述

在 AIS 站中，隔离开关运行中常出现发热缺陷，影响电网的安全运行，以下主要介绍几种典型的发热缺陷及其分析处理方法。

二、诊断及处理过程

（一）夹紧力不足导致动静触头接触不良引起发热

（1）事件一：2014 年 7 月 3 日，某 500kV 变电站 2682 隔离开关 A 相刀口红外测量温度为 95℃。检修人员更换大直径滚轮，增大动触头夹紧力后，设备恢复正常。

设备信息：隔离开关型号为 GW16-252W，出厂日期为 2007 年 1 月 1 日，投运日期为 2009 年 5 月 24 日。

红外测温结果如图 4-39-1 所示。

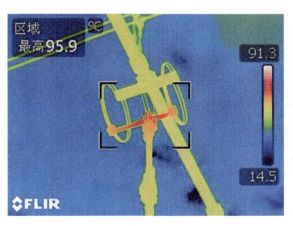

图 4-39-1　红外测温 2682 隔离开关 A 相

停电后，检修人员检查隔离开关动触头和静触杆，发现动触头引弧指有明显灼烧痕迹（如图 4-39-2 所示），且动触指并未夹紧静触杆，可以用手松动动触指，如图 4-39-3 所示。初步判断动触指与静触杆夹紧力不足导致接触不良，运行状态下，有电流从接触较为良好的引弧指通过引起刀口发热，因此引弧指有灼烧痕迹。

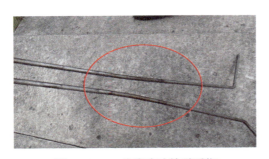

图 4-39-2　灼烧痕迹的引弧指　　　　图 4-39-3　检查触指与静触杆的夹紧力

解体 2682 隔离开关 A 相上导电臂，检查夹紧弹簧和复位弹簧，并未发现异常现象，可排除因隔离开关弹簧老化导致刀口无法夹紧。回装隔离开关上导电臂，调整上导电臂滚轮（用螺丝刀抬高滚轮 2mm），加大夹紧弹簧压缩量，此时动触指能够夹紧静触杆。

检修人员用黄铜作为材料加工一组直径大 2～4mm 的滚轮来替代原直径为 30mm 的滚轮，加大夹紧弹簧压缩量来增大动触指夹紧力，最后分别换上直径为 33mm 和 34mm 的滚轮来试验，发现使用直径为 33mm 的滚轮时，动触指仍夹紧力不足。使用 34mm 的滚轮时，动触指夹紧力充足，最终采用直径为 34mm 的滚轮，如图 4-39-4 所示。

更换滚轮后，2682 隔离开关 A 相回路电阻为 78μΩ。送电后，三相刀口红外测温分别为 41、42、40℃，缺陷消除。

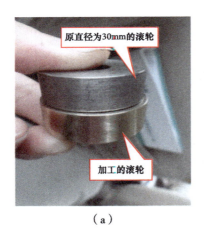

（a）　　　　　　　　　　（b）　　　　　　　　　　（c）

图 4-39-4　更换滚轮

（a）旧滚轮和新加工滚轮对比；（b）换上新滚轮图；（c）换上新滚轮后隔离开关刀口位置

（2）事件二：2013 年 8 月 26 日，某 500kV 变电站 1 号主变压器 220kV 侧 23A1 隔离开关 A 相发热温度为 103℃，如图 4-39-5 所示。检修人员更换整个静触头后，设备恢复正常。

设备信息：该隔离开关型号为 SPV，投运日期 2007 年 9 月。

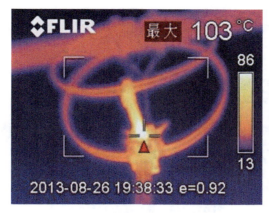

图 4-39-5　红外测温 23A1 隔离开关 A 相图片

　　隔离开关转检修后，检修人员首先对 23A1 隔离开关 A 相进行检查，检查过程中手动试分合正常，但登高检查发现该相隔离开关动触头导向橡胶块融化，黑色橡胶熔化后冷凝在触指刀口部位，静触杆上存在凹凸不平痕迹，表面有灼伤。将该相隔离开关动触头卸下后详细检查，发现隔离开关动触头八片动触指后的压紧弹簧七片已熔毁，只有一片动触指后的压紧弹簧情况较好，但弹簧已存在锈蚀，如图 4-39-6 和图 4-39-7 所示。

图 4-39-6　动、静触头接触点灼伤

图 4-39-7　夹紧弹簧垫块熔化

　　检修人员分析是因为该相隔离开关动触头的触指压紧弹簧出现疲软，导致动触指夹紧力不足，触指与静触头的接触面压力减小，接触电阻增大，造成局部发热，触指夹紧弹簧处黑色胶垫慢慢烧熔。长时间运行后，整个隔离开关动触指因各胶垫的熔化，温度激升至 103℃。

　　因为三相隔离开关同时投入运行，为防止另外两相隔离开关发生同样问题，检修人员将三相隔离开关的动触头及静触杆全部进行更换，并对动触头触指处的压紧弹簧涂专用润滑脂进行防腐润滑保养，缺陷消除。

　　（3）事件三：某变电站 3 号主变压器 220kV 侧 26C3 隔离开关 A、C 相动、静触头接触部位发热至 193℃。经检查是由于静触头触指弹簧压紧力不足，动、静触头接触部位接触不良导致发热。通过调整触指接触位置，缺陷消除，设备恢复正常。

　　设备信息：型号为 SPO2T，额定电流 3150A，出厂日期 2003 年 1 月 1 日。

　　对隔离开关整体进行检查，发现静触头存在后倾情况，检查情况如图 4-39-8 所示。

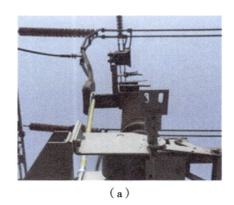 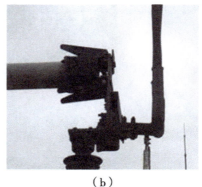

（a） （b）

图 4-39-8 静触头存在后倾情况

（a）静触头后倾 1；（b）静触头后倾 2

停电后测量隔离开关合闸后动静触头接触部位的回路电阻值分别为 A 相 172μΩ、B 相 30μΩ、C 相 113μΩ，回路电阻值与红外测温发热情况相符。检查 26C3 隔离开关动触头插入后与静触头上下面均有接触，但三相刀头的夹紧力均不足，在合闸位置时动触头均可轻松左右滑动。合闸状态下三相静触头上触指块的弹簧均未受力，触指未被顶起，下触指块弹簧吃力，触指下压。检查情况如图 4-39-9 和图 4-39-10 所示。

 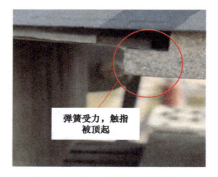

图 4-39-9 上触指压紧情况 图 4-39-10 下触指压紧情况

综合上述检查情况分析，可能是由于一次导线线径较大，导线重，静触头在长期应力作用下发生后倾，导致动触头插入深度发生偏移，上触指块弹簧未吃力，触指未被顶起，刀头夹紧力不足，最终导致隔离开关动、静触头接触部位发热。

检修人员在隔离开关静触头支柱绝缘子底部固定螺栓处增加 2 片合适厚度的垫片，如图 4-39-11 所示。

图 4-39-11 在绝缘子底部固定螺栓处增加调节垫片

通过调整静触头及绝缘子倾斜方向，将动触头插入深度调整至厂家标准值 60mm。调整后情况如图 4-39-12 所示。

调整后检查动静触指上下接触位置，上下触指均被顶起，触指弹簧均受力，动、静触头咬合紧固，动触头无法左右移动。检查情况如图 4-39-13 和图 4-39-14 所示。

图 4-39-12　调整后的插入深度

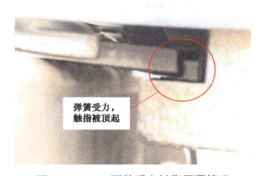

图 4-39-13　调整后上触指压紧情况

图 4-39-14　调整后下触指调整情况

（二）安装工艺不佳导致接触电阻过大引起发热

（1）事件一：2017 年 7 月 10 日，某 500kV 变电站 3 号主变压器 35kV 侧 37C1 隔离开关发热，A 相刀口 92.7℃、B 相刀口 63.2℃、C 相刀口 60.9℃，负荷电流 1932A。检修人员处理隔离开关触指，接触电阻合格，设备恢复正常。

设备信息：隔离开关型号为 GW4-40.5DW/3150A，出厂日期为 2007 年 1 月 1 日，投运日期为 2008 年 2 月 4 日。

检修人员测量 37C1 隔离开关三相刀口接触电阻分别为 83、23、19μΩ，对比现场设备与发热图片指示位置，如图 4-39-15 所示，确定刀口触指与刀臂接触电阻过大引起发热，拆除发热刀臂进一步处理。

检修人员处理发热刀臂过程如下：

1）拆除压紧弹簧，注意拆除过程中使弹簧均匀受力，防止机械伤害，如图 4-39-16 所示。

2）拆除触指与刀臂的软连接，如图 4-39-17 所示。

3）检查清洗各连接部位，发现触指软连接与刀臂连接处确有明显氧化痕迹，如图 4-39-18 所示。

4）回装触指、刀臂，调试三相隔离开关合格。

5）测试回路电阻，A 相刀口部分为 15μΩ，与其他两相平衡，三相整组回路电阻分别为 65、71、

72μΩ，数据合格。

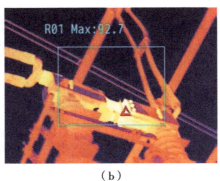

（a）　　　　　　　　　　　　（b）

图 4-39-15　37C1 隔离开关

（a）隔离开关现场图片；（b）隔离开关发热红外图片

图 4-39-16　拆触指弹簧　　　　　图 4-39-17　拆触指软连接固定螺栓

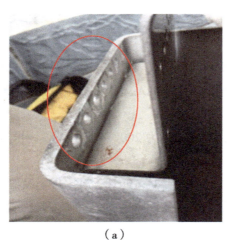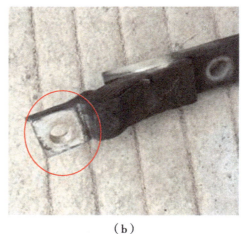

（a）　　　　　　　　　　　　（b）

图 4-39-18　触指氧化情况

（a）触指连接处与刀臂的氧化痕迹；（b）触指软连接处氧化情况

（2）事件二：2011 年 4 月 17 日，某 500kV 变电站 2 号主变压器 220kV 侧 25B2 隔离开关 A 相静触头导电杆两端接触面严重发热，最高温度达到 186.6℃。经检查是由于静触杆与抱箍铝块存在缝隙导致发热，经打磨清洗接触面，紧固抱箍螺栓后缺陷消除。

设备信息：隔离开关型号为 GW16-220W。

检查发现抱箍螺栓有松动，造成静触杆与抱箍铝块间并不是严密接触，两个接触面间可见明显缝隙，如图 4-39-19 所示。由于缝隙过大，缝隙间存在较多氧化物及脏污。

图 4-39-19　抱紧下铝块与静触杆存在较大缝隙

检修人员拆下静触杆，用钢丝刷、砂纸处理抱箍铝块、静触杆的接触面氧化物，并用酒精清洁接触面。调整抱箍铝块和静触杆的接触情况，使两者接触紧密，紧固抱箍铝块、静触杆之间的螺栓，按要求打上力矩，测量接触面回路电阻数据合格，隔离开关分合正常，缺陷消除。

（3）事件三：2014 年 6 月 20 日，某 500kV 变电站运维人员红外测温发现，50222 隔离开关 A 相静触头红外测温温度达 117℃，50222 隔离开关 B、C 相的红外测温温度为 43.8、37.1℃。经检查是由于隔离开关静触头导流板腐蚀严重导致。对该相静触头进行更换，缺陷消除。

设备信息：型号为 GW17-500DW，投运日期 2000 年 3 月 20 日。

检修人员先对 50222 隔离开关 A 相静触头各导电部分进行了回路电阻测试，测试的各夹线点如图 4-39-20 所示，回路接触电阻测试发现 AO 间回路电阻最大为 3800μΩ，AB 间电阻为 618μΩ，EK 间电阻为 152μΩ，可以确定静触头发热部位为隔离开关静触杆上部与导流工字板间接触面。

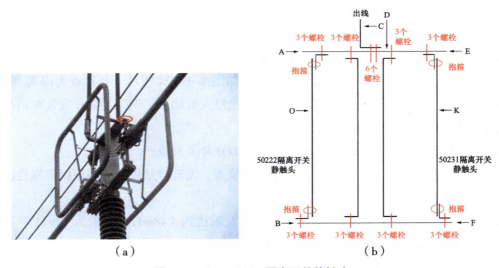

（a）　　　　　　　　　　　　　（b）

图 4-39-20　50222 隔离开关静触头

（a）隔离开关静触头现场照片；（b）隔离开关静触头结构图

对 A 相静触头进行解体检查，发现隔离开关静触杆上部与导流工字板间接触面已严重氧化，两者接触面上均有厚厚的白色氧化层，如图 4-39-21 所示。造成该隔离开关发热的主要原因主要是静触头安装时螺栓紧固不够，紧固受力不均，各接触面接触不严密，导致静触头接触面在运行电压作用下发生氧化，最终升级为发热缺陷。

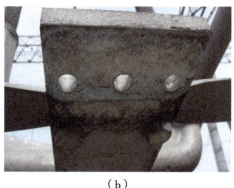

（a）　　　　　　　　　　　　　　　　（b）

图 4-39-21　50222 隔离开关静触头拆解后情况

（a）静触头底座氧化情况；（b）静触头导流板氧化情况

现场将 50222/50231 隔离开关 A 相静触头整体拆下并进行了更换，更换后经对新换静触头各点间的回路电阻测量，确认隔离开关静触头状况良好、缺陷消除。

（三）材质不良导致导电回路电阻过大引起发热

（1）事件一：某 500kV 变电站某一厂家生产的 35kV 隔离开关自 2009 年投运以来频繁出现触头发热缺陷。2010 年 11 月，检修人员处理这些发热点，发现材质不良是造成发热的主要原因，经更换劣质接触片后恢复正常。

测试全新的刀口内接触片回路电阻，其值高达 35.6μΩ（如图 4-39-22 所示），测试其中一片外夹紧片，其回路电阻高达 14.1μΩ（如图 4-39-23 所示）。可见接触片所采用材质存在较大问题，即使安装工艺完全达标，只要通流达到一定值，也将造成发热。大修技改更换劣质接触片后，该批次隔离开关恢复正常。

（2）事件二：2011 年 3 月 22 日，某 500kV 变电站在红外测温时发现 50131 隔离开关静触头基座处（静触杆下部抱箍）发热，最高温度达到 119℃，如图 4-39-24 所示。经检查为隔离开关静触杆下部抱箍底座与工字板接触面未使用铜铝过渡片导致。检修人员加工了铜铝过渡片安装在两个接触面间，并打磨、清洗其他接触面，缺陷消除。

设备信息：该隔离开关型号为 GW11-550BDW，2003 年 6 月投产。

停电后，检修人员对隔离开关 C 相静触头基座处检查，发现静触杆底部抱箍固定螺栓已严重生锈，其中一螺栓铁锈已被烧红，如图 4-39-25 所示。

检修人员测量静触杆抱箍与底部铝板接触电阻，发现达到 4.48mΩ（一般为 15μΩ 以下），可以判断是因为静触杆抱箍与底部铝板接触不良导致该部位严重发热。将静触杆、工字板及均压环拆除后，发现该抱箍底面与工字板底部间未加铜铝过渡片，铜铝不同金属材质直接接触，导致抱箍底面严重氧化。

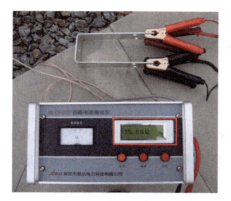

图 4-39-22 内接触片回路电阻

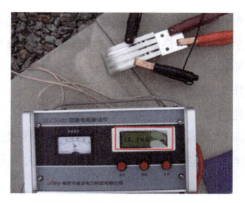

图 4-39-23 外夹紧片回路电阻

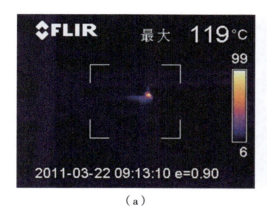

（a）

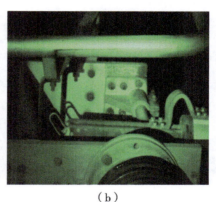

（b）

图 4-39-24 50131 隔离开关发热情况

（a）红外测温发热点；（b）静触杆下部抱箍现场图

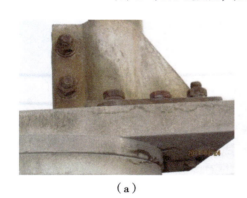

（a）

（b）

图 4-39-25 静触杆底部抱箍固定螺栓情况

（a）静触杆抱箍固定螺栓 1；（b）静触杆抱箍固定螺栓 2

　　检修人员加工了尺寸相符的铜铝过渡片安装在抱箍底面与工字板底部间，同时对各个接触面后打磨处理，处理后测量静触杆抱箍底部与工字板底部的接触面回路电阻合格，隔离开关试分合正常，缺陷消除。

三、总结分析

　　隔离开关常见的发热缺陷均是电流致热型，根本原因可归结为电阻过大或电流过大，主要有：

（1）导电部位机械磨损、电弧灼伤、元件老化等导致接触不良，造成电阻过大。

（2）安装工艺不合格、紧固螺栓松动导致接触不良，造成电阻过大。

（3）材质不合格或设计不合理导致电阻过大。

（4）操作未到位导致电阻过大。

（5）电流过载。

对于电阻过大的问题，可通过分段测试回路电阻并三相横向比较的方式来快速定位缺陷部位，进而采取针对性措施进行处理。而对于电流过大问题，则需考虑降低负荷或更换通流能力更强的隔离开关。

第五章
其他变电设备

变电站中的变电设备种类较多，除了变压器、组合电器、断路器、隔离开关外，还有四小器（电压互感器、电流互感器、避雷器、耦合电容器）、无功装置（电抗器、电容器组）、辅助装置（阻波器、绝缘子、SF_6 表计、在线监测装置等），每一种设备在电力系统中均起着至关重要的作用，它们的运行状态将直接影响电力系统的安全稳定运行。本章归纳总结四小器、无功装置、辅助装置等设备的缺陷处理经验，包括电压互感器一次导线断裂、避雷器底座绝缘低、封板锈蚀、SF_6 表计漏气等缺陷案例，各个案例从缺陷原因、处理方法、改进建议等方面展开了详细的介绍，供大家参考学习。

案例 5-1

500kV 电压互感器本体导电接头与引线线夹松脱缺陷分析及处理

一、缺陷概述

2017 年 3 月 2 日，某 500kV 变电站监控后台显示 2 号主变压器高压侧电压存在不平衡。检修人员紧急处理，发现 2 号主变压器 500kV 侧 B 相电压互感器本体导电线夹底板与电压互感器顶板之间存在明显位移，重新焊接固定顶板后，设备恢复正常。

设备信息：电压互感器型号为 TYD500/$\sqrt{3}$-0.005H，出厂日期为 2002 年 4 月 1 日，投运日期为 2003 年 6 月 26 日。

二、诊断及处理过程

（一）诊断过程

2 号主变压器 500kV 侧电压互感器 B 相设备情况检查情况：本体外观正常，顶板与最上层绝缘子之间未出现开裂、渗漏，如图 5-1-1 所示。电压互感器上层两个注油口周围未见油渍，进一步检查线夹底板与电压互感器顶板，发现底板与顶板之间仅通过一个螺栓连接，如图 5-1-2 所示。此螺栓在长期应力作用下发生断裂，如图 5-1-3 所示。

图 5-1-1　顶板未开裂、渗漏　　　　图 5-1-2　顶板与线夹底板的连接螺栓

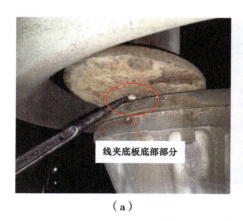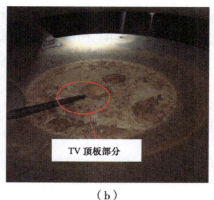

（a）　　　　　　　　　　　　　　　（b）

图 5-1-3　断裂的连接螺栓

（a）断裂的连接螺栓 1；（b）断裂的连接螺栓 2

（二）处理过程

　　检修人员对线夹底板和电压互感器顶板表面的锈蚀进行打磨处理（如图 5-1-4 所示），并制订消缺方案：为防止变压器油过热分解，采用间断、多点电焊的方式将螺栓断裂的线夹底板与电压互感器顶板进行焊接以保证连接的强度，焊接的过程中用湿布和水进行降温；在焊接完成后，对焊接表面涂抹防锈漆，并在线夹底板与电压互感器顶板之间的缝隙处涂抹密封胶以防止潮气进入再次锈蚀，如图 5-1-5 所示。处理完成后，电压互感器电容和介质损耗试验结果符合相关规程要求。

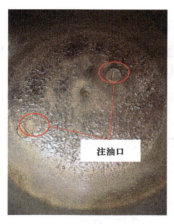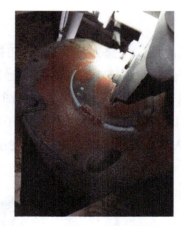

图 5-1-4　顶板锈蚀处理后　　　　　图 5-1-5　焊接完成并防锈处理后

三、总结分析

　　线夹底板与电压互感器顶板之间仅靠一个螺栓连接，并且螺栓无螺帽并紧，在线夹底板圆周边沿成等角旋入三个小螺栓，撑在电压互感器顶板面上，使线夹底板与顶板形成斥力，让连接螺栓紧固不松动。但此设计存在一个缺陷，由于底板与顶板相互支撑，潮气和雨水会进入两者之间的缝隙，导致连接螺栓氧化锈蚀，同时引线运行中对线夹产生的应力逐渐使生锈螺栓开裂，并最终发生断裂，引发此次危急缺陷。

针对此类设备，在日后的例行检修中应着重检查线夹底板与其顶板之间的缝隙，对于运行年限较长且表面锈蚀严重的设备，可同样采用焊接的方式进行加固。

案例 5-2

500kV 电压互感器二次接线板绝缘低缺陷分析及处理

一、缺陷概述

2017 年 9 月 25 日，检修人员在某线路电压互感器例行检修中，发现该电压互感器 C 相二次接线板的 12 端子（低压端子）对地绝缘电阻值仅为 11MΩ，B 相接线板的 12 端子绝缘电阻也较低。检修人员利用热风枪处理后，B 相绝缘恢复，C 相未恢复，更换 C 相二次接线板，绝缘恢复正常。

设备信息：电压互感器型号为 TYD500/$\sqrt{3}$-0.005H，出厂日期为 2013 年 9 月 19 日，投运日期为 2013 年 10 月 20 日。

二、诊断及处理过程

在发现绝缘低情况后，检修人员对 B、C 相接线盒热风枪处理后，B 相绝缘恢复到 1GΩ 以上，但 C 相绝缘无法恢复。进一步排查 C 相电压互感器二次绝缘低问题，检修人员发现该型号电压互感器存在主接线盒及调节接线盒两个接线盒，如图 5-2-1 所示。调节接线盒内为中间变压器的变比调节，其变比调节板的 12 端子与主接线板的 12 端子相连。其中，C 相调节接线盒内存在锈水与锈渣，如图 5-2-2 所示。检修人员利用热风枪对变比调节板进行干燥处理，但绝缘未恢复正常，决定更换两个接线板。

图 5-2-1　电压互感器的二次接线盒与变比调节接线盒

图 5-2-2　进水的变比调节盒

更换二次接线板步骤如下：

（1）拆除绝缘子。分别吊装三节绝缘子，如图 5-2-3 和图 5-2-4 所示，该型号每节电容器之间通过法兰连接，吊装绝缘子时注意应绑好揽风绳并保持两根吊绳的受力点平衡。

图 5-2-3　拆除一次引线

图 5-2-4　吊装电容分压器

（2）放油。将中间变压器的油位放至变压器铁芯以下，约整个油箱的一半（约 100L），采用手摇泵进行放油，并注意在地面铺好塑料薄膜防止油洒至地面。

（3）更换二次接线板。在拆除外部及内部二次接线后，再将固定接线板的金属法兰盘拆除，即可以将密封圈与二次接线板拆除，拆除二次接线前应对号头做好标记，拆除后应做好包扎防止二次电缆破损，更换步骤如图 5-2-5 所示。安装新的二次接线板时应注意紧固螺栓的顺序及力矩，防止密封圈紧固不当导致渗油。

（4）同样更换变比调节接线板后，用 2500V 绝缘电阻表测试 12 端子绝缘电阻大于 $1G\Omega$。

（5）将变压器注至合格油位后恢复电容分压器以及一二次接线后，并进行变比和二次绝缘试验。

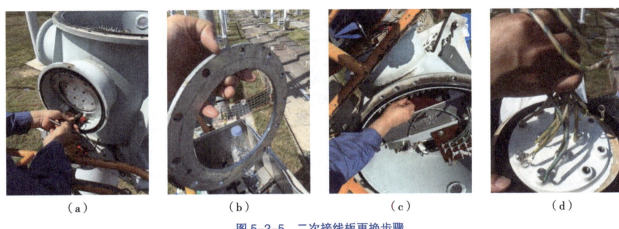

（a）　　　　　　　（b）　　　　　　　（c）　　　　　　　（d）

图 5-2-5　二次接线板更换步骤

（a）拆除固定接线板的金属法兰盘；（b）金属法兰盘；
（c）拆除内部二次接线端子；（d）拆除的二次接线板

三、总结分析

处理二次绕组绝缘低问题，应检查接线盒密封情况，查看内部接线板是否存在凝露受潮迹象。对该型号的电压互感器还应关注调节接线盒的受潮情况，避免因调节接线盒受潮导致二次绕组绝缘低。可在电压互感器接线盒底部钻滴水孔，防止二次接线盒积水造成二次绕组绝缘低甚至短路。

案例 5-3

220kV 线路保护报 TV 断线缺陷分析及处理

一、缺陷概述

2021 年 5 月 10 日，某 500kV 变电站线路保护装置报"TV 断线"和"装置异常"告警。检修人员将保护装置二次线改至另一对空备用辅助开关节点后，装置恢复正常，缺陷消除。

二、诊断及处理过程

（一）缺陷诊断情况

检修人员现场检查 603 保护的电压切换装置指示无电，检测Ⅱ段母线电压有进入保护屏，但是切换装置未输出电压，经初步检查发现是进入电压切换装置的隔离开关辅助接点未正确变位。

在图 5-3-1 中，1YQJ1 ～ 5、2YQJ1 ～ 5 为双位置继电器，该继电器有两个位置，且在两个位置上均能自保持（双位置继电器是含有两个线圈的磁保持继电器。线圈 A 得电后，继电器触点动作，即使其失电，触点也不会再动作），其中 1G、2G 分别表示Ⅰ段母线隔离开关和Ⅱ段母线隔离开关 25M2 的动合、动断触点。

当间隔运行于Ⅱ母时，Ⅱ母隔离开关 25M2 闭合，其动合触点 2G（上）闭合，动断触点 2G（下）断开，双位置继电器 2YQJ 动作；Ⅰ母隔离开关 25M1 断开时，其动合触点 1G（上）断开、动断触点 1G（下）闭合，双位置继电器 1YQJ 返回。

在图 5-3-2 中，电压选择回路中 2YQJ 闭合，1YQJ 断开，该间隔保护测控装置正确选择Ⅱ母电压，双位置继电器状态与母线隔离开关状态实时对应。即使电压切换回路的直流电源失电，双位置继电器仍然能够保持当前状态，使得相应保护装置可始终得到母线电压。

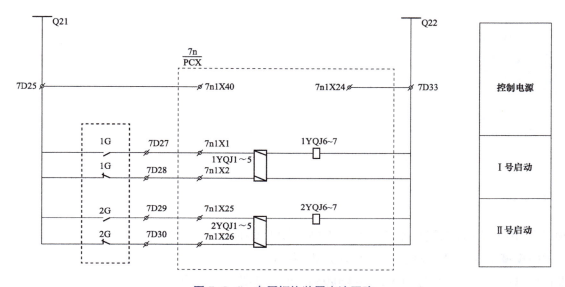

图 5-3-1　电压切换装置直流回路

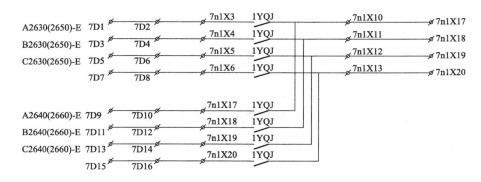

图 5-3-2　电压切换装置交流回路

电压互感器二次交流回路是从电压互感器开始依次经过就地汇控柜内二次电压空气断路器至保护小室的接口屏，通过切换继电器的接点到达测控屏，再通过保护电源空气断路器到达保护装置。

检修人员对电压切换装置直流回路进行排查，首先用万用表测量端子排上 7D29、7D30 的带电情况，经测量发现 7D30 带负电，7D29 也带负电，这说明Ⅱ段母线的电压没有进来，导致双位置继电器失电，切换器接点断开，故判断缺陷原因为汇控柜内的隔离开关辅助节点接触不良。

（二）缺陷处理过程

检查发现 2552 隔离开关动合辅助开关触点在隔离开关合闸时为断开的状态，将保护装置二次线改至另一对备用动合辅助开关触点后，装置恢复正常，缺陷消除。

三、总结分析

220kV 母线侧隔离开关辅助开关触点在回路中起到十分重要的作用，对保护的正常运行，仪表的正常显示都有一定的影响。在例检过程中应加强对辅助开关、端子接线的检查，防止因为辅助开关影响到保护的正常运行。

案例 5-4

500kV 避雷器挡雨板锈蚀缺陷分析及处理

一、缺陷概述

2019 年 10 月 15 日在进行某 500kV 变电站 2 号主变压器 500kV 避雷器防爆膜锈蚀情况排查工作中，使用内窥镜检查发现 A 相避雷器上节防爆膜室锈蚀严重。

设备信息：该避雷器型号为 Y20W–420/950，出厂日期为 2002 年 7 月。

二、诊断及处理过程

（一）内窥镜检查情况

现场使用内窥镜检查 A 相，防雨板已呈块状大面积锈蚀，且法兰螺栓也已锈蚀严重，如图 5-4-1 所示。由此可推断腔体内可能长期泡水，潮湿气较重。同时检查该相泄漏电流等试验数据均合格。

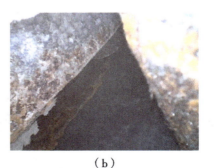

（a） （b）

图 5-4-1 内窥镜检查 A 相情况

（a）法兰螺栓锈蚀；（b）防雨锈蚀

初步怀疑为雨水从顶部封板进入而致使挡雨板锈蚀，防爆膜是否锈蚀需进一步拆除线夹与均压环顶盖才能判断。避雷器防爆膜以及挡雨板结构如图5-4-2所示。

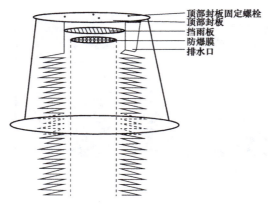

图 5-4-2　避雷器上载防爆膜室结构示意图

（二）顶盖拆除检查情况

步骤 1：在拆除顶盖前，对接线板及 4 颗螺栓进行检查，接线板焊缝未见异常，而螺栓孔有两处有黑色污痕如图 5-4-3 所示。

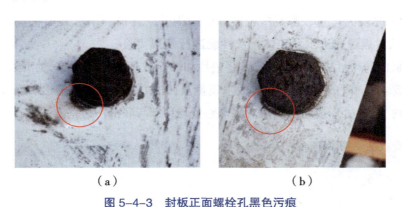

（a）　　　　　　　　　　（b）

图 5-4-3　封板正面螺栓孔黑色污痕

（a）螺栓孔黑色污痕 1；（b）螺栓孔黑色污痕 2

步骤 2：拆除顶部封板后，检查封板背面，发现有从螺栓固定孔流出的至中部水流的两条污痕，长约 25cm、宽约 1cm。其起点位置与正面污痕 1、2 分别对应，如图 5-4-4 所示。

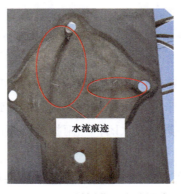

图 5-4-4　封板背面水流污痕

步骤3：检查挡雨板，发现锈蚀蜕皮严重，其材质为电镀锌（冷镀锌）。锈渣及锈块已布满整块挡雨板，最大块约为25cm²，且其周围法兰螺栓均已锈蚀，如图5-4-5所示。

（a）　　　　　　　　　　　　（b）

图5-4-5　挡雨板锈蚀情况

（a）挡雨板锈蚀情况1；（b）挡雨板锈蚀情况2

步骤4：将挡雨板拆除，清理防爆膜（为铜材质）上的锈渣，检查防爆膜无破损和锈蚀，且其黑色覆层基本完好，如图5-4-6所示。

（三）原因分析及缺陷处理

因腔体内锈蚀情况较为严重，除潮气及凝露的原因外，怀疑挡雨板必定有长期泡水，为进一步分析进水原因，分别从封板螺孔进水及腔体排水性能进行模拟实验。

（1）现场对封板的防雨性进行模拟实验，将垫片和螺栓按痕迹安装固定，在顶部用水模拟雨水冲洗。当水流较小时，水珠沿着螺杆垂直往下；加大水流量及冲击力，水珠同时会沿着底板进水点往底板中部流动，并在离中部约10cm处形成断点滴落。水珠路径与顶部与底部污痕基本一致，如图5-4-7所示。

图5-4-6　防爆膜检查情况　　　图5-4-7　方形框为进水点，直线为水流路径，圆形框为水滴

（2）进一步的对腔体内灌水，水流会沿坡面从排水孔排出，可以排除腔体四周积水的原因。

由此可以完全确定，因螺栓垫片未完全压住封板正面固定孔致使雨水大量的涌入腔体，沿封板背面形成横向水柱最终落至挡雨板上并集聚成水团，挡雨板为抗腐蚀性较差的冷镀锌，腔体内长期潮湿的环境，使锈蚀恶化加剧。

在保证不损伤防爆膜的情况下，对各锈蚀面进行清理。采用具有优异的耐水冲刷性能、耐腐蚀能力、抗氧化性能好、不导电的二硫化钼对表面处理。再对顶部各螺栓涂抹防水胶两遍，处理步骤如图5-4-8

所示。做好防雨及防腐工作，对该相再次进行各项试验，数据均合格，并将该避雷器列入后续技改。

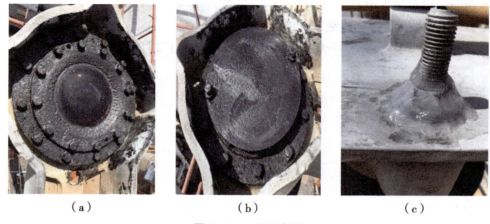

（a）　　　　　　　　　　　（b）　　　　　　　　　　　（c）

图 5-4-8　处理步骤

（a）对防爆膜周围涂二硫化钼；（b）对挡雨板涂二硫化钼；
（c）对封板正面固定螺栓周围打防水胶

三、总结分析

　　此次采用了内窥镜的手段检查出防爆膜室锈蚀的情况，并采用科学的手段分析进水原因，形成了排查和检测防爆膜室锈蚀的经验总结。

　　（1）建议对该结构类型的避雷器，对顶部螺栓采用防水螺栓或打防水胶等防雨措施。

　　（2）建议增加挡雨板的面积，将对防爆膜遮挡延伸至法兰螺栓，增加挡雨范围；对挡雨板设计为坡形，使雨水无法集聚，及时流至排水孔。

　　（3）因腔体内透气性差、潮气重，建议改进挡雨板及法兰螺栓材质为热镀锌，加强其抗腐蚀性。

　　（4）在基建过程，建议拆除顶盖检查，研究其结构是否满足防雨性能。

　　（5）内窥镜检查能够极大提高工作效率，实例验证其效果能满足要求。但操作人员需对避雷器结构了解的基础上，并能够操作好内窥镜镜头，全方位、多角度的检测各部位，才能形成可靠检测报告。

案例 5-5

220kV 避雷器金属法兰盘内部排水孔设计不当引起底座绝缘低缺陷分析及处理

一、缺陷概述

　　某 500kV 变电站 220kV 避雷器泄漏电流值偏低，底座绝缘仅为 10MΩ，远低于试验合格标准的

100MΩ。经检查该型号避雷器底座绝缘子上端与避雷器本体相连处金属法兰盘内部排水孔设置不当，导致避雷器表面的昆虫及雨水沿着金属法兰内部的排水孔流入底座绝缘子内部。同时该型号避雷器底座排水孔设置不当，导致避雷器底座绝缘子中的水分无法流出。

设备信息：该 220kV 避雷器型号为 Y10W1-200/496W，出厂时间为 2007 年 7 月，投运日期 2008 年 4 月。

二、诊断及处理过程

（一）诊断过程

该型避雷器于 2015 年进行避雷器底座技改大修项目，更换后的该型号避雷器底座存在两个问题：

（1）该型号避雷器底座绝缘子上端与避雷器本体相连处金属法兰盘内部排水孔设置过大，导致避雷器表面的昆虫及雨水都能沿着金属法兰内部的排水孔流入底座绝缘子内部。

（2）避雷器底座下方排水沟设置太小太窄，导致雨水中的杂质和昆虫进入避雷器底座绝缘子内后，无法从排水沟流出。随着日积月累，昆虫残骸在底座绝缘子内部大量沉积堵塞排水孔后，每逢雨天，雨水不能及时从底座排水孔顺利流出，造成底座绝缘子绝缘降低，导致泄漏电流沿着底座绝缘子内壁直接流向大地，无法通过泄漏电流表监测避雷器的运行工况。

（二）缺陷处理

（1）根据分析可知对避雷器底座绝缘子内壁进行简单处理不能从根本上解决该缺陷，针对该类型缺陷，应进行"上堵下疏"的办法。首先进行"上堵"，结合现场吊装的可能性，对金属法兰盘中心排水孔进行封堵，并重新打开金属法兰盘四个角落的排水孔，改变雨水流向，避免了避雷器底座绝缘子内壁受潮的可能性，如图 5-5-1～图 5-5-3 所示。

（2）其次进行"下疏"。由于避雷器底座下方排水沟设计不合理，已堆积大量杂质和昆虫残骸，如图 5-5-4 所示，需吊装后进行清理。同时在避雷器底座与构架之间加入平垫，目的在于改善避雷器底座万一进水之后的排水能力，如图 5-5-5 所示。

图 5-5-1　将金属法兰盘四个角落的排水孔重新打开

图 5-5-2　将金属法兰盘中心的两个排水孔用橡胶底进行封堵

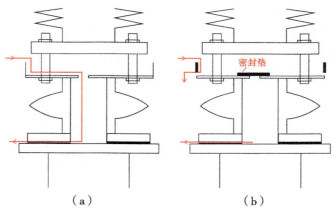

图 5-5-3　雨水流向示意图

（a）修前雨水流向示意图；（b）修后雨水流向示意图

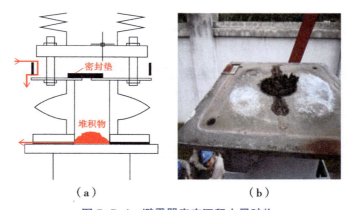

图 5-5-4　避雷器底座沉积大量脏物

（a）底座沉积杂质示意图；（b）底座沉积杂质现场图

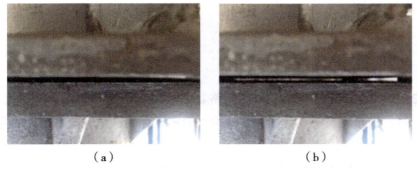

图 5-5-5　在避雷器底座与构架之间增加平垫

（a）加垫片前；（b）加垫片后

（3）将避雷器连同底座一起起吊后，还应对避雷器底座的内壁进行清洁处理工作，如图 5-5-6 所示。

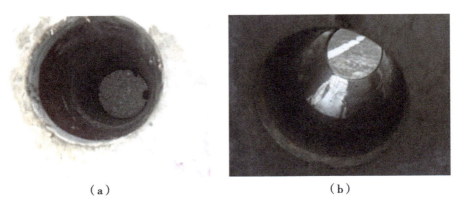

（a）　　　　　　　　　　　　　　　　（b）

图 5-5-6　脏污的避雷器底座内壁

（a）脏污的避雷器底座内壁；（b）清洁后的避雷器底座内壁

三、总结分析

经过以上步骤处理后，对修后避雷器进行绝缘电阻测量试验，试验数值均在 200GΩ 以上，符合避雷器例行检修试验标准，缺陷得以消除，设备可以正常投运。

案例 5-6

500kV 电流互感器 SF$_6$ 表计缺陷分析及处理

一、缺陷概述

2011 年 7 月 22 日，某 500kV 变电站 5052 断路器 TA A 相 SF$_6$ 密度计指针指示超出表计显示量程，监控后台无告警信号。检修更换密度计后，解体检查旧密度计确认该缺陷是指针的阻尼弹簧线圈（游丝）变形失效造成。

设备信息：5052 断路器 TA 的 SF$_6$ 密度计型号为 Cont821.22 型，出厂日期为 2005 年 10 月，投产日期为 2006 年 4 月。

二、诊断及处理过程

（一）处理过程

出现故障的 SF$_6$ 表计如图 5-6-1 所示。2011 年 7 月 23 日，停电后用同厂家、同型号且试验合格的 SF$_6$ 压力表替换故障表计，新表计指示正常，缺陷消除，更换后的压力指示如图 5-6-2 所示。

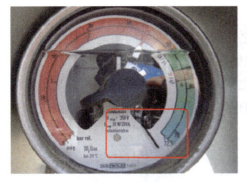
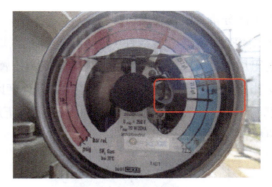

图 5-6-1　故障表计示数　　　　　　　图 5-6-2　新表计示数

（二）缺陷原因分析

该 SF_6 气体密度继电器在正常工作情况下，其指针应指在刻度盘蓝色（绿色）区域内 0.4MPa 左右的区间处，如图 5-6-2 所示，其工作原理如下：

（1）当密度计接入 TA 测试口通气后，表计指针顺时针旋转到刻度盘绿色区域额定压力值范围内。在旋转过程中，指针到达闭锁值挡位 0.30MPa 时，带动与指针同轴的闭锁触点断开；到达报警值挡位 0.35MPa 时，同轴的报警触点断开。因此，密度继电器在正常工作时，其报警和闭锁这两对触点始终处在断开状态，后台显示 TA 内部 SF_6 气体压力正常，无告警。

（2）当 TA 内部 SF_6 气体压力下降时，表计指针逆时针旋转。当指针旋转到报警 0.35MPa 或闭锁 0.30MPa 这两个挡位时，报警或闭锁触点分别导通，后台显示告警。

（3）当密度计未接入设备测试口或未通气前，其报警和闭锁这两对触点始终处在导通状态。

对旧表做如下拆卸检测：

（1）校验拆换下来的故障密度计，发现表计无信号输出，用万用表测试表计的报警触点（即航空插座中 2-4 点）及闭锁触点（航空插座中 1-4 点），发现两对触点均不导通。拆开表计外壳后，发现报警和闭锁两对触点的阻尼弹簧线圈（游丝）呈变形松弛状态，触点呈断开状态。经人为外力振动后，触点导通，分别如图 5-6-3 和图 5-6-4 所示。

图 5-6-3　航空插座　　　　　　　　　图 5-6-4　游丝

（2）表计指针卡在刻度盘绿色区域外至无刻度区之间不能复归现象，经检查发现也是指针的阻尼弹簧线圈（游丝）失效所致。正常情况下，当指针顺时针旋转时（朝刻度大的方向），阻尼弹簧线圈应收紧，逆时针旋转时（朝刻度小的方向），阻尼弹簧线圈应放松，但实际情况正好与此相反，把指针人为复归到 0 刻度后放手，指针马上弹回到刻度最大值，分别如图 5-6-5 和图 5-6-6 所示。

从以上的分析及解体情况可以得出：

（1）该 SF_6 密度继电器指针卡在刻度盘绿色区域之外到无刻度区之间不能正常指示压力的故障是由指针的阻尼弹簧线圈（游丝）变形失效造成的，属机械性故障。

（2）当指针卡在刻度盘绿色区域之外到无刻度区之间时，后台没有报警这一点是正常的（此时表计已充气，闭锁、报警触点已打开），但当表计拆下后闭锁、报警触点不能复归导通则说明这两对触点也存在机械性故障。

图 5-6-5　人为拨到零刻度

图 5-6-6　指针回弹

三、总结分析

同型号的表计在其余电流互感器上也出现过类似缺陷。如果游丝变形失效，导致指针满偏后，此时若出现 SF_6 泄漏现象，因触点无法在满偏状态下报警，将可能导致严重后果，存在较大安全隐患。因此需加强巡视，对出现指示异常的表计应及时处理，停电检修中应对表计进行校验，及时发现问题，尽早处理隐患。

案例 5-7

220kV 电流互感器漏气缺陷分析及处理

一、缺陷概述

某 500kV 变电站 220kV Ⅰ / Ⅱ 段母联 26M 断路器 TA 的 C 相多次报压力低告警信号，检修人员补气及封堵均不能达到正常运行要求，运行人员后续跟踪 26M 断路器 TA 的 C 相 SF_6 气体压力有继续下降趋势。结合现场勘查发现漏点在 C 相补气接头处，故结合停电例行检修进行 C 相补气口接头更换工作。

设备信息：该电流互感器型号为 LVQB-220W3，出厂日期为 2008 年 7 月 25 日，投运日期为 2008 年 11 月 11 日。

二、诊断及处理过程

（1）确定 26M 断路器 TA 的 C 相漏气点位置，如图 5-7-1 所示。

（2）用回收装置对 26M 断路器 TA 的 C 相 SF_6 气体进行回收，当本体表计（本体为相对表）压力读数降为 −0.1MPa 时停止回收。

（3）再充入高纯氮气至微正压（约 1.2 ～ 1.5 个大气压），须确保拆除原逆止阀至封堵期间外部空气无法进入 TA 本体及不发生残留气体泄漏，以及气体压力冲击造成伤害。

（4）更换新逆止阀前应检查完好无损，用丙酮、酒精擦拭干净，密封保存，防止水分及灰尘杂物进入。拆旧阀，清除阀门密封面上杂物，用 600 ～ 1200 号水砂纸进行打磨光滑。

图 5-7-1　漏气点

（5）用丙酮擦、酒精及无尘纸对 TA 本体与逆止阀连接处清洗，装配前需涂抹高真空硅脂，尽量缩短安装时间，避免杂质及水分进入 TA 本体。确保安装的新逆止阀可靠连接、密封良好。

（6）对 26M 断路器 TA 本体充入 SF_6 气体，补气至额定压力。

（7）对新更换阀门进行检漏，重点检查逆止阀与本体连接处及与密度继电器连接处是否还存在漏点。

三、总结分析

对拆解下来的旧阀门进行缺陷分析，发现漏点处已经严重氧化，靠螺牙处的接缝铜材质已粉末脱落化。在新建、改建、扩建工作中应加强金属专业检测工作，严格按照检测要求对 SF_6 设备的充气口进行金属检测，发现不合格的产品应进行更换。

案例 5-8

35kV 电流互感器内部螺栓松动引起发热缺陷分析及处理

一、缺陷概述

2021 年 1 月 21 日，某 500kV 变电站 35kV6 号电抗器 364 断路器 TA 靠开关侧接头 A 相处发热，如图 5-8-1 所示。经检查为该 TA 一次绕组导体固定部分螺帽松动引起内部发热，紧固螺帽后缺陷消除。

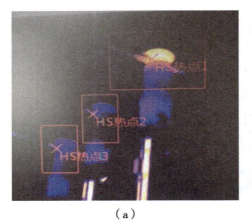

（a）   （b）

图 5-8-1   35kV 6 号电抗器 364 断路器 TA 发热情况

（a）红外热成像图；（b）364 断路器 TA 现场图

设备信息：该设备型号为 LB6-35，投运日期为 2015 年 1 月 8 日。上次检修时间为 2020 年 3 月 28 日，例行检修正常、试验数据合格。事件发生前，现场天气晴朗，35kV 6 号电抗器在正常运行中。

二、诊断及处理过程

2021 年 4 月 6 日，对 35kV 6 号电抗器 364 断路器 TA 进行检查处理，经检查发现 35kV 6 号电抗器 364 断路器 TA 的 A、C 相一次绕组直流电阻相对于交接试验报告均严重超标。对 35kV 6 号电抗器 364 断路器 TA 进行解体，如图 5-8-2 所示，将膨胀器拆下，打开盖板，检查 TA 内部情况。

（a）   （b）   （c）

图 5-8-2   35kV 6 号电抗器 364 断路器 TA 现场检查情况

（a）膨胀器完好；（b）拆除膨胀器；（c）TA 内部

检查发现一次绕组导体固定部分螺帽没有紧固，故打开底部取油口，将油面放至一次绕组接线板下方，后对一次绕组导体固定部分进行紧固并检查后，如图 5-8-3 所示。

（a）　　　　　　　　　　　　　（b）

图 5-8-3　缺陷处理过程

（a）部分固定螺帽未紧固；（b）旋紧固定螺帽

再次对 35kV 6 号电抗器 364 断路器 TA 进行一次绕组直流电阻试验，试验结果 A、C 相一次绕组直流电阻数据合格。对该 TA 进行恢复安装后，并进行相关试验，试验数据均合格。于 2021 年 4 月 8 日恢复送电运行，红外成像复测，无继续发热现象。

三、总结分析

该 35kV 6 号电抗器 364 断路器 TA 一次绕组 P1、P2 导体端内部固定方式采用螺栓固定方式，经现场检查该螺栓均无紧固标识，无弹簧垫片，松开并帽螺栓后，内侧紧固螺栓均呈松动状态。可以判断该螺栓装配时，未按照规定的力矩进行紧固，未标注紧固标识，安装工艺不合格，螺栓防松措施不可靠，导致该 TA 运行过程中一次绕组 P1、P2 导体端导体接触部分直流电阻严重超标，引发电流致热型发热。

本次缺陷暴露的问题为该 35kV TA 一次绕组、导体端内部安装工艺不合格，固定螺栓未按照规定的力矩进行紧固；导体端固定方式设计不合理，防松措施不完善。防范措施如下：

（1）结合停电检修工作，应做到对该型号 TA 绕组进行直流电阻测量，提前发现问题并进行处理。

（2）督促厂家及时改进施工工艺及防松措施，防止类似事件的重复发生。

（3）在进行设备的出厂见证关键环节，对 TA 的内部导体、绕组的连接固定方式进行检查，必要时进行紧固力矩检查，防范类似事件的发生。

案例 5-9

35kV 断路器端子箱接地环网导致一次接地排发热缺陷分析及处理

一、缺陷概述

2021 年 5 月 9 日，某 500kV 变电站 35kV 并联电抗器断路器端子箱内一次接地排有灼烧痕迹及火星，测温 162℃。检查发现箱体内形成了接地环网，解除接地环网后缺陷消除。

设备信息：端子箱型号为 DXW-1，投运日期为 2020 年 8 月。

二、诊断及处理过程

（一）现场检查情况

检修人员检查发现该 35kV 并联电抗器断路器端子箱内一次接地排右侧构架处有灼烧痕迹及火星，端子箱内空气断路器及上级空气断路器均未跳开。运维人员对该处进行测温，发现温度高达 162℃，使用钳形电流表对该一次接地排测量电流，电流为 263A。现场检查情况如图 5-9-1 所示。同时对该箱内二次接地排进行测温和电流测量，温度为 35℃，电流为 0A。端子箱内上级空气断路器测温正常、电压正常，可排除回路故障未动作的情况。

（a）　　　　　　　　　（b）　　　　　　　　　（c）

图 5-9-1　端子箱检查情况

（a）端子箱内一次接地排构架灼烧痕迹及火星；（b）端子箱内一次接地排构架温度测温；
（c）端子箱内一次接地排电流

图 5-9-2 中，端子箱内金属支架锈蚀严重，底部封堵材料由于高温已烧糊，并且防火堵泥高温散发出的油性物质附着在端子箱内壁、二次线、端子排上，该油性物质具有腐蚀性，加快了端子箱内金属部件的腐蚀氧化。

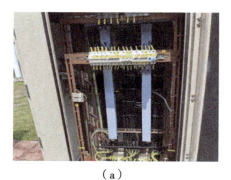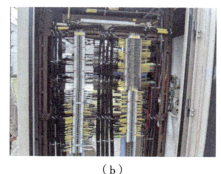

（a）　　　　　　　　　　　　　　　（b）

图 5-9-2　端子箱体内部锈蚀情况（一）

（a）箱体正面支架锈蚀；（b）箱体背面支架锈蚀

（c） （d）

图 5-9-2 端子箱体内部锈蚀情况（二）

（c）端子排上螺栓锈蚀；（d）封堵材料高温烧糊

（二）缺陷诊断过程

现场检查端子箱外部和内部接地情况如图 5-9-3 所示，端子箱内有一次接地铜排与端子箱体相连接，二次接地铜排通过绝缘衬套与箱体绝缘，一次接地铜排引下线和二次接地铜排引下线都接在电缆沟内通长接地扁钢上。

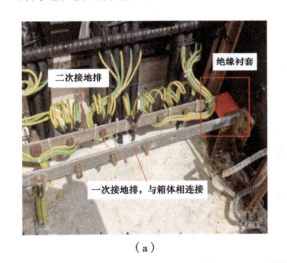

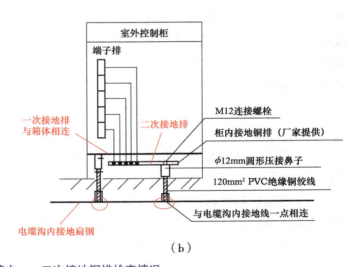

（a） （b）

图 5-9-3 端子箱内一、二次接地铜排检查情况

（a）端子箱接地铜排引下线图；（b）端子箱内接地铜排引下线示意图

干式空心电抗器中大电流产生的磁场直接作用在周围物体上，强磁场会导致周围闭合回路产生发热现象。

端子箱箱体外壳通过接地扁铁直接接至主接地网，一次接地铜排一方面与箱体相连接，另一方面通过引下线与电缆沟内接地扁钢相连接，电缆沟内接地扁钢与主接地网相连，形成了接地环网，如图 5-9-4 所示。在电抗器巨大的磁场下，端子箱体外壳接地和电缆沟接地扁钢之间会存在一个开环感应电动势 E，一次接地铜排将箱体外壳接地和电缆沟内接地扁钢这两个接地系统短接后，由于环路阻抗 Z 很小，因此接地环流 I（$I=E/Z$）就会很大，现场一次接地铜排引下线电流实测值高达 263A，二次接地排与箱体绝缘，未形成接地环网，二次接地铜排引下线的电流为 0A。

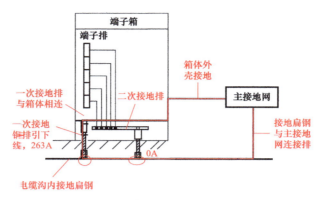

图 5-9-4　一次接地铜排形成接地闭环

端子箱体作为接地环流内导通的一部分，长期处在高电流导通状态下，加速了箱体金属材料的电腐蚀，并且一次接地铜排和箱体直接相连接的两种金属材质不同，空气中含有一定水分和少量可溶解无机盐类，这对两种不同金属材质接头就相当于浸泡在电解液内的一对电极，便会形成一个原电池。在原电池作用下，金属会加快腐蚀氧化，从而使电气接头慢慢松弛，造成接触电阻增大。当流过电流时，接头发热，温度升高会引起金属本身的塑性变形，使接头部分的接触电阻增大。如此恶性循环，直到接头烧毁为止。发热部位如图 5-9-5 所示。

图 5-9-5　一次接地铜排与箱体连接位置发热

（三）缺陷处理过程

（1）拆除一次接地铜排接地引下线，使接地环网开路，如图 5-9-6 所示。

（2）将电抗器投运 0.5h 后，对端子箱内部各个部位进行红外测温，未发现发热点，箱体外部接地铜排也未发热。

（3）测试一次接地铜排上电流为 0A，测试二次接地铜排引下线电流为 2.9A，缺陷消除。

图 5-9-6　拆除一次接地铜排引下线

三、总结分析

对于干式空心电抗器，设计施工及验收过程中，要注意周边的一次导线、接地网、端子箱、回路等不要形成环网，特别不要形成磁通面积大的环网，防止感应过电压及感应过电流，造成设备发热损坏。对于运行中的设备，重视设备的红外测温及回路电压的测量，防止过电压及过电流影响设备健康运行。

案例 5-10

220kV 复合绝缘子异常发热缺陷分析及处理

一、缺陷概述

2017 年，某 500kV 变电站红外测温工作中，检修人员发现 220kV 252 断路器 C 相线路复合绝缘子、220kV 251 断路器 C 相线路复合绝缘子异常发热，更换新复合绝缘子后缺陷消除。

设备信息：复合绝缘子电压等级为 220kV，强度等级为 100kN。

二、诊断及处理过程

220kV 252 断路器线路绝缘子 A、B、C 相最高温度分别为 32.9、32.6、36.6℃，相对温差达 34.5%，均位于高压端附近，如图 5-10-1 所示。220kV 251 断路器线路绝缘子 A、B、C 相最高温度分别为 34.3、34.4、35.3℃，相对温差达 9.7%，均位于高压端附近，如图 5-10-2 所示。

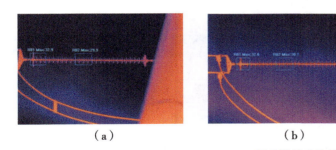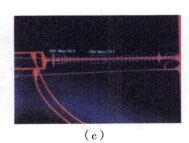

（a）　　　　　　　　　（b）　　　　　　　　　（c）

图 5-10-1　252 断路器线路绝缘子 C 相红外图像

（a）A 相 R01：32.9，R02：29.9；（b）B 相 R01：32.6，R02：30.1；
（c）C 相 R01：36.6，R02：29.7

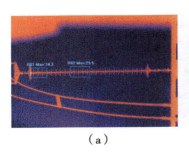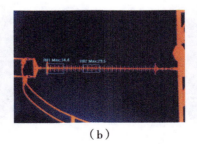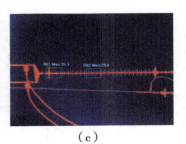

（a）　　　　　　　　　（b）　　　　　　　　　（c）

图 5-10-2　251 断路器线路绝缘子 C 相红外图像

（a）A 相 R01：34.3，R02：29.5；（b）B 相 R01：34.4，R02：29.5；
（c）C 相 R01：35.3，R02：29.6

（一）外观检查

检修人员对更换下的复合绝缘子进行外观检查，复合绝缘子串全长 2.5m，端部为压接，伞裙护套颜色为红色，共 26 大伞和 26 小伞，采用挤包穿伞工艺，伞裙较硬，未明显粉化，高压端附近护套存在明显污秽，同时发现 251 断路器 C 相线路绝缘子高压端均压环安装错位，位置明显偏向导线侧，如图 5-10-3 和图 5-10-4 所示。

图 5-10-3　均压环安装位置错位　　　图 5-10-4　绝缘子均压环正确安装位置

（二）红外检测

在实验室对 251 断路器 C 相线路绝缘子与 252 断路器 C 相线路绝缘子施加电压，进行红外线测温模拟试验，分析高压端温升与高压端表面污秽的相关性。环境温度为 30℃，湿度为 70%，红外热像检测温度如表 5-10-1 所示，图谱如图 5-10-5 所示。

表 5-10-1　　　　　　　　　　　　红外热像检测结果　　　　　　　　　　　　　（℃）

对比试验	污秽清洗前	污秽清洗后
252 断路器 C 相线路绝缘子	34.7	32.5
251 断路器 C 相线路绝缘子	33.9	32.0

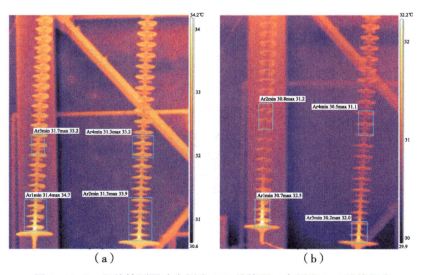

（a）　　　　　　　　　　　　　　　（b）

图 5-10-5　红外检测图（左侧为 252 绝缘子，右侧为 251 绝缘子）

（a）污秽清洗前红外检测图；（b）污秽清洗后红外检测图

（三）紫外观察及污秽度检测

对悬式绝缘子高压端进行了紫外局部放电检测，污秽擦拭前后均未发现明显放电（均压环均已正确安装），同时采集高压端的污秽物，溶解在纯净水中，进行盐密检测。等值盐密为 0.0164mg/cm^2（a级），检测结果表明高压端污秽物等值盐密较低。

三、总结分析

根据对比试验、解剖及分析的结果，251 断路器 C 相绝缘子、252 断路器 C 相绝缘子高压端发热与端部高电场、硅橡胶吸水、表面污秽等因素有关，同时 252 断路器 C 相绝缘子高压端均压环安装错位也会造成复合绝缘子异常发热。

为防范此类缺陷的发生，建议采取以下措施：

（1）开展复合绝缘子安装、验收及巡视时应注意检查均压环状态。

（2）对同批次复合绝缘子加强跟踪检测，定期开展对比分析，当发热部位上移、温升增大时应引起重视。

案例 5-11

35kV 开关柜电缆头伞裙放电异响缺陷分析及处理

一、缺陷概述

2016 年 2 月 17 日，某 500kV 变电站 354 开关柜存在放电异响。检修人员清洁调整伞裙后，设备恢复正常。

设备信息：开关柜型号为 ZS3.2-40.5，出厂日期为 2013 年 1 月 1 日，投运日期为 2013 年 5 月 17 日。

二、诊断及处理过程

停电后，检修人员检查发现柜内部分伞裙存在放电痕迹及明显水迹，现场情况如图 5-11-1 所示。

伞裙下方封堵所用的阻火包之间存在缝隙，如图 5-11-2 所示，潮气通过缝隙进入柜内并在伞裙处凝结成水珠。检修人员初步怀疑伞裙受潮产生放电。

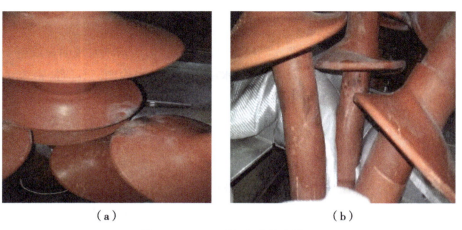

（a）　　　　　　　　　　　（b）

图 5-11-1　开关柜柜内检查情况

（a）伞裙放电痕迹；（b）伞裙水迹

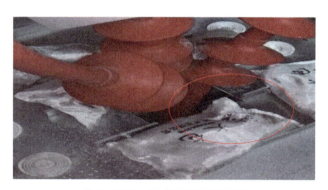

图 5-11-2　阻火包间存在缝隙

开关柜电缆头伞裙放电异响处理过程如下：

（1）解开电缆头，并做好标记。

（2）测试电缆绝缘电阻，三相测试结果分别为 35.9、6.59、30.9GΩ，绝缘电阻均符合要求，但 B 相较其余两相偏低。

（3）对电缆进行耐压试验，试验电压为 52kV，加压时间为 5min，耐压试验通过。

（4）再次测试电缆绝缘电阻，三相测试结果分别为 24.6、14.5、22.5GΩ，绝缘电阻均符合要求。

（5）电缆试验结束后，恢复电缆头。

（6）清洁伞裙表面，喷涂 RTV，增加伞裙爬电距离。

（7）用防火堵泥堵住缝隙，并在堵泥表面涂抹防火密封胶，增加防潮效果，如图 5-11-3 所示。

图 5-11-3　第一次处理后

（8）试运行，开关柜电缆头伞裙仍存在异响，超声波局部放电检测为20dB，地电波局部放电测试上部14dB、中部10dB、下部16dB。检修人员判断出线电缆三相伞裙之间距离不足，造成闪络放电。

（9）向上移动每相伞裙，并用自黏式绝缘材料固定，增大伞裙相间距离，如图5-11-4所示。

（10）试加运行电压，开关柜异响消失。

图5-11-4　第二次处理后

三、总结分析

为防范此类缺陷的发生，建议采取以下措施：

（1）建议使用防火堵泥封堵，并在其表面涂抹防火密封胶，可有效抵御潮气，降低柜内放电风险。

（2）验收、检修时，需认真检查伞裙相间距离，工作过程中避免移动伞裙，造成伞裙间距离不足。

案例 5-12

35kV 开关柜穿墙套管受潮造成放电缺陷分析及处理

一、缺陷概述

2016年3月15日，某500kV变电站35kV 0号站用变压器300开关柜至0号站用变压器室母线桥存在放电异响。检修人员清洁处理并加装等电位线后，设备恢复正常。

设备信息：300开关柜型号为KYN72-40.5，出产日期为2010年1月1日，投运日期为2011年1月29日，与其相连接的至0号站用变压器室之间的母线桥随开关柜投运。

二、诊断及处理过程

检修人员开盖检查母线桥，发现母线桥水平段穿墙套管内的母排靠300开关侧A、B相存在明显放电痕迹，套管及母排绝缘表面附着粉末，套管内壁凝露，绝缘件受潮明显，套管放电情况如图5-12-1所示。

图 5-12-1　母线桥穿墙套管放电痕迹

进一步检查母线桥外绝缘后，作出如下判断：

（1）母排绝缘表面受潮，但绝缘材料基本无损伤，无需更换。

（2）穿墙套管 A、B 相存在明显放电痕迹，需更换。

（3）在母排与套管内侧增加等电位跨接线，以消除母排与套管内边缘的电位差。该电位差产生的原因为：穿墙套管与母排配合部位存在气隙，如图 5-12-2 所示，套管表面受潮后，容易在强场最强的母排上边缘处形成气隙的击穿放电，造成母排、套管外绝缘损伤。

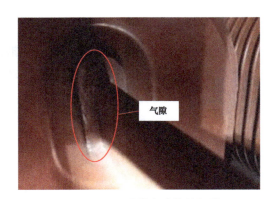

图 5-12-2　母排上边缘的气隙

母线桥放电异响处理过程如下：

（1）依次拆除母线排及套管，如图 5-12-3 所示。

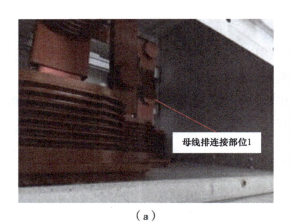
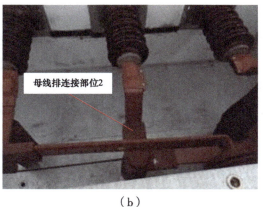

（a）　　　　　　　　　　　　　　　（b）

图 5-12-3　母线桥连接部位

（a）拆除母线排 1；（b）拆除母线排 2

（2）擦拭及风干母排外绝缘，并在母排相应位置钻孔，为安装等电位线做准备。

（3）安装母排与套管内侧的等电位跨接线，如图5-12-4所示。

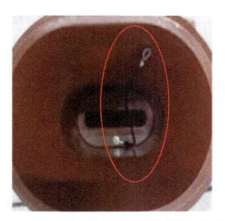

图 5-12-4　套管内侧与母排之间加装等电位跨接线

（4）依次回装穿墙套管、母线排、等电位线。

三、总结分析

为进一步查找受潮原因，检查 300 开关柜进线电缆沟及后柜门，情况如下：

（1）300 开关柜进线电缆沟内积水明显，电缆沟盖板上方绝缘橡胶垫凝露严重。

（2）300 开关柜前后柜内无明显受潮现象，且均安装加热器。

（3）进线电缆端头部位封堵正常，未见明显裂纹、孔洞。

根据以上排查情况，分析母线桥内部外绝缘受潮原因如下：

（1）300 开关柜进线电缆沟内积水，导致 35kV 开关室湿度大，0 号站用变压器长期处于空载状态，母排表面温度较低，潮气沿母排缝隙进入并在绝缘材料表面形成凝露。

（2）300 开关柜后柜内安装有加热器，潮气被加热后，易形成"烟囱效应"，在母线桥内凝结，导致绝缘材料受潮。

（3）0 号站用变压器长期运行于空载状态，母线桥表面温度低，母线桥内无驱潮装置，易受潮凝露。

为防范此类缺陷的发生，建议采取以下措施：

（1）加强设备关键零部件质量管控，责成厂家采取相关技术措施，如加装等电位线等。

（2）建议母线桥内部增加加热驱潮装置，防止凝露受潮。

（3）验收、维护时，需做好开关柜进线电缆端头封堵工作。

（4）做好电缆沟排水措施，防止室内电缆沟内积水。

（5）加强开关柜带电局部放电检测工作。

案例 5-13

35kV 开关柜机构卡涩、储能行程开关损坏致无法合闸缺陷分析及处理

一、缺陷概述

2011 年 6 月 8 日，某 500kV 变电站 354 开关柜内断路器备投试验时无法远程操作。检修人员检查控制回路正常，但存在断路器机构闭锁拐臂卡涩、储能行程开关开断电流不足导致触点灼伤等异常，调整断路器机构后，设备恢复正常。

设备信息：354 开关柜型号为 ZN23A-40.5/1600-2.5，出厂日期为 2001 年 8 月，投运日期为 2001 年 11 月。

二、诊断及处理过程

检修人员检查发现该断路器在可分合状态时，闭锁拐臂无法正常抬起，如图 5-13-1 所示，拐臂无法按箭头方向自动复位，导致断路器受闭锁无法操作。检修人员判断拐臂无法正常抬起是因断路器运行年限较长，润滑不足，且连接片与固定面板间几乎无间隙，运动时无法克服摩擦力。

拐臂无法正常抬起

图 5-13-1　拐臂无法正常抬起

适当增大连接片与固定面板的间隙，并用二硫化钼涂抹润滑各运动部位，使拐臂正常抬起，如图 5-13-2 所示。

图 5-13-2 对拐臂进行润滑

处理后，断路器分合正常，但在储能过程即将结束，弹簧拐臂向上顶储能行程开关过程时，发现该行程开关有明显拉弧现象，在行程开关被完全顶住后拉弧也需过一段时间才能消失，盖子存在明显放电痕迹，如图 5-13-3 所示。

断路器在多次分合后，行程开关的一根导线被灼烧断，检查发现内部触点已严重灼伤，动作前后的接触部位极小，万用表测量发现其中一个触点无法导通，如图 5-13-4 所示。

图 5-13-3 行程开关存在拉弧

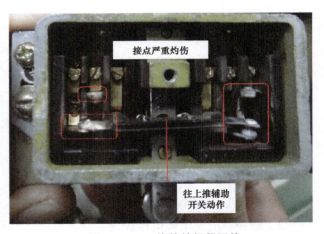

图 5-13-4 烧灼的行程开关

2011 年 6 月 11 日更换相同型号行程开关，储能无法正常停止，拉弧现象仍然存在，只能手动停止储能。后经检查发现，储能电机采用 220V 直流电源，额定电流达 2.73A，而行程开关的开断电流为交流 3A，电机属感性负荷，且直流回路所需开断能力更大，因此，判断为行程开关关合电流无法满足要求。因此行程开关触点需具备更大的开断电流，最终采用将两对触点串联用于代替一个触点的方式。

为解释储能行程开关产生电弧灼伤的原因，需从直流电路熄弧原理、电机对直流电弧熄弧的影响以及交流电路熄弧原理等进行分析，具体如下：

（1）直流电路熄弧原理。因直流电路电流不存在过零点，所以在熄弧时必须强制直流燃弧电流等于零，或使电流接近于零（< 10 A），才能使电弧熄灭。以直流稳态电流来分析断路熄弧原理，稳态电流可以理解为分断电路时的额定电流、过载电流或短路电流，其等效电路图如图 5-13-5

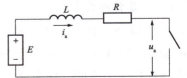

图 5-13-5 直流等效电路图

E—电源电压；u_a—电弧电压；i_a—电弧电流；
L、R—分别为线路电感和电阻

所示。

在电路稳态时，即触头未分断前，电流的初始状态为 $i_a=E/R$，直流电路在分断燃弧时的等效方程式为

$$E-L\frac{di_a}{dt}-i_aR-u_a=0 \tag{5-13-1}$$

$$E-u_a=L\frac{di_a}{dt}+i_aR \tag{5-13-2}$$

当 $u_a>E$ 时，则

$$L\frac{di_a}{dt}+i_aR<0$$

因 $i_aR>0$，故必然有 $di_a/dt<0$。

从以上分析中看出，当电弧电压大于电源电压时，电弧电流的导数小于零，说明电弧电流 i_a 呈下降趋势；当电弧电流 i_a 趋近于零时，电弧趋于熄灭。可知，直流电弧的熄弧条件为：当电弧电压大于电源电压时，电弧趋近于熄灭；否则，电弧处于稳定燃烧阶段，$i_a=(E-u_a)/R$，如图 5-13-6 所示。

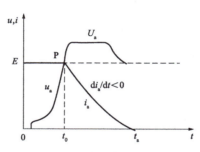

图 5-13-6　直流电弧熄灭原理

图 5-13-6 中，P 点 $u_a>E$，电弧电流开始减少，直到电弧熄灭。

因此，直流电弧熄弧的要点在于：

1）电源电压越小对熄弧越有利；

2）断路器应使电弧电压快速上升，尽快达到和超过电源电压，上升和超过电源电压快慢决定电流熄弧的快慢。

（2）直流电路中的电感（如储能电机）对直流电弧熄弧的影响。众所周知，直流电路中电感是个储能元件，在燃弧时，电感要向电路和电弧中释放其线圈储存的能量。电路的电感越大，释放的能量越大，电弧越难熄灭，计算式如下

$$\int_0^{t_a}u_ai_adt=\int_0^{t_a}Ei_adt-\int_0^{t_a}Ri_a^2dt+\frac{1}{2}Li_a^2 \tag{5-13-3}$$

式中　t_a——熄弧所需时长。

式（5-13-3）中，等号左项表示电弧燃弧时的能量、右边第 1 项表示电源能量、第 2 项表示电阻消耗的能量、第 3 项表示电感储存能量。

式（5-13-3）表明，电弧燃烧时电感储存能量（正号）的作用同电源相同，向电弧提供能量，增加电弧燃烧的能量。同时，电阻的作用在电弧燃烧时消耗电弧能量（负号）。电路的时间常数 $\tau=L/R$ 间接表示了电路的负载性质和电路电感的大小，电感越大分断时电弧的能量越大，熄弧越困难。相反，

则电弧越容易熄灭。如 $\tau=0$ 为纯阻性负载，电弧最容易熄灭。

（3）交流断路器（如行程开关）在直流电路中的串联使用。电路中，单相交流电压为 220（230）、440V；而直流电路电压为 24、48、60、125、220（250）、440V。交流断路器在直流电路中应用时，重点应考虑直流电路的电压问题。直流电路的电压越高，电弧电压大于电源电压的熄弧条件越难满足，电弧越不容易熄灭，故交流断路器分断直流短路电流越困难。

交流断路器在直流电路应用中要提高其直流分断能力问题，尤其对于电压较高的直流电路电压，简单有效的办法是将多极断路器串联使用。

从以上分析可以看出，由于行程开关的开断电流不足，且储能回路为直流回路，储能电机属于感性，造成储满能后无法正确可靠切断回路，产生拉弧，导致操作存在问题。因此，需更换更大遮断容量行程开关使回路能够正常切断，最终采用将两对触点串联用于代替一个触点的方式，设备恢复正常。

三、总结分析

机构卡涩是断路器拒动中较常见的原因，处理此类缺陷时，应保证在安全的情况下进行机构检查，包括设备转检修、机构释放能量等。

储能行程开关在断路器回路中的功能主要有：①给后台信号；②储能结束后导通合闸回路；③未储能时导通储能回路，储能结束关闭储能回路；④给储能指示灯信号。

此缺陷是因未考虑储能电机为直流电感回路，而该行程开关开断能力不足，导致直流熄弧过长，造成触点烧灼损坏，导致控制回路不通，造成开关拒动。因此，在选择各电气元器件应注意设备的使用条件，对各参数进行校核，保证设备可靠动作。

案例 5-14

0.4kV 低压配电屏电压、电流无显示缺陷分析及处理

一、缺陷概述

2019 年 5 月 10 日，某 500kV 变电站专用配电屏上电流、电压监测表计无显示。检查发现为显示装置和熔丝损坏导致，对显示装置和熔丝进行更换后，缺陷消除。

设备信息：该配电屏经改造后当月投运，投运日期为 2014 年 1 月。

二、诊断及处理过程

（一）检查情况

现场检查主控专用屏室 2J 主控专用配电屏 Ⅱ 上"三相电流、电压 2PM"表计无显示，低压配电室

12J 0.4kV 站用电 Ⅱ 段 12 号屏上"三相电流、电源 1PM"表计无显示,低压配电室 05J 0.4kV 站用电 Ⅰ 段 5 号屏上"三相电流、电源 1PM"表计无显示。

(二)诊断过程

由于电压、电流均未显示,可能存在的原因有:

(1)显示装置本身存在问题,导致无法显示。

(2)显示装置需要外接电源,外接电源未接入或者接入电源模块损坏。

(3)显示装置采集不到电压电流,电压电流采样模块出错,采集不到。

若显示装置采样模块出错,显示装置上应显示乱码或者错误等信息,但是从面板无显示来说,应该不是采样模块的问题。因此,重点查找上述原因(1)、(2)。

电压电流显示装置的内部接线如图 5-14-1 所示。

从图 5-14-1 中可以看出,电压显示装置输入电源前端配有一个熔丝 FU,1PM 对应 FU1、2PM 对应 FU2,因此需要查找该熔丝是否正常。

根据接线图及现场二次接线,可找出上端 L、N 为显示装置电源输入,下端接线为电压电流采样数据输入。顺着电源输入查找上级熔丝 FU,如图 5-14-2 所示。

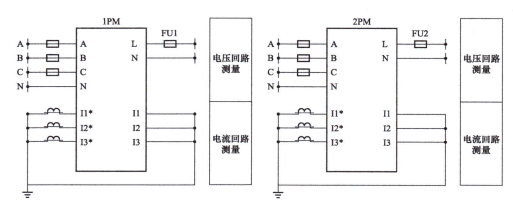

图 5-14-1　显示装置二次接线图

图 5-14-2　FU 熔丝

打开发现内部为空,没有熔丝,因此,低压配电室 12J 0.4kV 站用电 Ⅱ 段 12 号屏上"三相电流、电源 1PM"表计无显示的原因在于熔丝缺失。同理打开主控专用屏室 2J 主控专用配电屏 Ⅱ 上柜门,存在熔丝,但是熔丝取下后测量电阻为无穷大,内部断路,进而导致"三相电流、电压 2PM"表计无显示，如图 5-14-3 和图 5-14-4 所示。

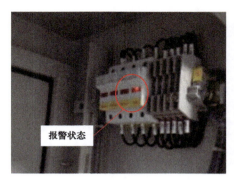

图 5-14-3 表计熔丝 2PM

图 5-14-4 打开后可见熔丝

同时对低压配电室 05J 0.4kV 站用电 I 段 5 号屏上"三相电流、电源 1PM"表计进行检查，发现也是熔丝熔断导致。

为确认只是由于熔断器缺失或损坏引起的无显示问题。将旁边正常良好的熔丝插入到对应的 FU 中，结果发现 12J 0.4kV 站用电 II 段 12 号屏上"三相电流、电源 1PM"表计依然无显示，重新插入到旁边正常显示的 2PM 表计中，显示正常。因此，可以确认 1PM 显示装置也存在问题。同理对 05J 0.4kV 站用电 I 段 5 号屏上"三相电流、电源 1PM"表计熔丝更换后插入，突然砰的一声，显示装置也无显示，熔丝取下后测量电阻为无穷大，良好的熔丝也被烧毁。由此，推断原来熔丝熔断是由于显示装置内部故障，上一级熔丝熔断起到保护作用，显示装置电源无法输入，从而导致显示装置无法显示电压电流。

（三）处理过程

电流电压显示装置的电流变比是不同的，在更换元器件时要特别注意。对损坏的显示装置和熔丝进行更换后，缺陷消除。

三、总结分析

为了确保屏柜显示装置不再发生类似问题，运维人员应加强此类显示装置的巡视和排查，检修人员应做好备品备件储备，以备及时更换。

参考文献

[1] 柯锦新.电力变压器高压试验及其结果缺陷故障分析.电气开关，2023，4：79–82.

[2] 武春华.500kV HGIS 隔离开关气室绝缘事故频发原因分析.电气开关，2022，4：93–96.

[3] 韩彦哲.500kV 高压断路器机械特性试验探讨.电气开关，2023，4：112–116.

[4] 王双宝.电力变压器故障原因及处理方法.企业技术开发，2013，32（5）：100–101.

[5] 杨昊，汪洋，刘炬，等.电容式电压互感器绝缘击穿故障处理及防范措施.东北电力技术，2022，43（6）：29–35.

[6] 郑博谦，姜秉梁，张晓东，等.高压断路器机械特性试验要点.电气开关，2019，2：4–6.

[7] 赵靖波.高压断路器型式试验机械行程特性曲线的监测.电气时代，2015，1：93–95.

[8] 郝嘉伟.隔离开关常见故障分析及防事故措施.农村电工，2019，27（5）：43–44.

[9] 陈灵，张孔林，黄巍，等.变电设备试验诊断及分析.北京：中国电力出版社，2019.

[10] 国网福建省电力有限公司检修分公司.高压断路器故障诊断与缺陷处理.北京：中国电力出版社，2019.

[11] 国网福建省电力有限公司检修分公司.高压隔离开关检修技术及案例分析.北京：中国电力出版社，2019.